卓越系列·教育部高职高专自动化技术类专业教指委推荐教材

可编程控制器技术及应用

（西门子 S7－200 系列）

Technique and Application of Programmable Logic Controller

主　编　王　芹
副主编　苗　蓉　滕今朝
参　编　林京娜　王　芳　李松源
　　　　王　浩　孔　杰　李　江

天津大学出版社
TIANJIN UNIVERSITY PRESS

内容提要

本书是国家示范性高等职业院校建设项目之一，是编者在多年从事 PLC 教学、培训及科研的基础上编写的。本书以西门子公司的 S7－200 为例，共分 10 个模块。其中，模块一、二、三介绍了 PLC 的基础知识及 S7－200 系列 PLC 的基本指令；模块四介绍了顺序功能图；模块五、六介绍了 S7－200 的功能指令；模块七介绍了模拟量模块的使用方法及 PID 控制的有关知识；模块八讲解了 S7－200 的网络知识；模块九、十介绍了 PLC 系统设计知识及典型工程案例。

本书可作为高职高专院校电气自动化、过程控制技术、机电一体化专业学生的教材，也可供开发应用 PLC 的工程技术人员参考。

图书在版编目(CIP)数据

可编程控制器技术及应用：西门子 S7－200 系列/王芹主编. —天津：天津大学出版社，2008. 3（2019.3 重印）

ISBN 978-7-5618-2630-0

Ⅰ. 可… Ⅱ. 王… Ⅲ. 可编程序控制器 Ⅳ. TP332. 3

中国版本图书馆 CIP 数据核字(2008)第 018907 号

出版发行 天津大学出版社
地　　址 天津市卫津路 92 号天津大学内(邮编:300072)
电　　话 发行部:022-27403647
网　　址 publish. tju. edu. cn
印　　刷 天津泰宇印务有限公司
经　　销 全国各地新华书店
开　　本 169mm × 239mm
印　　张 18. 75
字　　数 400 千
版　　次 2008 年 3 月第 1 版
印　　次 2019 年 3 月第 12 次
定　　价 38.00 元

卓越系列·21世纪高职高专精品规划教材

机械·电气·数控·模具系列

编审委员会

前　言

可编程逻辑控制器(Programmable Logic Controller)通常称为PLC,是近年来发展迅速的工业控制装置,已广泛应用于工业企业的各个领域。它是一种以微处理器为基础,综合了现代计算机技术、自动化技术和通讯技术发展起来的一种通用的工业自动控制装置。

本书是国家示范性高等职业院校建设项目之一,是编者在多年从事PLC教学、培训及科研的基础上编写的。本书打破传统的教材编写模式,以“任务驱动”方式和“教、学、做一体化”的教学模式进行编写,具有鲜明的职教特色;以实际应用工程任务为主线,突出了“工学结合”的特点。本教材注重将知识、技能和素质的培养有机地结合起来,体现出“任务驱动”“工学结合”的编写原则,可有效提高学生的学习兴趣及学习效率。

本书以西门子公司的S7-200为例,共分10个模块,前8个模块以“任务驱动”的方式进行编写,后2个模块以“项目引导、任务驱动”的方式编写。模块一“从传统控制到PLC”,讲述了PLC的概念、组成及工作原理;模块二“认识S7-200系列PLC”,讲述了S7-200系列PLC的外部接线、内部存储器结构、寻址方式、软件使用方法等内容;模块三“PLC的编程基础”,主要以电动机的控制为切入点,介绍了S7-200的基本指令;模块四“顺序控制设计法”,介绍了顺序功能图的绘制和使用方法以及顺序功能图向梯形图的转换方法;模块五“PLC的数据处理功能”,从实际的工程需求出发,在具体的项目中,介绍了S7-200的功能指令;模块六“其他的特殊指令”,介绍了S7-200的其他复杂的功能指令;模块七“PLC模拟量处理及PID控制”,介绍了模拟量模块的使用方法及PID控制的有关知识;模块八“S7-200的网络”,主要介绍了网络的基本概念和S7-200的联网实例;模块九“PLC控制系统设计与维护”,从工程实例入手,介绍了PLC系统设计知识;模块十“PLC应用实例”,介绍PLC应用的典型工程案例。本书有配套的电子课件。

全书由王芹主编。模块一由林京娜编写,模块二由孔杰编写,模块三、四由苗蓉编写,模块五、六、八由王芹编写,模块七由王芳编写,模块九、十由滕今朝编写。教材配套资源库由滕今朝负责,李松源、李江、王浩及部分学生参与制作。索取教材配套资源库的联系电话为022-27404575(周老师),电子邮箱为zhxm_cugb_tju@sina.com。

此外,西门子(中国)公司宋继东先生为本书的编写提供大量的资料及技术援助,在此表示衷心感谢。

由于编者水平所限,书中难免存在不当和谬误之处,恳请有关专家和读者批评指正。作者电子邮箱为wqzyxy@163.com。

编　者

2011年7月

目　录

绪 论

一、PLC 的诞生

20 世纪 60 年代末期,美国汽车制造工业竞争十分激烈。为了适应市场从少品种大批量生产向多品种小批量生产的转变,为了尽可能减少转变过程中控制系统的设计制造时间和成本,1968 年美国通用汽车公司 GM(General Motors)公开招标,要求用新的控制装置取代生产线上的继电接触器控制系统。其具体要求是:

①程序编制、修改简单,采用工程技术语言;

②系统组成简单,维护方便;

③可靠性高于继电接触器控制系统;

④与继电接触器控制系统相比,体积小,能耗小;

⑤购买、安装成本可与继电器控制柜竞争;

⑥能与中央数据收集处理系统进行数据交换,以便监视系统运行状态及运行情况;

⑦采用市电输入(美国标准系列交流电压值 115 V),可接受现场的按钮、行程开关信号;

⑧采用市电输出(美国标准系列交流电压值 115 V),具有驱动电磁阀、交流接触器、小功率电动机的能力;

⑨能以最小的变动及在最短的停机时间内,从系统的最小配置扩展到系统的最大配置;

⑩程序可存储,存储器容量至少能扩展到 4 kB。

根据上述要求,1969 年美国数字设备公司 DEC 首先研制出了世界上第一台可编程控制器 PDP-14,用于通用汽车公司的生产线,取得了满意的效果。由于这种新型工业控制装置可以通过编程改变控制方案,且专门用于逻辑控制,所以人们称这种新的工业控制装置为可编程逻辑控制器(Programmable Logic Controller),简称为 PLC。

二、PLC 的发展

PLC 的出现引起了世界各国的普遍重视。日本日立公司从美国引进了 PLC 技术并加以消化后,于 1971 年试制成功了日本第一台 PLC;1973 年德国西门子公司独立研制成功了欧洲第一台 PLC;我国从 1974 年开始研制 PLC,1977 年开始工业应用。

从 PLC 产生到现在,已发展到第四代产品。其过程基本如下。

第一代 PLC(1969—1972):大多用 1 位机开发,用磁芯存储器存储,只具有单一的逻辑控制功能,机种单一,没有形成系列化。

第二代 PLC(1973—1975):采用 8 位微处理器及半导体存储器,增加了数字运算、传送、比较等功能,能实现模拟量的控制,开始具备自诊断功能,初步形成系列化。

第三代 PLC(1976—1983):随着高性能微处理器及位片式 CPU 在 PLC 中大量使用,PLC 的处理速度大大提高,从而促使它向多功能及联网通讯方向发展,增加了多种特殊功能,如浮点数运算、三角函数运算、表处理、脉宽调制输出等,自诊断功能及容错技术发展迅速。

第四代 PLC(1983 年至今):不仅全面使用 16 位、32 位高性能微处理器,高性能位片式微处理器,RISC(Reduced Instruction Set Computer)精简指令系统 CPU 等高级 CPU,而且在一台 PLC 中配置多个微处理器,进行多通道处理,同时生产了大量内含微处理器的智能模块,使第四代 PLC 产品成为具有逻辑控制功能、过程控制功能、运动控制功能、数据处理功能、联网通讯功能的真正名符其实的多功能控制器。

正是由于 PLC 具有多种功能,并集三电(电控装置、电仪装置、电气传动控制装置)于一体,使得 PLC 在工厂中备受欢迎,用量高居首位,成为现代工业自动化的三大支柱(PLC、机器人、CAD/CAM)之一。

由于 PLC 的发展,其功能已经远远超出了逻辑控制的范围,因而用“PLC”已不能描述其多功能的特点。1980 年,美国电气制造商协会(NEMA)给它起了一个新的名称,叫“Programmable Controller”,简称 PC。由于 PC 这一缩写在我国早已成为个人计算机(Personal Computer)的代名词,为避免造成名词术语混乱,因此在我国仍沿用 PLC 表示可编程控制器。

从 20 世纪 70 年代初开始,在不到 30 年的时间里,PLC 生产发展成为一个巨大的产业。据不完全统计,现在世界上生产 PLC 的厂家有 200 多家,生产大约 400 多个品种的 PLC 产品。其中在美国注册的厂商超过 100 多家,生产大约 200 多个品种的 PLC;日本有 70 家左右的 PLC 厂商,生产 200 多个品种;欧洲注册的厂家有十几个,生产几十个品种的 PLC。在世界范围内,PLC 产品的产量、销量、用量高居各种工业控制装置榜首,而且市场需求量一直按每年 15%的比率上升。

目前,我国已可以生产中小型可编程控制器。上海东屋电气有限公司生产的 CF 系列、杭州机床电器厂生产的 DKK 及 D 系列、大连组合机床研究所生产的 S 系列、苏州电子计算机厂生产的 YZ 系列等多种产品已具备了一定的规模并在工业产品中获得应用。此外,无锡华光公司、上海乡岛公司等中外合资企业也是我国比较著名的 PLC 生产厂家。可以预见,随着我国现代化进程的深入,PLC 在我国将有更广阔的应用天地。

展望未来,PLC 会有更大的发展:从技术上看,计算机技术的新成果会更多地应用于可编程控制器的设计和制造上,会有运算速度更快、存储容量更大、智能更强的品种出现;从产品规模上看,会进一步向超小型及超大型方向发展;从产品的配套性上看,产品的品种会更丰富,规格会更齐全,完美的人机界面、完备的通讯设备会更好地满足各种工业控制场合的需求;从市场上看,各国各自生产多品种产品的情况会随着国际竞争的加剧而打破,会出现少数几个品牌垄断国际市场的局面,出现国际通用的编程语言;从网络的发展情况来看,可编程控制器和其他工业控制计算机组网构成大型的控制系统是可编程控制器技术的发展方向。目前的计算机集散控制系统 DCS(Distributed Control System)中已有大量的可编程控制器应用。伴随着计算机网络的发展,可编程控制器作为自动化控制网络和国际通用网络的重要组成部分,将在工业及工业以外的众多领域发挥越来越大的作用。

三、PLC 的特点

1. 可靠性高,抗干扰能力强

高可靠性是电气控制设备的关键性能。由于 PLC 运用现代大规模集成电路技术,采用严格的生产工艺制造,内部电路采取了先进的抗干扰技术,所以具有很高的可靠性。从 PLC 的机外电路来说,与同等规模的继电接触器系统相比,PLC 构成控制系统的电气接线及开关接点已减少到数百甚至数千分之一,故障率也就大大降低。

此外,PLC 带有硬件故障自我检测功能,出现故障时可及时发出警报信息。在应用软件中,应用者还可以编入外围器件的故障自诊断程序,使系统中除 PLC 以外的电路及设备也获得故障自诊断保护。这样,整个系统就具有极高的可靠性。

2. 配套齐全,功能完善,适用性强

PLC 发展到今天,已经形成了大、中、小各种规模的系列化产品,可以用于各种规模的工业控制场合。除了逻辑处理功能以外,现代 PLC 大多具有完善的数据运算能力,可用于各种数字控制领域。近年来 PLC 的功能单元大量涌现,使 PLC 渗透到了位置控制、温度控制、CNC 等各种工业控制中。加上 PLC 通讯能力的增强及人机界面技术的发展,使用 PLC 组成各种控制系统变得非常容易。

3. 易学易用,深受工程技术人员欢迎

PLC 作为通用工业控制计算机,是面向工矿企业的工控设备。它接口容易,编程语言易于被工程技术人员接受。梯形图语言的图形符号与表达方式和继电器电路图相当接近,只用 PLC 的少量开关量逻辑控制指令就可以方便地实现继电器电路的功能,为不熟悉电子电路、不懂计算机原理和汇编语言的人使用计算机从事工业控制打开了方便之门。

4. 系统的设计、建造工作量小,维护方便,容易改造

PLC 用存储逻辑代替接线逻辑,大大减少了控制设备外部的接线,使控制系统设计及建造的周期大为缩短,同时维护也变得容易起来。更重要的是使同一设备经过改变程序改变生产过程成为可能,这很适合多品种、小批量的生产场合。

5. 体积小,重量轻,能耗低

以超小型 PLC 为例,新近出产的品种底部尺寸小于 100 mm,重量小于 150 g,功耗仅数瓦。由于体积小,很容易装入机械内部,因而是实现机电一体化的理想控制设备。

四、PLC 的应用领域

目前,PLC 在国内外已被广泛应用于钢铁、石油、化工、电力、建材、机械制造、汽车、轻纺、交通运输、环保及文化娱乐等各个行业,使用情况大致可归纳为如下几类。

1. 开关量的逻辑控制

这是 PLC 最基本、最广泛的应用领域,它取代传统的继电器电路,实现逻辑控制、顺序控制,既可用于单台设备的控制,也可用于多机群控及自动化流水线,如注塑机、印刷机、订书机械、组合机床、磨床、包装生产线、电镀流水线等。

2. 模拟量控制

在工业生产过程当中,有许多连续变化的量,如温度、压力、流量、液位和速度等都是模拟量。为了使可编程控制器处理模拟量,必须实现模拟量(Analog)和数字量(Digital)之间的 A/D 转换及 D/A 转换。PLC 厂家都生产配套的 A/D 和 D/A 转换模块,使可编程控制器用于模拟量控制。

3. 运动控制

PLC 可以用于圆周运动或直线运动的控制。从控制机构配置来说,早期直接用于开关量 I/O 模块连接位置传感器和执行机构,现在一般使用专用的运动控制模块,如可驱动步进电动机或伺服电动机的单轴或多轴位置控制模块。世界上各主要 PLC 厂家的产品几乎都有运动控制功能,广泛用于各种机械、机床、机器人、电梯等场合。

4. 过程控制

过程控制是指对温度、压力、流量等模拟量的闭环控制。作为工业控制计算机,PLC 能编制各种各样的控制算法程序,完成闭环控制。PID 调节是一般闭环控制系统中用得较多的调节方法。大中型 PLC 都有 PID 模块,目前许多小型 PLC 也具有此功能模块。PID 处理一般是运行专用的 PID 子程序。过程控制在冶金、化工、热处理、锅炉控制等场合有非常广泛的应用。

5. 数据处理

现代 PLC 具有数学运算(含矩阵运算、函数运算、逻辑运算)、数据传送、数据转换、排序、查表、位操作等功能,可以完成数据的采集、分析及处理。这些数据可以与存储在存储器中的参考值比较,完成一定的控制操作,也可以利用通讯功能传送到其他的智能装置,或将它们打印制表。数据处理一般用于大型控制系统,如无人控制的柔性制造系统;也可用于过程控制系统,如造纸、冶金、食品工业中的一些大型控制系统。

6. 通讯及联网

PLC 通讯含 PLC 间的通讯及 PLC 与其他智能设备间的通讯。随着计算机控制的发展,工厂自动化网络发展得很快,各 PLC 厂商都十分重视 PLC 的通讯功能,纷纷推出各自的网络系统。新近生产的 PLC 都具有通讯接口,通讯非常方便。

五、PLC 分类

1.根据其外形和安装结构分

(1)单元式(整体式)结构

单元式结构的特点是结构非常紧凑。单元式的可编程控制器可以直接装入机床或电控柜中。它把可编程控制器的三大组成部分都装在一个金属或塑料外壳之中,即将所有的电路都装入一个模块内,构成一个整体。这样,体积小,成本低,安装方便。为了达到输入输出点数灵活配置及易于扩展的目的,某一系列的产品通常都由不同点数的基本单元和扩展单元构成。其中的某些单元为全输入或全输出型。单元的品种越丰富,配置就越灵活。西门子的 S7-200 系列 PLC,三菱的 F1、F2 系列 PLC,欧姆龙的 CPM1A、CPM2A 系列 PLC 就属于这种形式。它们都属于小型可编程控制器。必须指出,最新发展的小型可编程控制器结构也开始吸收模块式结构的特点。各种不同点数的可编程控制器都做成同宽、同高、不同长度的模块,几个模块装起来后就成了一个整齐的长方体结构。

现在,可编程控制器还有许多专用的特殊功能单元。在小型可编程控制器中,也可以根据需要配置各种特殊功能单元。例如,西门子 S7-200 系列产品可配置热电阻、热电偶、模拟量输入输出模块等,三菱 F1 和 F2 系列产品可配置模拟量 I/O 单元、高速计数单元、位置控制单元、凸轮控制单元、数据输入输出单元等。大多数单元都是通过主单元的扩展口与可编程控制器主机相连的;部分特殊功能单元通过可编程控制器的编程器接口相连接;还有的通过主机上并联的适配器接入,不影响原系统的扩展。

S7-200 系列 PLC 属于典型的单元式结构,它由基本单元、扩展单元、扩展模块及特殊适配器等四种产品构成,用基本单元或将上述各种产品组合起来使用均可。不管用何种基本单元与扩展单元或扩展模块组合,均可使所控制的输入输出点数达 128 点。

(2)模块式结构

模块式可编程控制器采用搭积木的方式组成系统,在一个机架上插上 CPU、电源、I/O 模块及特殊功能模块,构成一个总 I/O 点数很多的大规模综合控制系统。

这种结构形式的特点是 CPU 为独立的模块,输入输出也是独立的模块。因此配置很灵活,可以根据不同的系统规模选用不同档次的 CPU 及各种 I/O 模块、功能模块。其模块尺寸统一、安装整齐,对于 I/O 点数很多的系统选型、安装调试、扩展、维修等都非常方便。目前大型系统多采用这种形式,如 S7-400 系列 PLC 等。这种结构形式的可编程控制器除了各种模块以外,还需要用机架(主机架、扩展机架)将各模块连成整体;有多块机架时,还要用电缆将各机架连在一起。

(3)叠装式结构

以上两种结构各有特色。前者结构紧凑、安装方便、体积小巧,易于与机床、电控柜相连成一体，但由于点数有搭配关系，加之各单元尺寸大小不一，因此不易安装整齐。后者点数配置灵活，又易于构成较多点数的大系统，但尺寸较大，难于与小型设备相连。为此，有些公司开发出叠装式结构的 PLC。它的结构也是各种单元、CPU 自成独立的模块，但安装不用机架，仅用电缆进行单元间连接，且各单元可以一层层地叠装。这样，既达到了配置灵活的目的，又可以做得体积较小。

2.按点数、功能分

(1)小型 PLC

小型 PLC 又称为低档 PLC。这类 PLC 的规模较小，它的输入输出点数一般从 20 点到 128 点。其中输入输出点数小于 64 点的 PLC 又称为超小型机。用户存储器容量小于 2 kB，具有逻辑运算、定时、计数、移位、自诊断及监控等基本功能，有些还有少量的模拟量 I/O、算术运算、数据传送、远程 I/O 和通讯等功能，可用于开关量控制、定时/计数控制、顺序控制及少量模拟量控制等场合，通常用来代替继电器—接触器控制，在单机或小规模生产过程中使用。常见的小型 PLC 产品有三菱公司的 F1、F2 和 FX0，欧姆龙 CPM * 系列，西门子公司的 S7 - 200 系列和施耐德电气公司的 NEZA 系列、Twido 系列等。

(2)中型 PLC

中型 PLC 的 I/O 点数通常在 120 点至 512 点之间，用户程序存储器的容量为 2 ~ 8 kB，除具有小型机的功能外，还具有较强的模拟量 I/O、数字计算、过程参数调节(如比例、积分、微分(PID)调节)、数据传送与比较、数制转换、中断控制、远程 I/O 及通讯联网功能。适用于既有开关量又有模拟量的较为复杂的控制系统，如大型注塑机控制、配料和称重等中小型连续生产过程控制，常见的机型有三菱公司的 A1S 系列，立石公司的(欧姆龙)C200H、C500，西门子公司的 S5 - 115U、S7 - 300 等。

(3)大型 PLC

大型 PLC 又称为高档 PLC，I/O 点数在 512 点以上，其中 I/O 点数大于 8 192 点的又称为超大型 PLC。用户程序存储器容量在 8 kB 以上，除具有中型机的功能外，还具有较强的数据处理、模拟调节、特殊功能函数运算、监视、记录、打印等功能，以及强大的通讯联网、中断控制、智能控制和远程控制等功能。由于大型 PLC 具有比中小型 PLC 更强大的功能，因此一般用于大规模过程控制、分布式控制系统和工厂自动化网络等场合，如三菱公司的 A3M、A3N，立石公司的 C100H、C2000H，AB 公司的 PLC - 5 以及西门子公司 S5 - 135U、S5 - 155U、S7 - 400 等都属于大型 PLC。

模块一　从传统控制到 PLC

学习目标

学习了本模块之后，你需要

- 了解 PLC 的基本概念；
- 熟悉从传统的电气控制到 PLC 控制的转换；
- 熟悉 PLC 硬件的构成及各部分的功能；
- 熟悉 PLC 的软件构成；
- 熟悉 PLC 的编程语言及各种编程语言的特点；
- 了解 PLC 的工作原理，熟悉 PLC 的扫描工作模式；
- 了解 PLC 的性能与选型。

任务一　与 PLC 的初次会面

可编程控制器(简称 PLC)在图 1.1 所示的整个控制系统中起着怎样的作用呢？

在全集成化的控制系统中，PLC 是最基本的控制设备，收集来自现场各种传感器信号及操作者的控制信息作为输入信号，执行存储器中用户编写的程序，并将程序执行结果输出，驱动相应电动阀门的开关、电动机的启动和调速等。

国际电工委员会(IEC)对 PLC 的定义是："可编程控制器是一种数字运算操作的电子系统，专为在工业环境下应用而设计。它采用可编程序的存储器，用来在其内部存储执行逻辑运算、顺序控制、定时、计数和算术运算等操作的指令，并通过数字的、模拟的输入和输出，控制各种类型的机械或生产过程。可编程序控制器及其有关设备，都应按易于与工业控制系统形成一个整体，易于扩充其功能的原则设计。"

本教材里介绍的 S7-200 系列 PLC 在自动化系统中有其强大功能，使用范围可涵盖从替代继电器的简单控制到更复杂的自动化控制；应用领域可涵盖所有与自动检测、自动化控制有关的工业及民用领域，包括各种机床、机械、电力设施、民用设施、环境保护设备等，具体如冲压机床、磨床、印刷机械、橡胶化工机械、中央空调、电梯控制和运动系统等。

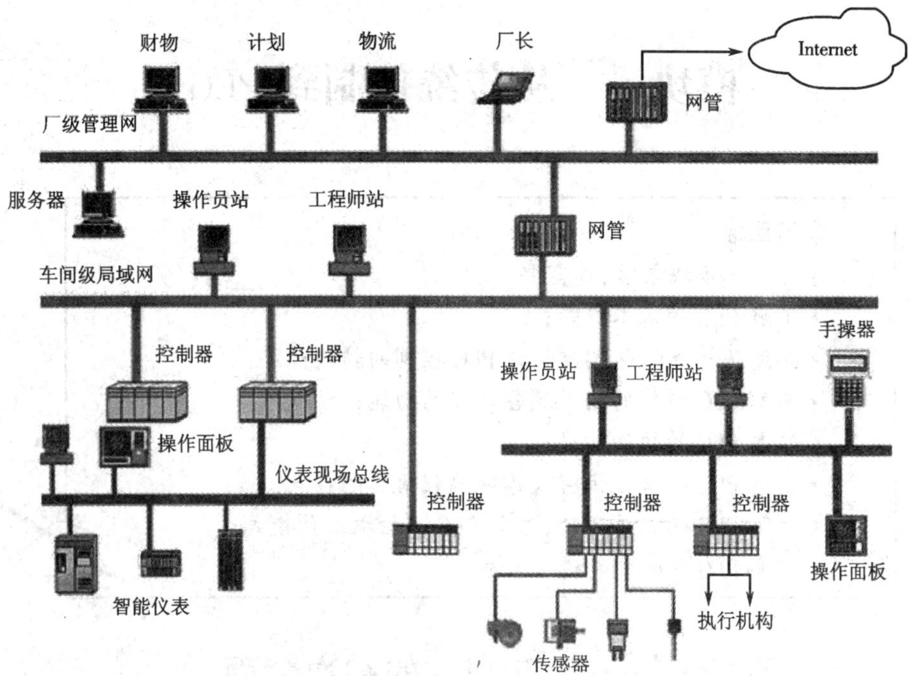

图 1.1　全集成控制系统

任务二　从传统的电气控制到 PLC

电气控制是一个内容十分广泛的概念，电路的通断、电动阀门的开关、电动机的启动与调速等，都属于电气控制的范畴。传统的继电接触器控制系统具有结构简单、价格低廉、容易操作、技术难度较小等优点，所以长期以来被广泛应用于工业控制的各种领域中。

下面用 PLC 改进传统的鼠笼式异步电动机的启动、制动控制方式，并对使用传统控制方式和 PLC 控制方式进行比较。

一、使用传统方式控制的电动机自锁运行

继电接触器控制电路如图 1.2 所示。当按下启动按钮 SB1 后，继电器线圈 KM 通电，主电路中 KM 主触点闭合，电动机开始运行，同时控制电路中的 KM 辅助触点闭合形成自锁；当按下停止按钮 SB2 时，继电器线圈 KM 断电，电动机停止运行。

这种传统的继电接触器控制方式控制逻辑清晰，采用机电合一的组合方式便于普通机类或电类技术人员维修，但由于使用的电气元件体积大、触点多、故障率大，所以运行的可靠性较低。

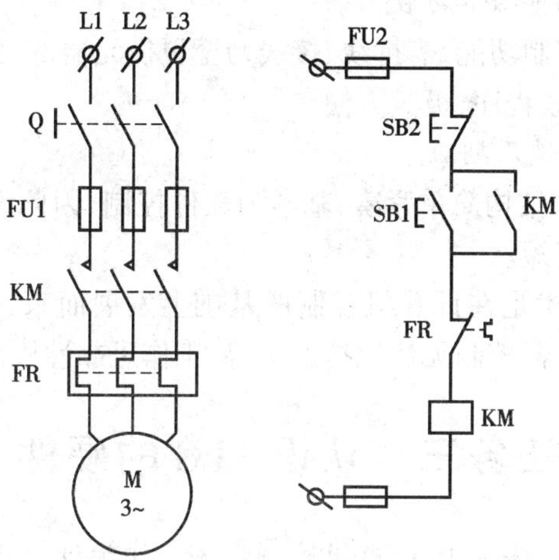

(a) 主电路　　(b) 控制电路

图 1.2　继电接触器控制电路

二、使用 PLC 控制的电动机自锁运行

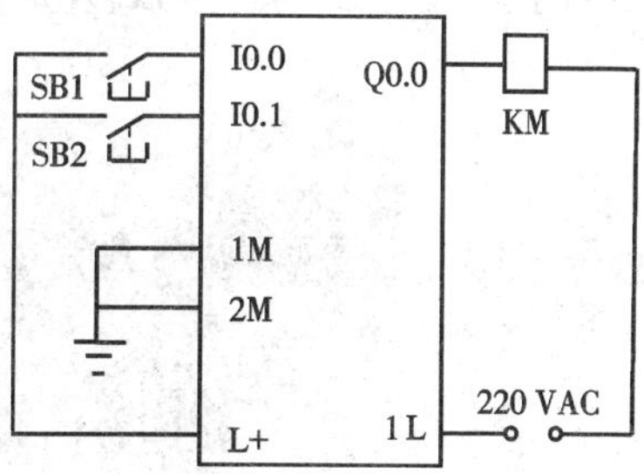

图 1.3　PLC 控制电路

采用 PLC 实现电动机的自锁运行，是将传统的继电器控制和计算机控制结合起来实现控制过程。采用 PLC 实现的控制电路如图 1.3 所示。

PLC 控制电路的控制逻辑由 PLC 内部的程序实现，与传统的继电接触器控制系统基本一致。关于 PLC 是如何结合继电接触器控制来实现控制过程的，将在后续项目中介绍。

三、电动机的传统控制方法和 PLC 控制方法的比较

比较上面两个图，可以看出，使用 PLC 控制之后，所需要的硬件接线只是作为 PLC 输入的操作者控制信号和作为输出的控制电动机运行信号。这种控制方式的改变，使这两者之间有许多不同。

1.PLC 控制系统结构紧凑

继电接触器控制系统使用电器多，体积大且故障率大；PLC 控制系统结构紧凑，使用电器少，体积小。

2.PLC 内部大部分采用“软”逻辑

继电接触器控制全部用“硬”器件、“硬”触点和“硬”线连接，为全硬件控制，机械式触点动作慢，弧光放电严重；PLC 内部大部分采用“软”器件、“软”触点和“软”线连接，为软件控制，“软”触点动作快。

3.改变PLC控制功能极其方便

改变继电接触器控制功能，需拆线、接线乃至更换元器件，比较麻烦；而改变PLC控制功能，一般只需修改程序，极其方便。

4.PLC控制系统制造周期短

由于PLC控制系统结构简单紧凑，基本为软件控制，因此设计、施工与调试周期比继电接触器控制系统短。

此外，由于PLC技术是在计算机控制的基础上发展而来，因此它的软硬件设置上有着传统的继电接触器控制无法比拟的优势，工作可靠性极高。

任务三　认识PLC的硬件

PLC是以微处理器为核心的计算机控制系统。作为计算机系统，它同样由硬件系统和软件系统两部分构成。虽然各厂家PLC硬件产品种类繁多，功能和指令系统存在差异，但组成和基本工作原理大同小异。

西门子S7－200系列PLC外形如图1.4所示。

图1.4　S7－200系列PLC外形

PLC的硬件系统主要由中央处理单元(CPU)、I/O接口、I/O扩展接口、存储器、电源等几个部分组成，如图1.5所示。

1.中央处理单元(CPU)

PLC的中央处理器与一般的计算机系统一样，是PLC的控制中枢，其性能决定了PLC的性能。它按PLC中程序赋予的功能有条不紊地进行工作。

2.存储器(RAM/ROM)

存储器是具有记忆功能的半导体电路，主要用来存放系统程序、用户程序和工作数据等。PLC中使用的存储器由只读存储器(ROM)、随机存储器(RAM)及可擦除只读存储器(EPROM)组成。存储器是衡量PLC性能的一个重要指标。

只读存储器(ROM)用于存放厂家编写的系统程序，它决定了PLC的功能。用户

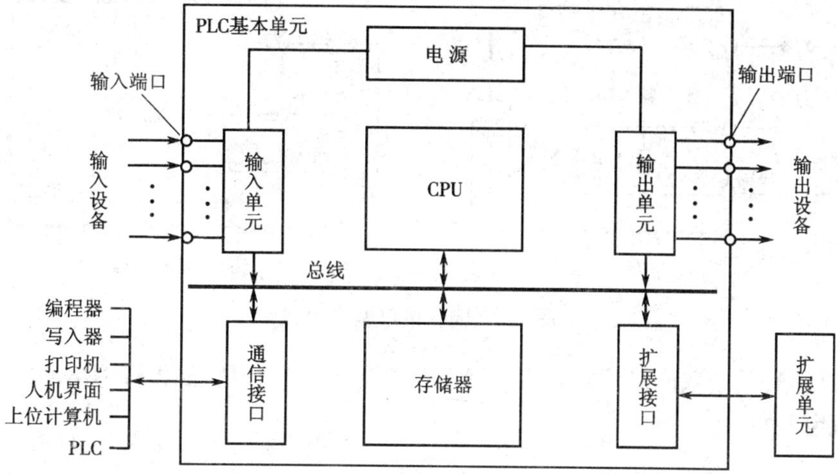

图 1.5　PLC 硬件系统结构

不能随便修改系统程序。系统程序根据 PLC 功能的不同而不同。

随机存储器(RAM)主要存放用户根据控制要求编写的各种应用程序,用户可以根据要求对其内容进行修改,是具有易失性的存储器。电源关断后,储存的信息将会丢失,可用锂电池保持。

可擦除只读存储器(EPROM)兼有 ROM 的非易失性和 RAM 的随机存取的优点,但是写入时间比 RAM 长,主要用来存放用户程序和需长期保存的重要数据。

3. I/O 接口

输入接口一般由数据输入寄存器、选通电路和中断请求逻辑电路构成,负责微处理器及存储器与外部设备交换信息。它接收来自现场检测部件(如限位开关、操作按钮、选择开关、行程开关)以及其他一些传感器输出的开关量或模拟量(要通过模数变换进入机内)等各种状态控制信号,并存入输入映像寄存器。

输入接口采用光电耦合电路将 PLC 与现场设备隔离起来,以提高 PLC 的抗干扰能力。输入接口电路通常有两类:一类为直流输入型,如图 1.6(a)所示;另一类是交流输入型,如图 1.6(b)所示。

输出接口模块是 PLC 与现场设备之间的连接部件,用来将输出信号送给控制对象。其作用是将中央处理单元送出的弱电控制信号转换成现场需要的强电信号并输出,以驱动电磁阀、接触器、电动机等被控设备的执行元件。

为适应不同类型的输出设备负载,PLC 的输出接口类型有三种,即继电器输出型、双向晶闸管输出型和晶体管输出型,分别如图 1.7 ~ 1.9 所示。其中继电器输出型为有触点输出方式,可用于接通或断开开关频率较低的直流负载或交流负载回路,这种方式存在继电器触点的电气寿命和机械寿命问题;双向晶闸管输出型和晶体管输出型皆为无触点输出方式,开关动作快、寿命长,可用于接通或断开开关频率较高

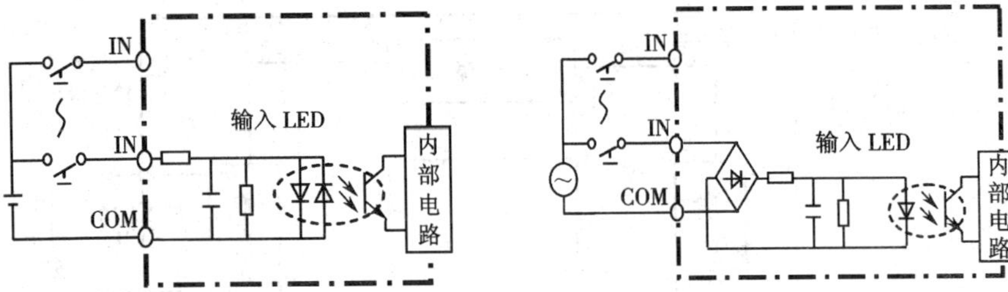

(a) 直流输入型 (b) 交流输入型

图 1.6 输入接口电路示意

的负载回路，其中双向晶闸管输出型只用于带交流电源负载，晶体管输出型则只用于带直流电源负载。

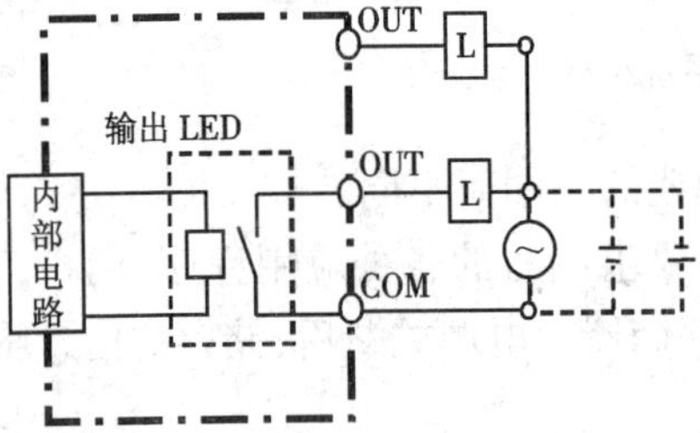

图 1.7 继电器输出接口电路示意

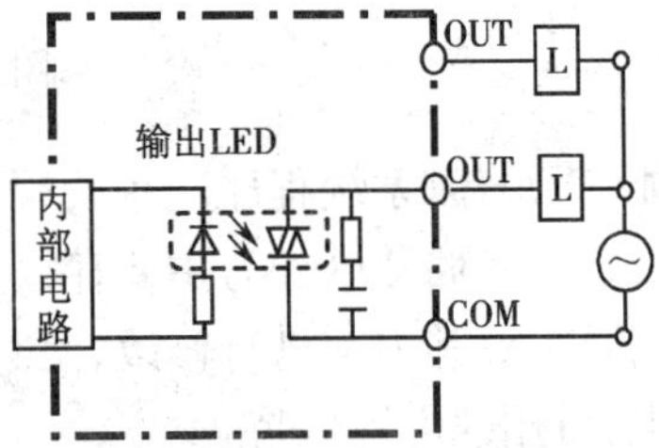

图 1.8 双向晶闸管输出接口电路示意

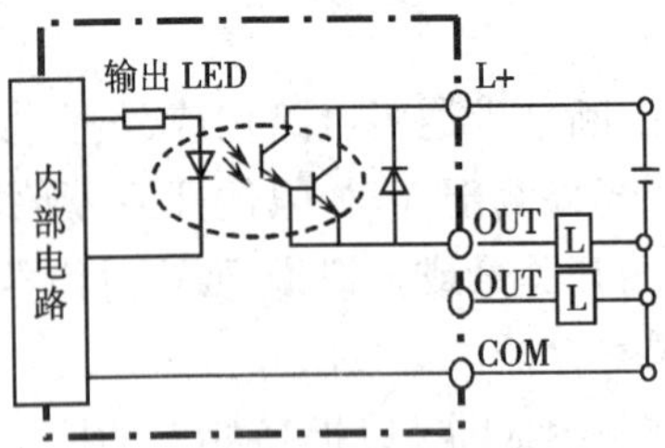

图 1.9 晶体管输出接口电路示意

从三种类型的输出电路可以看出，继电器、双向晶闸管和晶体管作为输出端的开关元件受 PLC 的输出指令控制，完成接通或断开与相应输出端相连的负载回路的任务，它们并不向负载提供工作电源。

负载工作电源的类型、电压等级和极性应该根据负载要求以及 PLC 输出接口电路的技术性能指标确定。

4. I/O 扩展接口

小型的 PLC 输入输出接口都是与中央处理单元 CPU 制造在一起的。为了满足被控设备输入输出点数较多的要求，常需要扩展数字量输入输出模块；为了满足模拟量控制的需要，常需要扩展模拟量输入输出模块，如 A/D、D/A 转换模块等。I/O 扩展接口就是为连接各种扩展模块而设计的。

5. 通讯接口

通讯接口用于 PLC 与编程器、计算机、变频器、触摸屏以及其他 PLC 等智能设备之间的连接，以实现 PLC 与智能设备之间的数据传送。

6.编程器

利用编程器可对用户程序进行编制、编辑、调试和监视,还可以通过键盘调用和显示 PLC 的一些内部状态和系统参数。它经过编程器接口与中央处理器单元联系,完成人机对话操作。

编程器主要有两种。一种是 PLC 专用编程器,有手持式和台式等,具有编辑程序所需的显示器、键盘及工作方式设置开关。编程器通过电缆与 PLC 的中央处理单元 CPU 相连。编程器具备程序编辑、编译和程序存储管理等功能。一些手持式的小型 PLC 编程器本身无法独立工作,需与 PLC 的 CPU 连接后才能使用。另一种是基于个人计算机系统的 PLC 编程器。在通用计算机系统中,配置 PLC 的编程及监控软件,通过 RS232 串行接口与 PLC 的 CPU 相连。PLC 语言的编译软件已包含在编程软件系统中。目前许多 PLC 产品都有自己的个人计算机 PLC 编程软件系统,如用于西门子 S7 – 200 系列 PLC 的编程软件 STEP7 – Micro/WIN 等。

7.电源

电源部件将交流电源转换成供 PLC 内部需要的直流电源。它的好坏直接影响 PLC 的功能和可靠性,因此目前大部分 PLC 均采用开关式稳压电源供电,同时还向各种扩展模块提供 24 V 直流电源。

任务四　认识 PLC 的软件

PLC 软件系统和硬件系统共同构成了可编程控制器系统。那么,PLC 的软件有哪几种？在整个控制系统中起什么作用呢？

一、PLC 的软件构成

PLC 的软件系统可分为系统程序和用户程序两大类。系统程序是厂家编写的程序,随 PLC 的功能不同而不同,它包括管理程序、用户指令解释程序和供系统调用的标准程序模块等,主要用于时序管理、存储空间分配、系统自检和用户程序翻译等;用户程序是用户根据控制要求,按系统程序允许的编程规则,用厂家提供的编程语言编写的程序。

改进系统程序可使 PLC 的性能在不改变硬件的情况下得到很大的改善,所以 PLC 制造厂商对此极为重视,不断地升级和完善产品的系统程序。

二、PLC 的编程语言

PLC 的用户程序是根据现场控制要求、使用厂家提供的编程语言自行编写的。不同厂家的 PLC 有不同的编程语言。现以西门子 PLC 的编程语言为例,说明各种编程语言之间的异同。

1.顺序功能图(Sequential Function Chart,SFC)

这是位于其他编程语言之上的图形语言,用来编制顺序控制的程序(如机械手控制程序)。编写时,工艺过程被划分为若干个顺序出现的步,每步中包括控制输出的动作,从一步到另一步的转换由转换条件控制,特别适合生产制造过程。西门子STEP7 中的该编程语言是 S7 Graph。

2.梯形图(LAdder Diagram,LAD)

这是使用最多的 PLC 编程语言。因与继电器电路很相似,具有直观易懂的特点,很容易被熟悉继电器控制的电气人员掌握,特别适合数字量逻辑控制,不适合编写大型控制程序。

梯形图由触点、线圈和用方框表示的指令构成。触点代表逻辑输入条件,线圈代表逻辑运算结果,常用来控制指示灯、开关和内部的标识位等。指令方框用来表示定时器、计数器或数学运算等指令。

3.语句表(STatement List,STL)

语句表是一种类似于微机汇编语言的文本编程语言,由多条语句组成一个程序段。语句表适合经验丰富的程序员使用,可以实现某些梯形图不能实现的功能。

4.功能块图(Function Block Diagram,FBD)

功能块图使用类似于布尔代数的图形逻辑符号来表示控制逻辑,一些复杂的功能用指令框表示,适合有数字电路基础的编程人员使用。功能块图用类似于“与门”“或门”的框图表示逻辑运算关系,方框的左侧为逻辑运算的输入变量,右侧为输出变量,输入输出端的小圆圈表示“非”运算,方框用“导线”连在一起,信号自左向右。

5.结构化文本(Structured Text,ST)

结构化文本(ST)是为 IEC61131－3 标准创建的一种专用的高级编程语言。与梯形图相比,它能实现复杂的数学运算,编写的程序非常简洁和紧凑。

STEP 7 的 S7 SCL 结构化控制语言的编程结构与 C 语言和 Pascal 语言相似,特别适合习惯于用高级语言编程的人使用。

在西门子 S7－200 系列 PLC 的编程软件 STEP 7－Micro/WIN 中,主要用 LAD、STL、FBD 三种方式编写用户程序。

开关量逻辑控制程序是 PLC 用户程序中最重要的一部分,是将 PLC 用于开关量逻辑控制的软件,一般采用 PLC 生产厂商提供的梯形图、语句表等编程语言编制。模拟量运算控制和闭环控制程序是大中型 PLC 系统的高级应用程序,通常采用 PLC 厂商提供的相应程序模块及主机的汇编语言或高级语言编制。工作站初始化程序是用户为 PLC 系统网络进行数据交换和信息管理而编制的初始化程序,在 PLC 厂商提供的通讯程序基础上进行参数设定,一般采用高级语言实现。

任务五 了解PLC的工作原理

上述的电动机自锁运行控制中,PLC是怎么实现与继电器同样的控制逻辑呢?

一、PLC的扫描工作模式

最初研制生产的PLC主要用于代替传统的由继电接触器构成的控制装置,两者的运行方式是不相同的。

继电器控制装置采用硬逻辑并行运行方式,即如果这个继电器的线圈通电或断电,该继电器所有的触点(包括其常开或常闭触点)无论在继电器控制线路的哪个位置上都会立即同时动作。

PLC的CPU则采用顺序逻辑扫描用户程序的运行方式,工作过程如图1.10(b)所示。当PLC投入运行后,其工作过程一般分为输入采样、执行用户程序、处理通讯请求、CPU自诊断和输出刷新五个阶段。完成上述五个阶段称为一个扫描周期。在整个运行期间,PLC的CPU以一定的扫描速度重复执行上述五个阶段。

1.输入采样阶段

PLC以扫描方式依次地读入所有输入状态和数据,并将它们存入输入映像寄存器中相应的单元内。输入采样结束后,顺序转入下面几个阶段的执行。在这几个阶段中,即使输入状态和数据发生变化,输入映象寄存器中相应单元的状态和数据也不会改变。因此,如果输入是脉冲信号,则该脉冲信号的宽度必须大于一个扫描周期,才能保证在任何情况下该输入均能被读入。

2.执行用户程序阶段

PLC的用户程序由若干条指令组成,在执行用户程序阶段,PLC总是从第一条指令开始,逐条顺序地执行用户程序。

3.处理通讯请求阶段

在处理通讯请求阶段,CPU处理从通讯接口和智能模块接收到的信息,如由编程器送来的程序、命令和各种数据,并把要显示的状态、数据、出错信息等发送给编程器进行显示。如果有与计算机等的通讯请求,也在这段时间完成数据的接收和发送任务。

4.CPU自诊断阶段

自诊断测试包括定期检查CPU模块的操作和扩展模块的状态是否正常,将监控定时器复位等。

5.输出刷新阶段

扫描用户程序结束后,PLC就进入输出刷新阶段。在此期间,CPU按照输出过程映像寄存器内对应的状态和数据刷新所有的输出锁存电路,再经输出电路驱动相应的外设。

同样的若干条梯形图排列次序不同，执行结果也不同。另外，采用 PLC 控制的扫描用户程序的运行结果与继电器控制装置的硬逻辑并行运行的结果有所区别。如果扫描周期占用的时间对整个运行来说可以忽略，那么两者之间就没有什么区别了。

PLC 的一个扫描周期等于自诊断、处理通讯请求、输入采样、执行用户程序、输出刷新等所有时间的总和。

由于 PLC 采用循环扫描的工作方式，而且对输入和输出信号只在每个扫描周期的固定时间集中输入和输出，所以会产生输出信号相对输入信号滞后的现象。扫描周期越长，滞后现象越严重。从 PLC 输入端信号发生变化到输出端对输入变化作出反应，需要一段时间。这一段时间称为 PLC 的响应时间和滞后时间，又称为 I/O 响应的时间。响应时间由输入延迟、输出延迟和程序执行三部分决定。

另外一个输出线圈或逻辑线圈被接通或断开，该线圈的所有触点不会立即动作，必须等扫描到该触点时才会动作。为了消除两者之间由于运行方式不同而造成的差异，考虑到继电器控制装置各类触点的动作时间一般在 100 ms 以上，而 PLC 扫描用户程序的时间一般均小于 100 ms，因此，PLC 采用了一种不同于一般微型计算机的运行方式——扫描技术。这样在对于 I/O 响应时间要求不高的场合，PLC 与继电器控制装置的处理结果就没有什么区别。

但对控制时间要求较严格、对响应速度要求快的系统，就应该精确地计算响应时间，细心编排程序，合理安排指令的顺序，以尽可能减少扫描周期造成的响应延时等不良影响。

二、PLC 的工作原理

现以控制电动机自锁运行为例，分析 PLC 是如何完成控制要求的。图1.10为在整个系统的控制图和扫描工作过程。

S7－200 在循环扫描中完成控制任务，在一个扫描周期中，执行读输入、执行用户程序、处理通讯请求、执行 CPU 自诊断、写输出等五个阶段。

①读输入：S7－200 将物理输入点上的状态复制到输入过程映像寄存器中。

②执行用户程序：S7－200 执行程序指令并将数据存储在变量存储区中。

③处理通讯请求及执行 CPU 自诊断：执行通讯任务，检查硬件、程序存储器和扩展模块是否工作正常。

④写输出：将输出过程映像寄存器中存储的数据复制到物理输出点。

此控制系统中有两个输入（启动和停止开关）和一个输出（控制电动机启动器）。电动机启动开关的状态和其他输入点的状态结合在一起，计算结果决定了控制执行机构启动电动机的输出点状态。

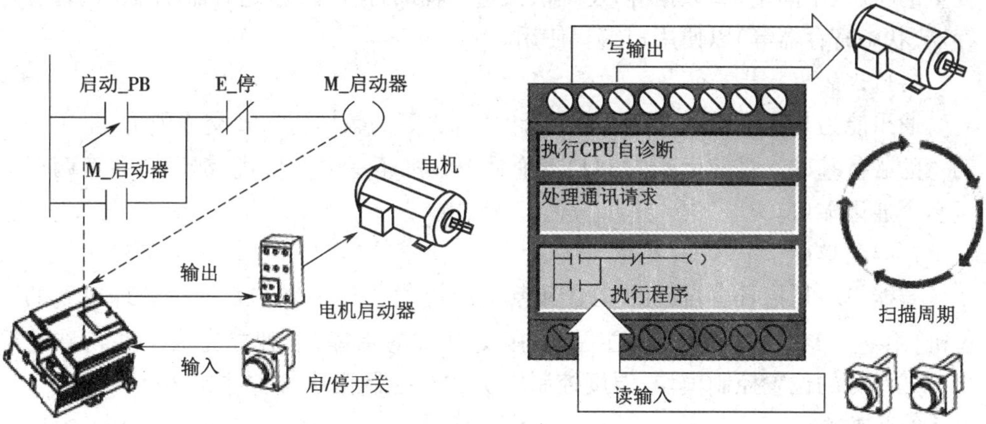

(a) 系统控制示意　　(b) 扫描工作过程

图 1.10　PLC 的工作原理

任务六　了解 PLC 的性能及选型

PLC 种类很多,功能不同,如何根据控制要求选用需要的 PLC 呢? 这就需要首先了解 PLC 的性能及选型。

一、PLC 的性能指标

1.I/O 点数

I/O 点数是指所能支持的最多可访问的 I/O 端子数,一般大于 PLC 面板上的 I/O 端子的个数。I/O 点数越多,可连接的 I/O 设备越多,控制规模就越大,因而 I/O 点数是衡量 PLC 性能的重要指标之一。

2.存储器容量

存储器容量是衡量可存储用户应用程序多少的指标,通常以 B 或 kB 为单位。内存大,可存储的程序量大,也就可以完成更为复杂的控制。

3.指令的种类和数量

一般来讲,指令的种类和数量愈多,功能愈强,因而指令多少是衡量 PLC 能力强弱的指标,决定了 PLC 的处理能力和控制能力。

4.扫描速度

扫描速度是指 PLC 执行程序的快慢,它是一个重要的性能指标,决定了系统的实时性和稳定性。

5.内部寄存器的种类和数量

内部寄存器的种类和数量是衡量 PLC 硬件功能的一个指标。它主要用于存放变量的状态、中间结果、数据等,还提供大量的辅助寄存器(如定时器/计数器、移位寄存器、状态寄存器等)以便用户编程使用。

6.通讯能力

通讯能力是指 PLC 与 PLC、PLC 与计算机之间的数据传送及交换能力,是工厂自动化的必备基础。目前生产的 PLC 不论是小型机还是中大型机,都配有一至两个甚至多个通讯端口。

7.智能模块

智能模块是指具有自己的 CPU 和系统的模块。它作为 PLC 中央处理单元的下位机,不参与 PLC 的循环处理过程,但接受 PLC 的指挥,可独立完成某些特殊的操作。如常见的位置控制模块、温度控制模块、PID 控制模块、模糊控制模块等。

8.扩展能力

扩展能力包括 I/O 点数的扩展和 PLC 功能的扩展。

二、PLC 的选型

1.PLC 的类型

PLC 按结构分为整体型和模块型两类,按应用环境分为现场安装和控制室安装两类,按 CPU 字长分为 1 位、4 位、8 位、16 位、32 位、64 位等。从应用角度出发,通常可按控制功能或输入输出点数选型。

整体型 PLC 的 I/O 点数固定,因此用户选择的余地较小,用于小型控制系统;模块型 PLC 提供多种 I/O 卡件或插件,因此用户可较合理地选择和配置控制系统的 I/O 点数,功能扩展方便灵活,一般用于大中型控制系统。

2.输入输出模块的选择

选择输入输出模块应考虑与应用要求的统一,可根据应用要求合理选用智能型输入输出模块,以便提高控制水平和降低应用成本。例如,对输入模块,应考虑信号电平、信号传输距离、信号隔离、信号供电方式等;对输出模块,应考虑选用的输出模块类型。通常继电器输出模块具有价格低、使用电压范围广、寿命短、响应时间较长等特点;可控硅输出模块适用于开关频繁、电感性低功率因数负荷场合,但价格较贵过载能力较差。

3.电源的选择

如引进设备时同时引进 PLC,其供电电源应根据产品说明书要求设计和选用。一般情况下,PLC 的供电电源应设计选用 220 V 交流电源,与国内电网电压一致。重要的应用场合,还应采用不间断电源或稳压电源供电。

如果 PLC 本身带有可使用电源,应核对提供的电流是否满足应用要求,否则应设计外接供电电源。为防止外部高压电源因误操作而引入 PLC,对输入和输出信号的隔离是必要的。

4.存储器的选择

由于计算机集成芯片技术的发展,存储器的价格已下降。因此,为保证应用项目正常投运,如果 PLC 有 256 个 I/O 点,至少应选 8 kB 存储器。需要复杂控制功能时,应选择容量更大、档次更高的存储器。

5.经济性的考虑

选择 PLC 时,应考虑性能价格比。考虑经济性时,应同时考虑应用的可扩展性、可操作性、投入产出比等因素,进行比较和权衡,最终选出较满意的产品。

输入输出点数对价格有直接影响。每增加一块输入输出卡件就需增加一定的费用。当点数增加到某一数值后,相应的存储器容量、机架、母板等也要相应增加,因此,点数增加对 CPU 选用、存储器容量、控制功能范围等选择都有影响。

思考与练习

1.什么是可编程控制器？它有哪些主要特点？

2.简述 PLC 的硬件组成及各部分的功能。

3.输入接口和输出接口电路各有哪几种形式？各有何特点？

4.PLC 的编程语言有哪些？各种编程语言的特点是什么？

5.PLC 的工作原理是什么？工作过程分哪几个阶段？在一个扫描周期中,如果在程序执行期间输入状态发生变化,输入映像寄存器的状态是否也随之改变？为什么？

6.PLC 主要有哪些性能指标？

模块二　认识 S7 - 200 系列 PLC

学习目标

学习了本模块之后,你需要

- 了解 S7 - 200 系列 PLC 的外部结构及各部件的作用;
- 学会给 S7 - 200 系列 PLC 供电、输入输出接线以及扩展模块与 PLC 的连接;
- 掌握 S7 - 200 系列 PLC 的内存结构及寻址方法;
- 了解 S7 - 200 系列 PLC 指令系统的类型;
- 学会使用 STEP7 - Micro/WIN 编程软件。

S7 - 200 系列 PLC(简称 S7 - 200)是德国西门子公司生产的小型 PLC。S7 - 200 系列 PLC 以其高可靠性、指令丰富、内置功能丰富、强劲的通讯能力、较高的性价比等特点,在工业控制领域中被广泛应用。

S7 - 200 系列 PLC 有 CPU 21X 和 CPU 22X 两代五种产品,其不同型号主要通过集成的输入输出点数、程序和数据存储器容量、可扩展性区分。不同 CPU 的性能参数如表 2.1 所示。

表 2.1　CPU 性能参数

S7 - 200 系列 PLC	CPU 221	CPU 222	CPU 224	CPU 224XP	CPU 226
集成数字量输入输出	6 入/4 出	8 入/6 出	14 入/10 出	14 入/10 出	24 入/16 出
可连接的扩展模块数量(最大)	不可扩展	2	7	7	7
最大可扩展的数字量输入输出点数	不可扩展	78	168	168	248
最大可扩展的模拟量输入输出点数	不可扩展	10	35	38	35
用户程序区(在线/非在线)/(kB/kB)	4/4	4/4	8/12	12/16	16/24
数据存储区/kB	2	2	8	10	10
数据后备时间(电容)/h	50	50	50	100	100
后备电池(选件)持续时间/d	200	200	200	200	200
编程软件	Step 7 - Micro/WIN	Step 7 - Micro/WIN	Step 7 - Micro/WIN	Step 7 - Micro/WIN	Step 7 - Micro/WIN
每条二进制语句执行时间/μs	0.22	0.22	0.22	0.22	0.22
标识寄存器/计数器/定时器数量	256/256/256	256/256/256	256/256/256	256/256/256	256/256/256

续表

S7 - 200 系列 PLC	CPU 221	CPU 222	CPU 224	CPU 224XP	CPU 226
高速计数器	4 个 30 kHz	4 个 30 kHz	6 个 30 kHz	6 个 100 kHz	6 个 30 kHz
高速脉冲输出	2 个 20 kHz	2 个 20 kHz	2 个 20 kHz	2 个 100 kHz	2 个 20 kHz
通讯接口	1 * RS485	1 * RS485	1 * RS485	2 * RS485	2 * RS485
硬件边沿输入中断	4	4	4	4	4
支持的通讯协议	PPI，MPI， 自由口	PPI，MPI， 自由口， Profibus DP	PPI，MPI， 自由口， Profibus DP	PPI，MPI， 自由口， Profibus DP	PPI，MPI， 自由口， Profibus DP
模拟电位器	1 个 8 位 分辨率	1 个 8 位 分辨率	2 个 8 位 分辨率	2 个 8 位 分辨率	2 个 8 位 分辨率
实时时钟	外置时钟卡 （选件）	外置时钟卡 （选件）	内置时钟卡	内置时钟卡	内置时钟卡
外形尺寸（W × H × D）/mm^3	90 × 80 × 62	90 × 80 × 62	120 × 80 × 62	140 × 80 × 62	196 × 80 × 62

五种不同 S7 - 200 CPU 如图 2.1 所示。

图 2.1　五种不同的 S7 - 200 CPU

下面介绍 S7 - 200 系列 PLC 部分主要性能。

任务一　认识 S7 - 200 系列 PLC 的硬件

一、任务提出

认识 S7 - 200 系列 PLC 的外部结构及各个部件的作用。

如何给 S7 - 200 系列 PLC 供电？

输入输出是如何接线的？

扩展模块有哪些,如何与 PLC 连接?

二、相关新知识

1.S7－200 系列 PLC 的外部结构及各部件的作用

S7－200 系列外部结构如图 2.2 所示,是典型的整体式 PLC,输入输出模块、CPU 模块、电源模块均装在一个机壳内,当系统需要扩展时,选用需要的扩展模块与基本单元连接。

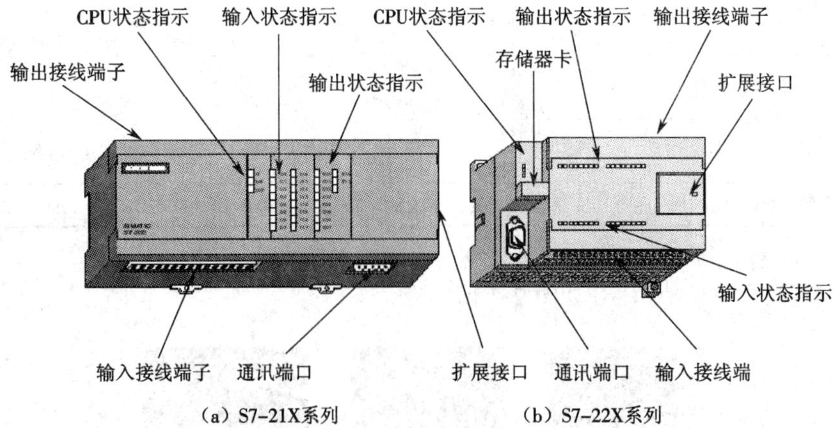

图 2.2 SIMATIC S7－200 系列 PLC 外部结构

(1)输入接线端子

输入接线端子用于连接外部控制信号。在底部端子盖下是输入接线端子和为传感器提供的 24 V 直流电源。

(2)输出接线端子

输出接线端子用于连接被控设备。在顶部端子盖下是输出接线端子和 PLC 的工作电源。

(3)CPU 状态指示

CPU 状态指示灯有 SF、STOP、RUN 三个,作用如表 2.2 所示。

表 2.2 CPU 状态指示灯的作用

名 称		状态及作用	
SF	系统故障	亮	严重的出错或硬件故障
STOP	停止状态	亮	不执行用户程序,可以通过编程装置向 PLC 装载程序或进行系统设置
RUN	运行状态	亮	执行用户程序

(4)输入状态指示

输入状态指示用于显示是否有控制信号(如控制按钮、行程开关、接近开关、光电开关等数字量信息)接入 PLC。

(5)输出状态指示

输出状态指示用于显示 PLC 是否有信号输出到执行设备(如接触器、电磁阀、指示灯等)。

(6)扩展接口

扩展接口通过扁平电缆线连接数字量 I/O 扩展模块、模拟量 I/O 扩展模块、热电偶模块、通讯模块等。CPU 与扩展模块的连接如图 2.3 所示。

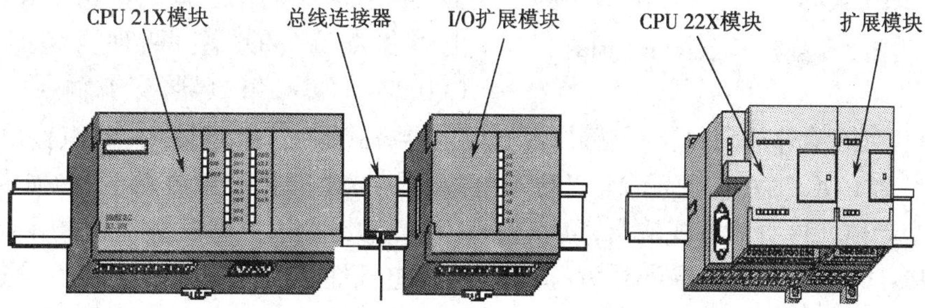

图 2.3　CPU 与扩展模块的连接

(7)通讯接口

通讯接口支持 PPI、MPI 通讯协议,有自由口通讯能力,用于连接编程器(手持式或 PC 机)、文本/图形显示器、PLC 网络等外部设备,如图 2.4 所示。

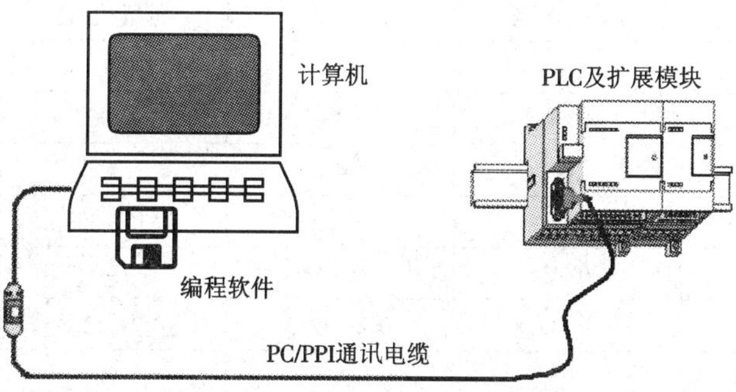

图 2.4　PC 机与 S7－200 的连接

(8)模拟电位器

模拟电位器用来改变特殊寄存器(SM28、SM29)中的数值,以改变程序运行时的参数,如定时器、计数器的预置值,过程量的控制参数等。

2.给 S7－200 系列 PLC 供电

给 S7－200 CPU 供电有直流供电和交流供电两种方式,如图 2.5 所示。

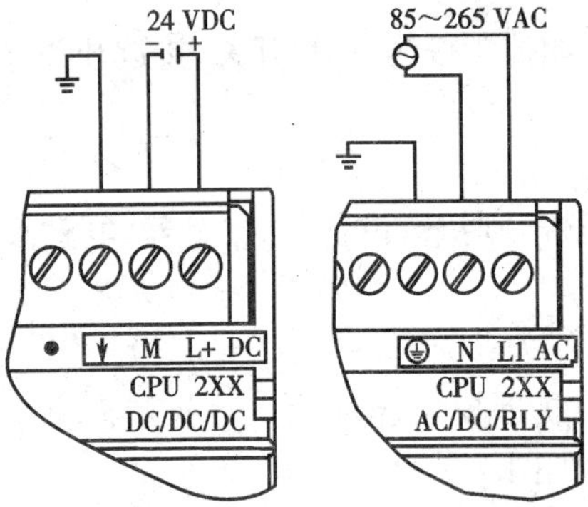

(a) 直流供电　　(b) 交流供电

图 2.5　给 S7 - 200 CPU 供电

注意:在安装和拆除 S7 - 200 之前,要确保电源被断开,以免造成人身损害和设备事故。

3. 输入输出接线

输入输出接口电路是 PLC 与被控对象间传递输入输出信号的接口部件。各输入输出点的通断状态用发光二极管(LED)显示,外部接线一般接在 PLC 的接线端子上。

S7 - 200 系列 CPU 22X 主机的输入点为直流双向光电耦合输入电路。输出有继电器和直流(MOS 型)两种类型:一种是 CPU 224 AC/DC/继电器,交流输入电源,提供 24 V 直流给外部元件(如传感器等),继电器方式输出,14 点输入,10 点输出;一种是 CPU 224 DC/DC/DC,直流 24 V 输入电源,提供 24 V 直流给外部元件(如传感器等),半导体元件直流方式输出,14 点输入,10 点输出。用户可根据需要选用。

PLC 的 I/O 特性主要描述 I/O 接口电路的电气性能,诸如电压、电流大小、通断时间、隔离方式等等。SIMATIC S7 - 22X 系列 PLC 的输入特性如表 2.3 所示,输出特性如表 2.4 所示。

表 2.3　CPU 22X 系列 PLC 机型的输入特性

项目	CPU 221	CPU 222	CPU 224	CPU 226
输入类型	汇型/源型	汇型/源型	源型/汇型	漏型/源型
输入点数	6	8	14	24
输入电压/V	24(DC)	24(DC)	24(DC)	24(DC)
输入电流/mA	4	4	4	4
逻辑 1 信号/V	15 ~ 35	15 ~ 35	15 ~ 35	15 ~ 35
逻辑 0 信号/V	0 ~ 5	0 ~ 5	0 ~ 5	0 ~ 5
输入延迟时间/ms	0.2 ~ 12.8	0.2 ~ 12.8	0.2 ~ 12.8	0.2 ~ 12.8
高速输入频率/kHz	30	30	30	20 ~ 30
隔离方式	光电	光电	光电	光电
隔离组数	2/4	4	6/8	11/13

表 2.4　CPU 22X 系列 PLC 机型的输出特性

项目	CPU 221		CPU 222		CPU 224		CPU 226	
输出类型	晶体管	继电器	晶体管	继电器	晶体管	继电器	晶体管	继电器

续表

项目		CPU 221		CPU 222		CPU 224		CPU 226	
输出点数		4	4	6	6	10	10	16	16
负载电压/V		20.4 ~ 28.8(DC)	5 ~ 30(DC)/5 ~ 250(AC)	20.4 ~ 28.8(DC)	5 ~ 30(DC)/5 ~ 250(AC)	20.4 ~ 28.8(DC)	5 ~ 30(DC)/5 ~ 250(AC)	20.4 ~ 28.8(DC)	5 ~ 30(DC)/5 ~ 250(AC)
输出电流/A	1 信号	0.75	2	0.75	2	0.75	2	0.75	2
	0 信号	10^{-2}	—	10^{-2}	—	10^{-5}	—	10^{-5}	—
公共端输出电流总和/A		3.02	6.0	4.5	6.0	3.75	8.0	6	10
接通延时/s	标准	1.5×10^{-5}	10^{-2}	1.5×10^{-5}	10^{-2}	1.5×10^{-5}	10^{-2}	1.5×10^{-5}	10^{-2}
	脉冲	2×10^{-6}	—	2×10^{-6}	—	2×10^{-6}	—	2×10^{-6}	—
关断延时/s	标准	10^{-4}	10^{-2}	10^{-4}	10^{-2}	10^{-4}	10^{-2}	10^{-4}	10^{-2}
	脉冲	10^{-5}	—	10^{-5}	—	10^{-5}	—	10^{-5}	—
隔离方式		光电	电磁	光电	电磁	光电	电磁	光电	电磁
隔离组数		4	1/3	6	3	5	3/4	8	4/5/7

(1)输入接线

CPU 224 的主机共有 14 个输入点(I0.0 ~ I0.7,I1.0 ~ I1.5)和 10 个输出点(Q0.0 ~ Q0.7,Q1.0 ~ Q1.1)。CPU 224 输入电路接线如图 2.6 所示。系统设置 1M 为输入端子 I0.0 ~ I0.7 的公共端,2M 为 I1.0 ~ I1.5 输入端子的公共端。

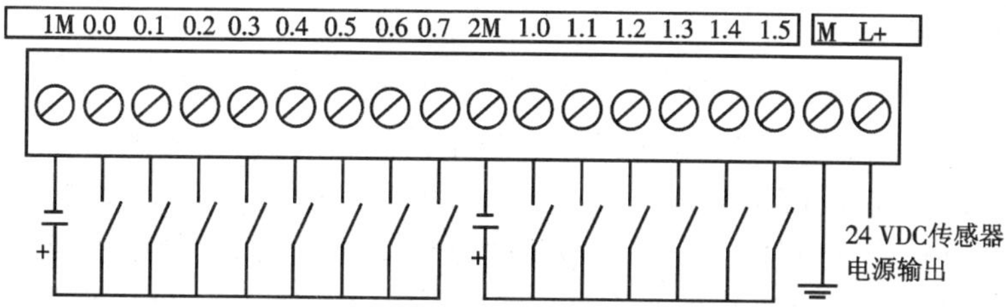

图 2.6　输入电路接线

(2)输出接线

CPU 224 的输出电路有晶体管输出和继电器输出供用户选用。在晶体管输出电路中,PLC 由 24 V 直流供电,负载采用了 MOSFET 功率驱动器件,所以只能用直流为负载供电。输出端将数字量输出分为两组,每组有一个公共端,共有 1L 和 2L 两个公共端,可接入不同电压等级的负载电源。CPU 224 晶体管输出电路接线如图 2.7 所示。

在继电器输出电路中,PLC 由 220 V 交流电源供电,负载采用了继电器驱动,所以既可以选用直流为负载供电,也可以采用交流为负载供电。在继电器输出电路中,

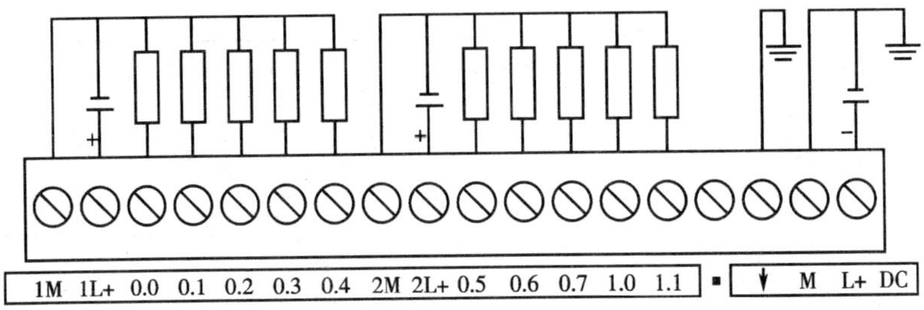

图 2.7 CPU 224 晶体管输出电路接线

数字量输出分为三组,每组的公共端为本组的电源供给端,Q0.0 ~ Q0.3 共用 1L,Q0.4 ~ Q0.6共用 2L,Q0.7 ~ Q1.1 共用 3L。各组之间可接入不同电压等级、不同电压性质的负载电源,如图 2.8 所示。

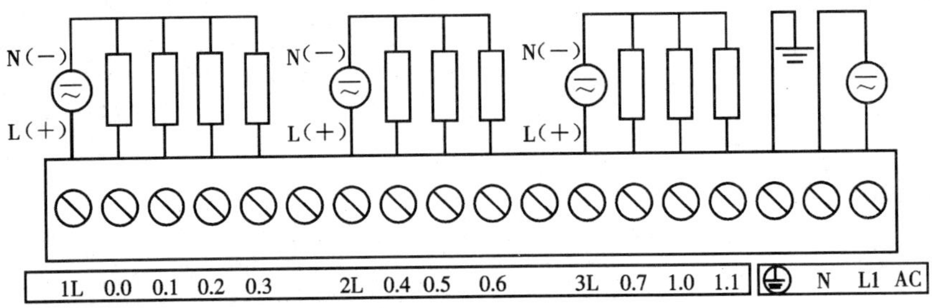

图 2.8 CPU 224 继电器输出电路接线

4.扩展模块

S7 – 200 系列 PLC 可以通过配接各种扩展模块达到扩展功能、扩大控制能力以及提高输入和输出量的目的。目前 S7 – 200 主要有四大类扩展模块。

(1)输入输出扩展模块

S7 – 200 CPU 上已经集成了一定数量的数字量 I/O 点,但如用户需要多于 CPU 单元 I/O 点时,必须对系统进行扩展。CPU 221 无 I/O 扩展能力,CPU 222 最多可连接两个扩展模块(数字量或模拟量),而 CPU 224 和 CPU 226 最多可连接七个扩展模块。

S7-200 系列 PLC 目前共提供五大类扩展模块,即数字量输入扩展板 EM 221(8 路扩展输入)、数字量输出扩展板 EM 222(8 路扩展输出)、数字量输入和输出混合扩展板 EM 223(8 路输入/8 路输出,16 路输入/16 路输出,32 路输入/32 路输出)、模拟量输入扩展板 EM 231(每个 EM 231 可扩展 3 路模拟量输入通道,A/D 转换时间为 25 μs,位数均为 12 位)、模拟量输入和输出混合扩展模板 EM 235(每个 EM 235 可同时扩展 3 路模拟输入和 1 路模拟量输出通道,其中 A/D 转换时间为 25 μs,D/A 转换时间为 100 μs,位数均为 12 位)。

基本单元通过其右侧的扩展接口用总线连接器(插件)与扩展单元左侧的扩展接口相连接,如图 2.9 所示。扩展单元正常工作需要 5 V 直流工作电源,此电源由基本单元通过总线连接器提供；扩展单元的 24 V 直流输入点和输出点电源可由基本单元的 24 V 直流电源供电，但要注意基本单元提供最大电流的能力。

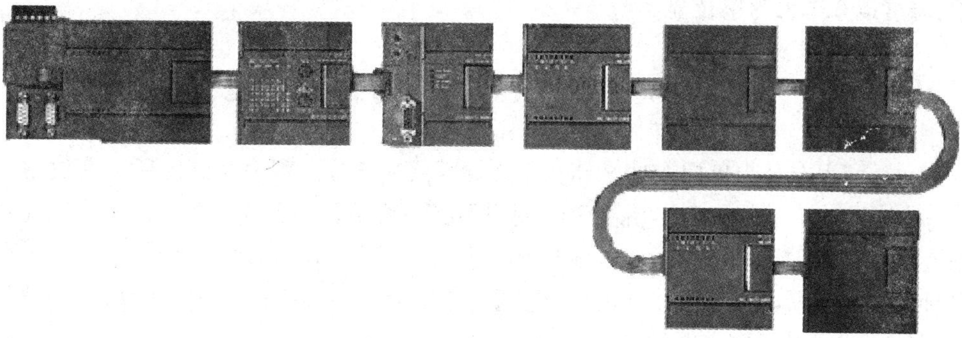

图 2.9　CPU 扩展

(2)通讯扩展模块

除了 CPU 集成通讯口外，S7－200 还可以通过通讯扩展模块连接成更大的网络。S7－200 系列目前有五种通讯扩展模块。

1)调制解调器

调制解调器 EM 241 将 S7－200 与电话网络连接起来。这样就可以在全球范围内连接 S7－200，而 S7－200 的数据和信息也可以传送到世界各地。

2)PROFIBUS 从站模块

PROFIBUS DP 从站模块 EM 277 将 S7－200 与 DP 网络连接起来。传送速度达到每秒 12 Mb。母线最多可支持 99 台设备，可以通过旋转开关自由选择它们的站地址。

3)AS 接口模块

AS 接口模块 CP 243－2 使 S7－200 成为 AS 接口上的主站，最多可以连接 62 个 AS 接口从站。

4)以太网模块

通过以太网模块 CP 243－1 可将 S7－200 连接到工业以太网上。以太网端口连接 RJ45 插口。它实现了远程编程、远程配置和远程对话以及数据传送。

5)工厂模块

IT 模块 CP 243－1 IT 提供了与以太网模块一样的网络功能。此外，它还可以扩展互联网的功能。

(3)特殊扩展模块

1)定位模块

定位模块 EM 253 为步进电动机提供控制服务。它对功率部件发出指令，功率部件完成步进电动机的运转。EM 253 每秒可发出 12～200 000 个脉冲。它可以支持直线加速和直线减速。

2)温度测量模块

温度测量模块存在于测量带阻抗温度的 RTD 模块或测量温差电偶的 TC 模块中,温度以 0.1 ℃为单位显示。

任务二　S7-200 系列 PLC 的内存结构及寻址方法

PLC 的内存分为程序存储区和数据存储区两大部分。程序存储区用于存放用户程序,它由机器自动按顺序存储程序,用户不必为哪条程序存放在哪个存储器地址而费心。数据存储区用于存放输入输出状态及各种各样的中间运行结果,是用户实现各种控制任务所必须了如指掌的内部资源,故研究 S7-200 系列 PLC 的数据存储区及寻址方式是必须要掌握的重点。

一、任务提出

S7-200 CPU 的存储器是如何编址的? 又是如何寻址的? 研究编址寻址的意义何在?

二、相关新知识

1.内存结构

S7-200 CPU 将信息存储在不同的存储器单元中,每个单元都有地址。它们分别是输入映像寄存器 I、输出映像寄存器 Q、变量存储器 V、内部位存储器 M、特殊存储器 SM、顺序控制状态寄存器 S、局部变量存储器 L、定时器 T、计数器 C、模拟量输入寄存器 AI、模拟量输出寄存器 AQ、累加器 AC 和高速计数器 HC。

(1)输入映像寄存器 I(输入继电器)

输入映像寄存器 I 存放 CPU 在输入扫描阶段采样输入接线端子的结果。工程技术人员常把输入映像寄存器 I 称为输入继电器,它由输入接线端子接入的控制信号驱动。当控制信号接通时,输入继电器得电,即对应的输入映像寄存器的位为“1”态;当控制信号断开时,输入继电器失电,对应的输入映像寄存器的位为“0”态。输入接线端子可以接常开触点或常闭触点,也可以是多个触点的串并联。

输入继电器地址的编号范围为 I0.0~I15.7。

(2)输出映像寄存器 Q(输出继电器)

输出映像寄存器 Q 存放 CPU 执行程序的结果,并在输出扫描阶段,将其复制到输出接线端子上。工程实践中,常把输出映像寄存器 Q 称为输出继电器。它通过 PLC 的输出接线端子控制执行电器完成规定的任务。

输出继电器地址的编号范围为 Q0.0~Q15.7。

(3)变量存储器 V

变量存储器 V 用于存放用户程序执行过程中控制逻辑操作的中间结果,也可以用来保存与工序或任务有关的其他数据。

变量存储区的编号范围根据 CPU 型号不同而不同，CPU 221/222 为 V0～V2047 共 2 kB 存储容量，CPU 224/226 为 V0～V5119 共 5 kB 存储容量。

(4)内部位存储器 M(中间继电器)

内部位存储器 M 作为控制继电器，用于存储中间操作状态或其他控制信息，作用相当于继电接触器控制系统中的中间继电器。

内部位存储器的编号范围为 M0～M31 共 32 个字节。

(5)特殊存储器 SM

特殊存储器 SM 用于 CPU 与用户之间交换信息，其特殊存储器位提供大量的状态和控制功能。CPU 224 的特殊存储器 SM 编址范围为 SMB0～SMB179 共 180 个字节，其中 SMB0～SMB29 的 30 个字节为只读型区域。其地址编号范围随 CPU 的不同而不同。

特殊存储器 SM 的只读字节 SMB0 为状态位，在每个扫描周期结束时，由 CPU 更新这些位。各位的定义如下。

SM0.0——运行监视。SM0.0 始终为“1”状态，当 PLC 运行时可以利用其触点驱动输出继电器。

SM0.1——初始化脉冲，仅在执行用户程序的第一个扫描周期为“1”状态，可以用于初始化程序。

SM0.2——当 RAM 中数据丢失时，导通一个扫描周期，用于出错处理。

SM0.3——PLC 上电进入 RUN 方式，导通一个扫描周期，可用在启动操作之前给设备提供一个预热时间。

SM0.4——该位是周期为 1 min、占空比为 50% 的时钟脉冲。

SM0.5——该位是周期为 1 s、占空比为 50% 的时钟脉冲。

SM0.6——该位是一个扫描时钟脉冲。本次扫描时置 1，下次扫描时置 0。可用作扫描计数器的输入。

SM0.7——该位指示 CPU 工作方式开关的位置。在 TERM 位置时为 0，可同编程设备通讯；在 RUN 位置时为 1，可使自由端口通讯方式有效。

特殊存储器 SM 的只读字节 SMB1 提供了不同指令的错误提示，部分位的定义如下。

SM1.0——零标识位，运算结果等于 0 时，该位置 1。

SM1.1——溢出标识，运算溢出或查出非法数值时，该位置 1。

SM1.2——负数标识，数学运算结果为负时，该位置 1。

特殊存储器 SM 字节 SMB28 和 SMB29 用于存储模拟量电位器 0 和模拟量电位器 1 的调节结果。

特殊存储器 SM 的全部功能可查阅相关手册。

(6)局部变量存储器 L

局部变量存储器 L 用来存放局部变量,它和变量存储器 V 很相似,主要区别在于全局变量是全局有效,即同一个变量可以被任何程序访问,而局部变量只在局部有效,即变量只和特定的程序相关联。

S7-200 有 64 个字节的局部变量存储器,其中 60 个字节可以作为暂时存储器,或给子程序传递参数,后 4 个字节作为系统的保留字节。

(7)高速计数器 HC

高速计数器用来累计比 CPU 的扫描速度更快的事件,计数过程与扫描周期无关。高速计数器的地址编号范围根据 CPU 的型号有所不同:CPU 221/222 有 4 个高速计数器,编号为 HC0~HC3;CPU 224/226 有 6 个高速计数器,编号为 HC0~HC5。

(8)累加器 AC

累加器是用来暂存数据的寄存器,可以存放运算数据、中间数据和结果。S7-200 提供了 4 个 32 位的累加器,地址编号为 AC0~AC3。

(9)定时器 T

定时器相当于继电接触器控制系统中的时间继电器,用于延时控制。S7-200 有三种定时器,它们的时基增量分别为 1 ms、10 ms 和 100 ms。

定时器的地址编号范围为 T0~T255,它们的分辨率和定时范围各不相同,用户应根据所用 CPU 型号及时基,正确选用定时器的编号。

(10)计数器 C

计数器用来累计输入端接收到的脉冲个数。S7-200 有三种计数器,即加计数器、减计数器、加减计数器。

计数器的地址编号范围为 C0~C255。

(11)模拟量输入寄存器 AI

模拟量输入寄存器 AI 用于接收模拟量输入模块转换后的 16 位数字量。其地址编号以偶数表示,如 AIW0、AIW2 等。模拟量输入寄存器 AI 为只读存储器。

(12)模拟量输出寄存器 AQ

模拟量输出寄存器 AQ 用于暂存模拟量输出模块的输入值,该值经过模拟量输出模块(D/A)转换为现场所需要的标准电压或电流信号。其地址编号为 AQW0、AQW2 等。模拟量输出值是只写数据,用户不能读取模拟量输出值。

(13)顺序控制状态寄存器 S

顺序控制状态寄存器 S 又称状态元件,与顺序控制继电器指令配合使用,用于组织设备的顺序操作,顺序控制状态寄存器的地址编号范围为 S0.0~S31.7。

2.指令编址及寻址方式

(1)编址方式

计算机中使用的数据均为二进制数,二进制数的基本单位是一个二进制位,8 个二进制位组成一个字节,16 个二进制位组成一个字,32 个二进制位组成一个双字。

存储器的单位可以是位(Bit)、字节(Byte)、字(Word)、双字(Double Word),所以需要对位、字节、字和双字进行编址。存储单元的地址由区域标识符、字节地址和位地址组成。

①位编址:寄存器标识符＋字节地址.位地址,如 I0.0、M0.1、Q0.2 等。

②字节编址:寄存器标识符＋字节长度 B＋字节地址,如 IB1、VB20、QB2 等。

③字编址:寄存器标识符＋字长度 W＋起始字节地址,如 VW20 表示 VB20 和 VB21 这二个字节组成的字。

④双字编址:寄存器标识符＋双字长度 D＋起始字节地址,如 VD20 表示从 VB20 到 VB23 这四个字节组成的双字。

位、字节、字和双字编址如表 2.5 所示。

表 2.5　位、字节、字和双字的编址

按位编址 V1.2	MSB　LSB 7　0	V1.2 位地址 字节地址 区域标志
按字节编址 VB100	MSB　LSB 7　0 VB100	VB100— 字节地址 按字节编址 区域标志
按字编址 VW100	MSB　LSB 15　0 VB100　VB101	VW100— 起始字节地址 按字编址 区域标志
按双字编址 VD100	MSB　LSB 31　0 VB100　VB101　VB102　VB103	VD100— 起始字节地址 按双字编址 区域标识

(2)寻址方式

在编写 PLC 程序时,会用到寄存器的某一位、某一个字节、某一个字或某一个双字。怎样让指令正确地找到所需要的位、字节、字或双字的数据信息?这就需要正确了解位、字节、字和双字寻址的方法,以便在编写程序时使用正确的指令规则。

S7－200 系列 PLC 指令系统的数据寻址方式有立即数寻址、直接寻址和间接寻址三大类。

1)立即数寻址

对立即数直接进行读写操作的寻址称为立即数寻址。立即数寻址的数据在指令中以常数形式出现。常数的大小由数据的长度(二进制数的位数)决定。其表示的整数范围如表 2.6 所示。

表 2.6 数据的大小范围

数据大小	无符号整数范围		有符号整数范围	
	十进制	十六进制	十进制	十六进制
字节 B(8 位)	0 ~ 255	0 ~ FF	- 128 ~ 127	80 ~ 7F
字 W(16 位)	0 ~ 65 535	0 ~ FFFF	-32 768 ~ 32 767	8 000 ~ 7FFF
双字 D(32 位)	0 ~ 4 294 967 295	0 ~ FFFFFFFF	- 2 147 483 648 ~ 2 147 483 647	80 000 000 ~ 7FFFFFFF

在 S7-200 系列 PLC 中,常数值可为字节、字或双字。存储器以二进制方式存储所有常数。指令中可用二进制、十进制、十六进制或 ASCII 码形式表示常数,具体的格式如下:

①二进制格式,用二进制数前加 2 # 表示,如 2 # 1001;

②十进制格式,直接用十进制数表示,如 20047;

③十六进制格式,用十六进制数前加 16 # 表示,如 16 # 4E4F;

④ASCII 码格式,用单引号 ASCII 码文本表示,如'good bye'。

2)直接寻址方式

直接寻址方式是指在指令中直接使用存储器或寄存器的地址编号,直接到指定的区域读取或写入数据,如 I0.0、MB20、VW100 等。

3)间接寻址

间接寻址时操作数不提供直接数据位置,而是通过使用地址指针存取存储器中的数据。在 S7 - 200 系列 PLC 中允许使用指针对 I、Q、M、V、S、T(仅当前值)、C(仅当前值)寄存器进行间接寻址。

使用间接寻址之前,要先创建一个指向该位置的指针。指针为双字值,用来存放一个存储器的地址,只能用 V、L 或 AC 做指针。建立指针时,必须用双字传送指令(MOVD)将需要间接寻址的存储器地址送到指针中,例如 MOVD &VB202,AC1,其中 &VB202 表示 VB202 的地址,而不是 VB202 的值。指令的含义是将 VB202 的地址送入累加器 AC1 中。

指针建好之后,利用指针存取数据。用指针存取数据时,操作数前加"*"号,表示该操作数为一个指针。例如,MOVW *AC1,AC0 表示将 AC1 中的内容为起始地址的一个字长的数据(即 VB202、VB203 的内容)送到累加器 AC0 中,传送示意如图 2.10 所示。

S7 - 200 系列 PLC 的存储器寻址范围如表 2.7 所示。

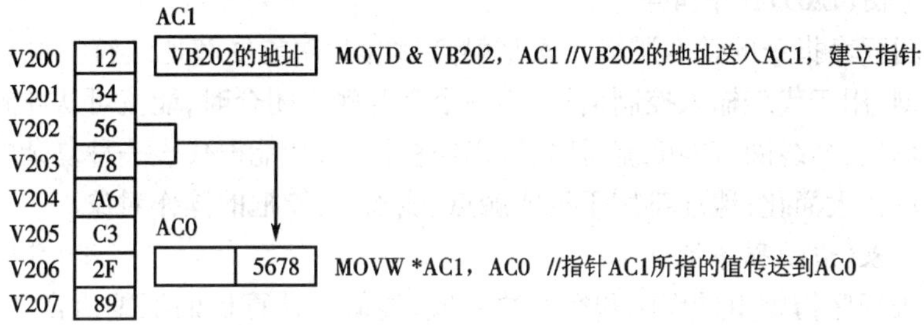

图 2.10　使用指针的间接寻址

表 2.7　S7 - 200 系列 PLC 的存储器寻址范围

<table>
<tr><th>寻址方式</th><th>CPU 221</th><th>CPU 222</th><th>CPU 224</th><th>CPU 224XP</th><th>CPU 226</th></tr>
<tr><td rowspan="3">位存取
(字节、位)</td><td colspan="5">I0.0 ~ I15.7;Q0.0 ~ Q15.7;M0.0 ~ M31.7;T0 ~ T255;C0 ~ C255;L0.0 ~ L63.7</td></tr>
<tr><td colspan="2">V0.0 ~ V2047.7</td><td>V0.0 ~ V8191.7</td><td colspan="2">V0.0 ~ V2047.7</td></tr>
<tr><td>SM0.0 ~ SM165.7</td><td>SM0.0 ~ SM2999.7</td><td colspan="3">SM0.0 ~ SM549.7</td></tr>
<tr><td rowspan="3">字节存取</td><td colspan="5">IB0 ~ IB15;QB0 ~ QB15;MB0 ~ MB31;SB0 ~ SB31;LB0 ~ LB63;AC0 ~ AC3 常数</td></tr>
<tr><td colspan="2">VB0 ~ VB2047</td><td>VB0 ~ VB8191</td><td colspan="2">VB0 ~ VB10239</td></tr>
<tr><td>SMB0 ~ SMB165</td><td>SMB0 ~ SMB299</td><td colspan="3">SMB0 ~ SMB549</td></tr>
<tr><td rowspan="4">字存取</td><td colspan="5">IW0 ~ IW14;QW0 ~ QW14;MW0 ~ MW30;SW0 ~ SW30;
T0 ~ T255;C0 ~ C255;LW0 ~ LW62;AC0 ~ AC3 常数</td></tr>
<tr><td colspan="2">VW0 ~ VW2046</td><td>VW0 ~ VW8190</td><td colspan="2">VW0 ~ VW10238</td></tr>
<tr><td>SMW0 ~ SMW164</td><td>SMW0 ~ SMW298</td><td colspan="3">SMW0 ~ SMW548</td></tr>
<tr><td colspan="2">AIW0 ~ AIW30;AQW0 ~ AQW30</td><td colspan="3">AIW0 ~ AIW62;AQW0 ~ AQW62</td></tr>
<tr><td rowspan="3">双字存取</td><td colspan="5">ID0 ~ ID12;QD0 ~ QD12;MD0 ~ MD28;SD0 ~ SD28;LD0 ~ LD60;AC0 ~ AC3 常数</td></tr>
<tr><td colspan="2">VD0 ~ VD2044</td><td>VD0 ~ VD8188</td><td colspan="2">VD0 ~ VD10236</td></tr>
<tr><td>SMD0 ~ SMD162</td><td>SMD0 ~ SMD296</td><td colspan="3">SMD0 ~ SMD546</td></tr>
</table>

任务三　认识 S7 - 200 系列 PLC 的软件

一、S7 - 200 系列 PLC 指令系统的类型

SIMATIC S7 - 200 系列 PLC 的指令系统分为梯形图(LAdder Diagram，LAD)程序指令、语句表(STatement List，STL)程序指令和功能块图(Function Block Diagram,FBD)程序指令三种形式。不论哪一种指令形式,都由某种图形符号或操作码以及操作数组成。下面就简单介绍这三种类型的程序指令。

1.梯形图(LAD)程序指令

梯形图程序指令的基本逻辑元素是触点、线圈、功能框和地址符。触点有常开、常闭等类型,用于代表输入控制信息,当一个常开触点闭合时,能流可从此触点流过;线圈代表输出,当线圈有能流流过时,输出便被接通;功能框代表一种复杂的操作,它可以使程序大大简化;地址符用于说明触点、线圈、功能框的操作对象。

2.语句表(STL)程序指令

语句表程序指令由操作码和操作数组成,类似于计算机的汇编语言。它的图形显示形式即为梯形图程序指令,语句表程序指令则显示为文本格式。

3.功能块图(FBD)程序指令

功能块图程序指令由功能框元素表示。“与”(AND)/“或”(OR)功能块图程序指令如同梯形图程序指令中的触点一样用于操作布尔信号;其他类型的功能块图与梯形图程序指令中的功能框类似。

三种程序指令的类型可以相互转换,如图 2.11 所示。

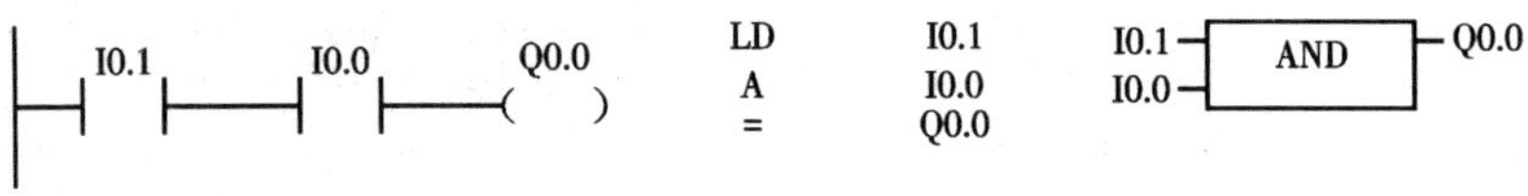

(a) 梯形图程序　　(b) 语句表程序　　(c) 功能块图程序

图 2.11　同一功能的梯形图、语句表、功能块图程序指令

二、STEP 7 - Micro/WIN 编程软件介绍

S7 - 200 系列 PLC 使用 STEP 7 - Micro/WIN 编程软件编程。STEP 7 - Micro/WIN 编程软件是基于 Windows 操作系统的应用软件,功能强大,主要用于开发程序,也可用于实时监控用户程序的执行状态。该软件 4.0 以上版本有包括中文在内的多种语言使用界面。

1.STEP 7 - Micro/WIN 窗口组件

STEP 7 - Micro/WIN 编程软件的主界面如图 2.12 所示。

主界面一般可以分为以下几个部分:菜单条、工具条、浏览条、指令树、用户窗口、输出窗口和状态条。除菜单条外,用户可以根据需要通过检视菜单和窗口菜单决定其他窗口的取舍和样式的设置。

(1)主菜单

主菜单包括文件、编辑、检视、PLC、调试、工具、窗口、帮助八个主菜单项。各主菜单项的功能如下。

1)文件菜单

文件菜单主要包括对文件进行新建、打开、关闭、保存、另存、导入、导出、上载、下载、页面设置、打印、预览、退出等操作。

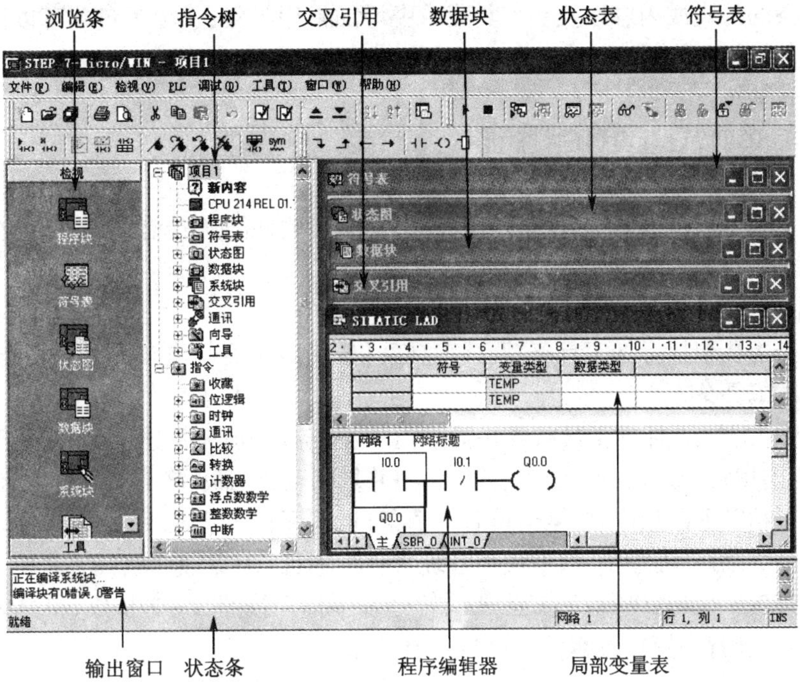

图 2.12　STEP 7－Micro/WIN 编程软件的主界面

2）编辑菜单

编辑菜单可以实现剪切、复制、粘贴、插入、查找、替换、转至等操作。

3）检视菜单

检视菜单用于选择各种编辑器，如程序编辑器、数据块编辑器、符号表编辑器、状态表编辑器、交叉引用查看以及系统块和通讯参数设置等。检视菜单还可以控制程序注解、网络注解以及浏览条、指令树和输出视窗的显示与隐藏，可以对程序块的属性进行设置。

4）PLC 菜单

PLC 菜单用于与 PLC 联机时的操作，如用软件改变 PLC 的运行方式（运行、停止），对用户程序进行编译，清除 PLC 程序，电源启动重置，查看 PLC 的信息，时钟、存储卡的操作，程序比较，PLC 类型选择等。其中对用户程序进行编译可以离线进行。

5）调试菜单

调试菜单用于联机时的动态调试。调试时可以指定 PLC 对程序执行有限次数扫描（从 1 次扫描到 65 535 次扫描）。通过选择 PLC 运行的扫描次数，可以在程序改变过程变量时对其进行监控。第一次扫描时，SM0.1 数值为 1（打开）。

6）工具菜单

工具菜单提供复杂指令向导（PID、HSC、NETR/NETW 指令），使复杂指令编程时的工作简化；提供文本显示器 TD200 设置向导；定制子菜单可以更改 STEP 7－Micro/

WIN 工具条的外观或内容以及在工具菜单中增加常用工具;选项子菜单可以设置三种编辑器的风格,如字体、指令盒的大小等样式。

7)窗口菜单

窗口菜单可以设置窗口的排放形式,如层叠、水平、垂直。

8)帮助菜单

帮助菜单可以提供 S7－200 的指令系统及编程软件的所有信息,并提供在线帮助、网上查询、访问等功能。

(2)工具条

工具条主要包括标准工具条、调试工具条和公用工具条。各工具条的功能如下。

1)标准工具条

如图 2.13 所示,标准工具条各快捷按钮从左到右分别为新建项目、打开现有项目、保存当前项目、打印、打印预览、剪切选项并复制至剪贴板、将选项复制至剪贴板、在光标位置粘贴剪贴板内容、撤销最后一个条目、编译程序块或数据块(任意一个现用窗口)、全部编译(程序块、数据块和系统块)、将项目从 PLC 上载至 STEP 7－Micro/WIN、从 STEP 7－Micro/WIN 下载至 PLC、符号表名称列按照 A～Z 排序、符号表名称列按照 Z～A 排序、选项(配置程序编辑器窗口)。

图 2.13　标准工具条

2)调试工具条

如图 2.14 所示,调试工具条各快捷按钮从左到右分别为将 PLC 设为运行模式、将 PLC 设为停止模式、打开程序状态监控、暂停程序状态监控(只用于语句表)、图状态打开/关闭、状态图表单次读取、状态图表全部写入、强制 PLC 数据、取消强制 PLC 数据、状态图表全部取消强制、状态图表全部读取强制数值。

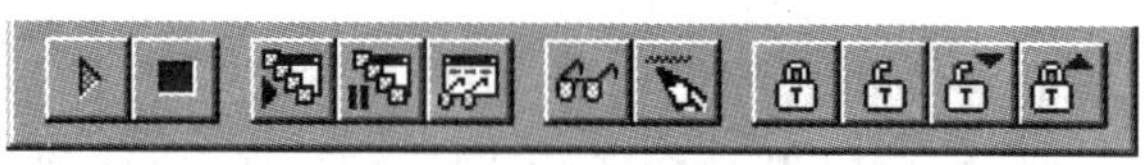

图 2.14　调试工具条

3)公用工具条

如图 2.15 所示,公用工具条各快捷按钮从左到右分别为插入网络、删除网络、程序注解显示/隐藏、网络注解、检视/隐藏每个网络的符号信息表、切换书签、下一个书签、前一个书签、清除全部书签、在项目中应用所有的符号、建立表格未定义符号、常量说明符打开/关闭之间切换等。程序注解、网络注解、符号信息表等如图 2.16 所示。

图 2.15　公用工具条

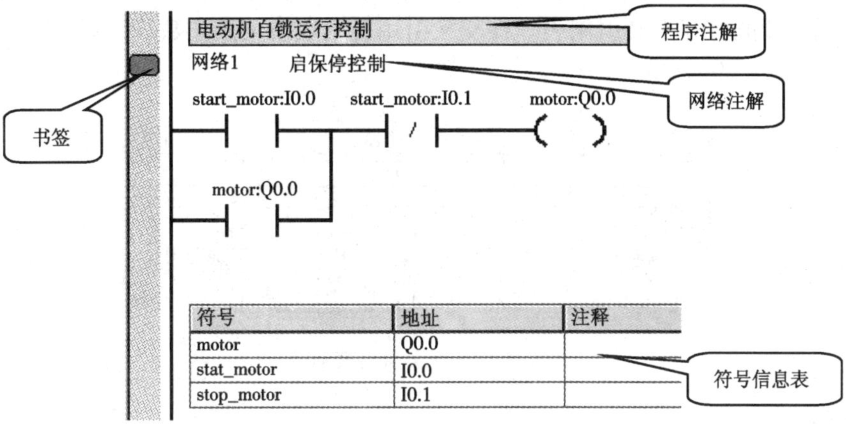

图 2.16　程序注解、网络注解、符号信息表等

4)LAD 指令工具条

LAD 指令工具条如图 2.17 所示，从左到右分别为插入向下直线、插入向上直线、插入左行、插入右行、插入接点、插入线圈、插入指令盒。

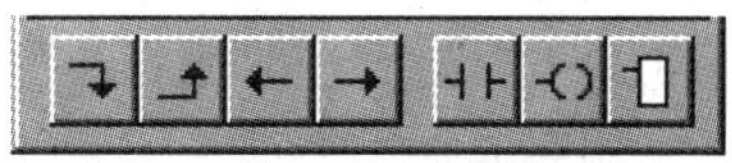

图 2.17　LAD 指令工具条

(3)浏览条

浏览条为编程提供按钮控制，可以实现窗口的快速切换，即对编程工具执行直接按钮存取，包括程序块、符号表、状态图表、数据块、系统块、交叉引用和通讯。单击上述任意按钮，则主窗口切换成此按钮对应的窗口。

(4)指令树

指令树以树形结构提供编程时用到的所有快捷操作命令和 PLC 指令，可分为项目分支和指令分支。项目分支用于组织程序项目；指令分支用于输入程序，打开指令文件夹并选择指令。

(5)用户窗口

可同时或分别打开 6 个用户窗口，分别为交叉引用、数据块、状态图表、符号表、程序编辑器、局部变量表。

1)交叉引用

在程序编译成功后，可用下面的方法之一打开“交叉引用”窗口：

①用菜单命令“检视”→“交叉引用”；

②单击浏览条中的“交叉引用”按钮。

如图 2.18 所示，交叉引用表列出在程序中使用的各操作数所在的 POU、网络或行位置以及每次使用各操作数的语句表指令。通过交叉引用表还可以查看哪些内存区域已经被使用，作为位还是作为字节使用。在运行方式下编辑程序时，可以查看程序当前正在使用的跳变信号的地址。交叉引用表不下载到可编程控制器，在程序编译成功后，才能打开交叉引用表。在交叉引用表中双击某操作数，可以显示出包含该操作数的那一部分程序。

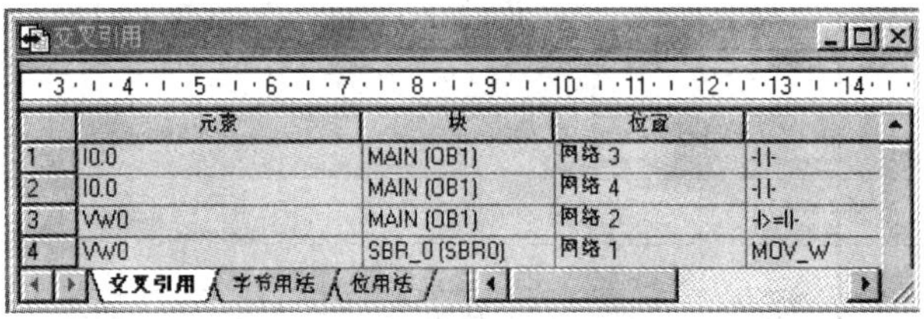

图 2.18　交叉引用表示例

2)数据块

数据块可以设置和修改变量存储器的初始值和常数值，并加必要的注释说明。可用下面的方法之一打开“数据块”窗口：

①单击浏览条上的“数据块”按钮；

②用菜单命令“检视”→“元件”→“数据块”；

③单击指令树中的“数据块”图标。

3)状态表

将程序下载至 PLC 之后，可以建立一个或多个状态表。在联机调试时，进入状态表监控状态，可监视各变量的值和状态。状态表不下载到 PLC，只是监视用户程序运行的一种工具。用下面的方法之一可打开状态表：

①单击浏览条上的“状态表”按钮；

②用菜单命令“检视”→“元件”→“状态表”；

③打开指令树中的“状态表”文件夹，然后双击“状态表”图标。

若在项目中有一个以上状态表，使用位于“状态表”窗口底部的标签在状态表之间切换。

4)符号表

符号表是程序员用符号编址的一种工具表。在编程时不采用元件的直接地址作为操作数，而用有实际含义的自定义符号名作为编程元件的操作数，这样可使程序更容易理解。符号表则建立了自定义符号名与直接地址编号之间的关系。程序被编译后下载到可编程控制器时，所有的符号地址被转换成绝对地址，符号表中的信息不下载到可编程控制器。用下面的方法之一可打开符号表：

①单击浏览条中的“符号表”按钮；

②用菜单命令“检视”→“符号表”；

③打开指令树中的符号表或全局变量文件夹，然后双击一个表格图标。

5)程序编辑器

用下面的方法之一可打开“程序编辑器”窗口：

①单击浏览条中的“程序块”按钮，打开程序编辑器窗口，单击窗口下方的主程序、子程序、中断程序标签，可自由切换程序窗口；

②指令树→程序块→双击主程序图标、子程序图标或中断程序图标。

用下面的方法之一可对程序编辑器进行设置：

①用菜单命令“工具”→“选项”→“程序编辑器”标签，设置编辑器选项；

②使用选项快捷按钮→设置“程序编辑器”选项。

6)指令语言的选择

选择指令语言的方法如下：

①用菜单命令“检视”→LAD、FBD、STL，更改编辑器类型；

②用菜单命令“工具”→“选项”→“一般”标签，可更改编辑器(LAD、FBD 或 STL)和编程模式(SIMATIC 或 IEC 1131 - 3)。

7)局部变量表

程序中的每个程序块都有自己的局部变量表，局部变量存储器(L)有 64 个字节。局部变量表用来定义局部变量，局部变量只在建立该局部变量的程序块中才有效。在带参数的子程序调用中，参数就是通过局部变量表传递的。

在用户窗口将水平分隔条下拉即可显示局部变量表，将水平分隔条拉至程序编辑器窗口的顶部，局部变量表不再显示，但仍旧存在。

(6)输出窗口

输出窗口用来显示 STEP 7 - Micro/WIN 程序编译的结果，如编译结果有无错误、错误编码和位置等。通过菜单命令“检视”→“帧”→“输出窗口”，可打开或关闭输出窗口。

(7)状态条

状态条提供在 STEP 7 - Micro/WIN 中操作的相关信息。

三、STEP 7 - Micro/WIN 主要编程功能

1.编程元素及项目组件

STEP 7 - Micro/WIN 的一个基本项目包括程序块、数据块、系统块、符号表、状态表、交叉引用表。程序块、数据块、系统块须下载到 PLC，而符号表、状态表、交叉引用表无须下载到 PLC。

程序块由可执行代码和注释组成。可执行代码由一个主程序和可选子程序或中断程序组成。程序代码被编译并下载到 PLC，程序注释被忽略。在“指令树”中右击

“程序块”图标可以插入子程序和中断程序。

数据块由数据(包括初始内存值和常数值)和注释两部分组成。数据被编译后,下载到 PLC,注释被忽略。

系统块用来设置系统的参数,包括通讯口配置信息、保存范围、模拟和数字输入过滤器、背景时间、密码表、脉冲截取位和输出表等选项。单击“浏览栏”上的“系统块”按钮,或者单击“指令树”内的“系统块”图标,可查看并编辑系统块。系统块的信息须下载到 PLC,为 PLC 提供新的系统配置。

2.梯形图程序的输入

(1)建立项目

通过菜单命令“文件”→“新建”或单击工具栏中“新建”快捷按钮,可新建一个项目。此时,程序编辑器将自动打开。

(2)输入程序

在程序编辑器中使用的梯形图元素主要有触点、线圈和功能块。梯形图的每个网络必须从触点开始,以线圈或没有 ENO 输出的功能块结束。线圈不允许串联使用。

在程序编辑器中输入程序有以下方法:在指令树中选择需要的指令,拖曳到需要位置;将光标放在需要的位置,在指令树中双击需要的指令;将光标放到需要的位置,单击工具栏指令按钮,打开一个通用指令窗口,选择需要的指令;使用功能键 F4(接点)、F6(线圈)和 F9(功能块),打开一个通用指令窗口,选择需要的指令。

当编程元件图形出现在指定位置后,再点击编程元件符号的“???”,输入操作数。红色字样显示语法出错。当把不合法的地址或符号改正为合法值时,红色消失。若数值下面出现红色的波浪线,表示输入的操作数超出范围或与指令的类型不匹配。

在梯形图 LAD 编辑器中可对程序进行注释。注释级别共有程序注释、网络标题、网络注释和程序属性四种。

“属性”对话框中有“一般”和“保护”两个标签。选择“一般”可为子程序、中断程序和主程序块重新编号和重新命名,并为项目指定一个作者。选择“保护”则可以选择一个密码保护程序,以使其他用户无法看到该程序,并在下载时加密。若用密码保护程序,则选择“用密码保护该 POU”复选框,输入一个 4 个字符的密码并核实该密码。

(3)编辑程序

①剪切、复制、粘贴或删除多个网络。通过用 SHIFT 键 + 鼠标单击,可以选择多个相邻的网络,进行剪切、复制、粘贴或删除等操作。

注意:不能选择网络中的一部分,只能选择整个网络。

②编辑单元格、指令、地址和网络。用光标选中需要进行编辑的单元,单击右键,弹出快捷菜单,可以进行插入或删除行、列、垂直线或水平线的操作。删除垂直线时把方框放在垂直线左边单元上,删除时选“行”或按 DEL 键。进行插入编辑时,先将

方框移至欲插入的位置,然后选"列"。

(4)程序的编译

程序编译操作用于检查程序块、数据块及系统块是否存在错误。程序经过编译后,方可下载到 PLC。单击"编译"按钮或选择菜单命令"PLC"→"编译",编译当前被激活的窗口中的程序块或数据块;单击"全部编译"按钮或选择菜单命令"PLC"→"全部编译",编译全部项目元件(程序块、数据块和系统块)。使用"全部编译"与哪一个窗口是活动窗口无关。编译的结果显示在主窗口下方的输出窗口中。

3.程序的下载、上传

(1)下载

如果已经成功地在运行 STEP 7 - Micro/WIN 的个人计算机和 PLC 之间建立了通讯,就可以将编译好的程序下载至该 PLC,PLC 中已有内容将被覆盖。单击工具条中的"下载"按钮或用菜单命令"文件"→"下载"。出现"下载"对话框。根据默认值,在初次发出下载命令时,"程序代码块"、"数据块"和"CPU 配置"(系统块)复选框都被选中。如果不需要下载某个块,可以清除该复选框。单击"确定",开始下载程序。如果下载成功,将出现一个确认框会显示以下信息:下载成功。下载成功后,单击工具条中的"运行"按钮,或"PLC"→"运行",PLC 进入 RUN(运行)工作方式。

注意:下载程序时 PLC 必须处于停止状态,可根据提示进行操作。

(2)上传

可用下面的几种方法从 PLC 将项目文件上传到 STEP 7 - Micro/WIN 程序编辑器:单击"上载"按钮;选择菜单命令"文件"→"上载";按快捷键组合 Ctrl + U。执行的步骤与下载基本相同,选择需上传的块(程序块、数据块或系统块),单击"上传"按钮,上传的程序将从 PLC 复制到当前打开的项目中,随后即可保存上传的程序。

4.选择工作方式

PLC 有运行和停止两种工作方式。单击工具栏中的"运行"按钮或"停止"按钮可以进入相应的工作方式。

5.程序的调试与监控

在 STEP 7 - Micro/WIN 编程设备和 PLC 之间建立通讯并向 PLC 下载程序后,可使 PLC 进入运行状态,进行程序的调试和监控。

(1)程序状态监控

在程序编辑器窗口显示希望测试的部分程序和网络,将 PLC 置于 RUN 工作方式,单击工具栏中"程序状态"按钮或用菜单命令"调试"→"程序状态",进入梯形图程序监控状态。在梯形图程序监控状态,用高亮显示位操作数的线圈得电或触点通断状态。触点或线圈通电时,该触点或线圈高亮显示。运行中梯形图程序内的各元件状态将随程序执行过程连续更新变换。

(2)状态表监控

单击浏览条上的"状态表"按钮或使用菜单命令"检视"→"元件"→"状态表",可打开状态表编辑器，在状态表地址栏输入要监控的数字量地址或数据量地址，点击工具栏中“状态表”按钮，可进入“状态表”监控状态。在此状态，可通过工具栏强制 I/O 点的操作，观察程序的运行情况；也可通过工具栏对内部位及内部存储器进行“写”操作改变其状态，进而观察程序的运行情况。

任务四　编程软件使用实践

一、任务要求

①认识 S7－200 系列 PLC 及其与 PC 机的通讯。

②练习使用 STEP 7－Micro/WIN 编程软件。

③学会程序的输入和编辑方法。

④初步了解程序调试步骤。

二、实践指导

①认识 PLC。记录所使用 PLC 的型号、输入输出点数，观察主机面板的结构以及 PLC 和 PC 机之间的连接。

②开机。打开 PC 和 PLC，并新建一个项目。

③程序录入。在梯形图编辑器中输入、编辑如图 2.19 所示梯形图，并转换成语句表指令。给梯形图加网络标题、网络注释。

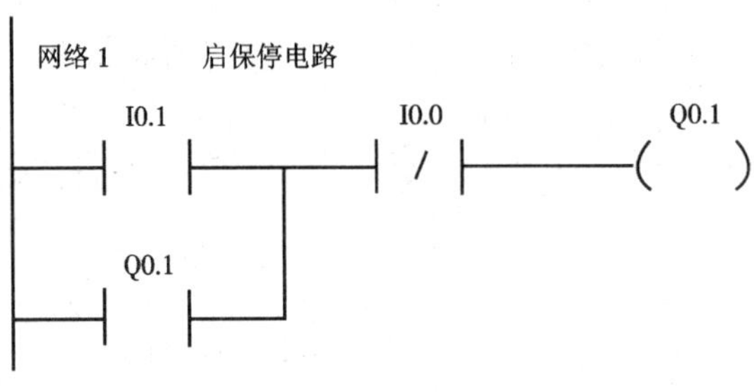

图 2.19　练习梯形图

④建立符号表，如图 2.20 所示。并选择操作数显示形式为：符号和地址同时显示。

⑤编译程序并观察编译结果，若提示错误，则修改，直到编译成功。

⑥下载程序到 PLC。

⑦建立状态表，如图 2.21 所示。

⑧运行程序。

⑨进入状态表监控状态。

	符号	地址
1	启动按钮	I0.1
2	停止按钮	I0.0
3	继电器	Q0.1

图 2.20　建立符号表

	地址	格式
1	停止按钮:I0.0	位
2	启动按钮:I0.1	位
3	继电器:Q0.1	位

图 2.21　建立状态表

• 输入强制操作。因为不带负载进行运行调试,所以采用强制功能模拟物理条件。对 I0.0 进行强制 ON,在对应 I0.0 的新数值列输入 1;对 I0.1 进行强制 OFF,在对应 I0.1 的新数值列输入 0。然后单击工具条中的“强制”按钮。

• 监视运行结果。在状态表中观察数据的变化情况。

⑩梯形图程序状态监视。通过工具栏进入“程序状态”监视环境。根据触点线圈的高亮显示情况,了解触点线圈的工作状态。

思考与练习

1.如何给 S7－200 CPU 供电?

2.S7－200 系列 PLC 是如何编址的?

3.S7－200 系列 PLC 有哪几种寻址方式?

4.S7－200 系列 PLC 可以使用哪几种方式编程?

5.S7－200 系列 PLC 的项目可包含哪些组件,什么组件是必须下载到 PLC 的?

模块三　PLC 的编程基础

学习目标

学习了本模块之后，你需要

- 掌握 PLC 编程中最基本的位逻辑、定时器、计数器等指令的格式与功能；
- 掌握 PLC 编程设计方法中较常用的经验设计法；
- 能够为解决中等难度的问题打下良好的基础。

学习了前两个模块，应该对 PLC 有了感性的认识。与传统的继电器控制相比，PLC 控制有很多优势，但这种优势到底是如何发挥的呢？PLC 到底是怎样进行控制的？PLC 又如何进行编程呢？学习了这个模块，就能够解决这些问题了。

在这个模块中把常见的电动机各种运行方式分解为一个个任务来解决，先从最简单的电动机自锁运行入手吧！

任务一　电动机自锁运行

一、任务提出

三相异步电动机怎样实现单向的连续运转？由模块一中图 1.2 所示的继电器控制电路图可知，当按下启动按钮 SB1 时，继电器线圈 KM 通电，主电路中 KM 主触点闭合，电动机开始运行，同时控制电路中的 KM 辅助触点闭合形成自锁；当按下停止按钮 SB2 时，继电器线圈 KM 断电，电动机停止运行。

使用 PLC 控制如何实现呢？通过分析可以知道，系统的输入是启动按钮和停止按钮，输出则是继电器 KM。要把这些输入输出与 PLC 联系起来，就要进行如表 3.1 所示的 I/O 地址分配。

图 1.2 中的继电器是一系列按钮、触点和线圈的硬件组合，这些硬件的逻辑组合现在都要通过编程实现。接下来学习这些相关的知识。

表 3.1　I/O 分配

输入		输出	
I0.0 I0.1	启动按钮 SB1 停止按钮 SB2	Q0.0	电动机运行输出 KM

二、相关新知识

PLC 控制电路中也有与继电器电路相似的触点和线圈。它的触点和线圈是以指令的形式体现的。触点和线圈的指令格式及功能如表 3.2 所示。

表 3.2　触点和线圈的指令格式及功能

类型	梯形图程序	语句表程序	指令功能
常开触点	bit —| |—	LD　bit A　bit O　bit	LD:装载常开触点 A:串联常开触点 O:并联常开触点
常闭触点	bit —|/|—	LDN　bit AN　bit ON　bit	LDN:装载常闭触点 AN:串联常闭触点 ON:并联常闭触点
线圈	bit —(　)	=　bit	= :输出指令
常开触点	bit —|I|—	LDI　bit AI　bit OI　bit	LDI:装载常开立即触点 AI:串联常开立即触点 OI:并联常开立即触点
常闭触点	bit —|/I|—	LDNI　bit ANI　bit ONI　bit	LDNI:装载常闭立即触点 ANI:串联常闭立即触点 ONI:并联常闭立即触点
线圈	bit —(I)	= I　bit	= I:立即输出指令

梯形图形式中,bit 表示存储区域的某一个位,必须指定存放地址才能存取这个位。以 I1.5 为例,表示的是输入过程映像寄存器 I 的第一个字节的第 5 位。

触点代表 CPU 对存储器某个位的读操作,常开触点和存储器的位状态相同,常闭触点和存储器的位状态相反。

线圈代表 CPU 对存储器某个位的写操作。若程序中逻辑运算结果为 1,表示 CPU 将该线圈所对应的存储器位置 1;若程序中逻辑运算结果为 0,表示 CPU 将该线圈所对应的存储器位置 0。

说明:

①LD/LDN 指令用于与左侧母线相连的触点,也用于分支电路的开始。

②“ = ”指令不能用于输入过程映像寄存器 I,输出端不带负载时,控制线圈应使

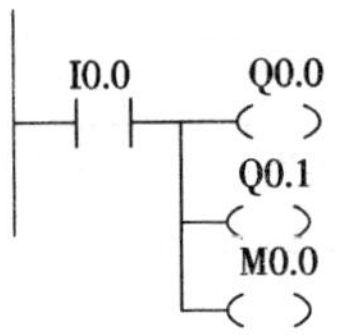

```
LD  I0.0
=   Q0.0
=   Q0.1
=   M0.0
```

图 3.1 输出指令并联使用的梯形图程序与语句表程序

用 M 或其他，而不能用 Q；“=”可以并联使用任意次，但不能串联使用，并且编程时同一程序中同一线圈只能出现一次，如图 3.1 所示。

③A/AN 指令是单个触点串联连接指令，可连续使用任意次。

④O/ON 指令是单个触点并联连接指令。

⑤LD/LDN、=、A/AN、O/ON 的操作数包括 I、Q、M、SM、T、C、V、S、L。

⑥立即触点指令只能用于输入量 I。执行该指令时，立即读入外部输入点的值，根据该值判断触点的通断状态，但并不更新该物理输入点对应的输入过程映像寄存器。

⑦立即输出指令只能用于输出量 Q。执行该指令时，将逻辑运算结果立即写入指定的物理输出点和对应的输出过程映像寄存器。

⑧立即触点/立即输出指令常用于对实时控制要求较高的场合。

三、任务解决方案

对于图 1.3 所示的电动机自锁运行，只需要图 3.2 的梯形图程序就可以解决。

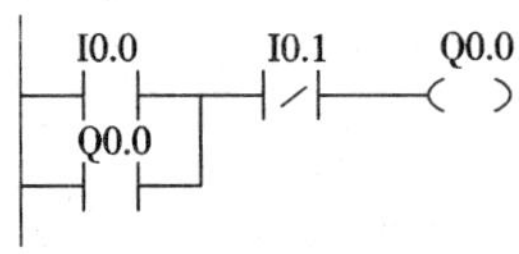

图 3.2 三相异步电动机的 PLC 梯形图控制程序

分析：运行时按下启动按钮 SB1，I0.0 常开触点接通。如果这时未按停止按钮 SB2，I0.1 常闭触点接通，Q0.0 线圈得电，其常开触点同时接通。即使松开启动按钮，“能流”仍然能够通过 Q0.0 常开触点和 I0.1 常闭触点流到 Q0.0 线圈，Q0.0 常开触点在这里就起到“自保持”的功能。按下停止按钮，I0.1 常闭触点断开，Q0.0 线圈断电，其常开触点同时断开，即使松开停止按钮，I0.1 常闭触点恢复接通状态，Q0.0 线圈仍然“断电”。

四、其他解决方案

还可以用置位与复位指令实现电动机的自锁运行。和置位与复位指令相似的还有立即置位与复位指令。指令格式和功能如表 3.3 所示。

表 3.3 置位与复位指令

类型	梯形图程序	语句表程序	指令功能
线圈置位	bit —(S) N	S bit, N	从指定的位地址 bit 开始的 N 个连续的位地址都被置位(变为 1)并保持

续表

类型	梯形图程序	语句表程序	指令功能
线圈复位	bit —(R) N	R　bit,N	从指定的位地址 bit 开始的 N 个连续的位地址都被复位(变为 0)并保持
线圈立即置位	bit —(SI) N	SI　bit,N	从指定的位地址 bit 开始的 N 个连续的位地址都被立即置位(变为 1)并保持
线圈立即复位	bit —(RI) N	RI　bit,N	从指定的位地址 bit 开始的 N 个连续的位地址都被立即复位(变为 0)并保持

说明:

①对同一元件可以多次使用 S/R 指令。

②与扫描工作方式有关,当置位、复位指令同时有效时,位于后面的指令具有优先权。

③置位、复位指令的操作数 N 的取值范围是 1 ~ 255。

④置位、复位指令通常成对使用,也可以单独使用或与功能块配合使用。可用复位指令对定时器或计数器进行复位。

⑤立即置位与立即复位指令只能用于输出量(Q)新值,被同时写入对应的物理输出点和输出过程映像寄存器。

⑥立即置位与立即复位指令的操作数 N 的取值范围是 1 ~ 128。

使用置位、复位指令的程序如图 3.3 所示。

当启动按钮 I0.0 按下时,Q0.0 被置为 1(N 为 1),电动机开始运行;当按下停止按钮 I0.1 时,Q0.0 被复位为 0,电动机停止运行。使用置位与复位指令进行控制不需要考虑如何实现自锁,电动机会一直保持运行状态直到按下停止按钮。

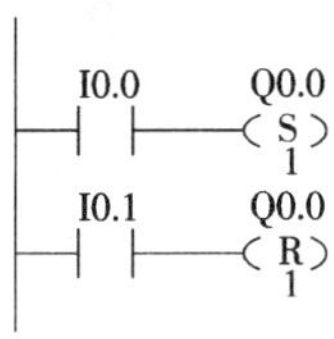


```
LD    I0.0
S     Q0.0, 1

LD    I0.1
R     Q0.0, 1
```

图 3.3　使用置位与复位指令的梯形图程序与语句表程序

五、应用实例

【例 3.1】　触点串联指令应用:使用三个开关同时控制一盏灯,要求三个开关全部闭合时灯亮,其他情况灯灭。

三个开关分别接 PLC 的输入 I0.1、I0.2 和 I0.3,灯接输出 Q0.0。梯形图及语句表程序如图 3.4 所示。

【例 3.2】　触点并联指令应用:使用三个开关控制一盏灯,要求任意一个开关闭合时灯都亮。

三个开关分别接 PLC 的输入 I0.1、I0.2 和 I0.3,灯接输出 Q0.0。梯形图及语句表程序如图 3.5 所示。

【例 3.3】　试设计联锁电路。

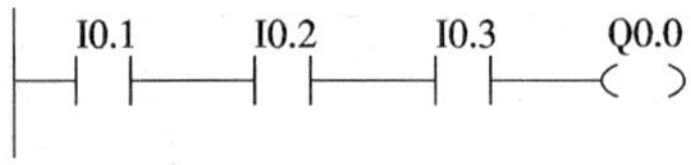


```
LD   I0.1
A    I0.2
A    I0.3
=    Q0.0
```

图 3.4　例 3.1 梯形图及语句表程序

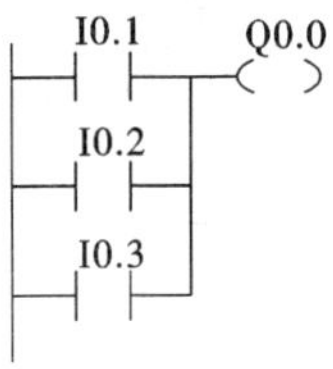


```
LD   I0.1
O    I0.2
O    I0.3
=    Q0.0
```

图 3.5　例 3.2 梯形图及语句表程序

当输入信号 I0.0 接通时,M0.0 线圈得电并自保持,使 Q0.0 得电输出,同时 M0.0 的常闭触点断开,即使 I0.1 再接通也不能使 M0.1 动作,因此 Q0.1 不能输出。若 I0.1 先接通,则刚好相反。在控制环节中该电路可实现信号间的联锁。梯形图及语句表程序如图 3.6 所示。

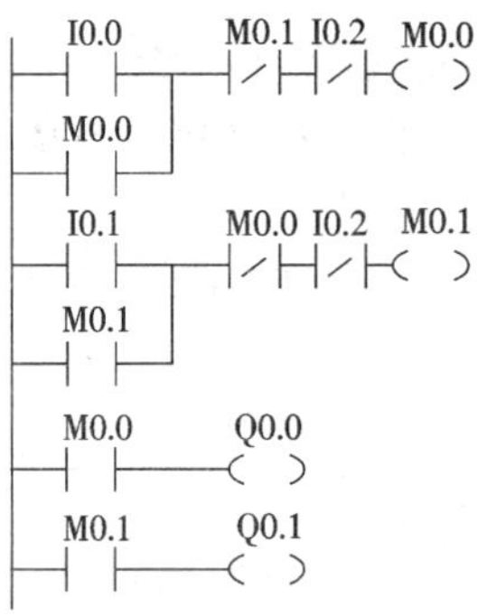


```
LD   I0.0
O    M0.0
AN   M0.1
AN   I0.2
=    M0.0

LD   I0.1
O    M0.1
AN   M0.0
AN   I0.2
=    M0.1

LD   M0.0
=    Q0.0

LD   M0.1
=    Q0.1
```

图 3.6　例 3.3 联锁电路梯形图及语句表程序

六、动手试一试

实现三相异步电动机的正反转控制。要求:按下正转启动按钮 SB1,KM1 线圈得电,电动机开始正转;按下反转启动按钮 SB2,KM2 线圈得电,电动机开始反转,必须保证电动机不能同时进行正反转;按下停止按钮 SB3,电动机马上停止运行。

I/O 分配如表 3.4 所示,硬件接线如图 3.7 所示,梯形图程序如图 3.8 所示。

表 3.4　I/O 分配

输入		输出	
I0.0	停止按钮 SB3	Q0.1	电动机正转输出 KM1
I0.1	正转启动按钮 SB1	Q0.2	电动机反转输出 KM2
I0.2	反转启动按钮 SB2		

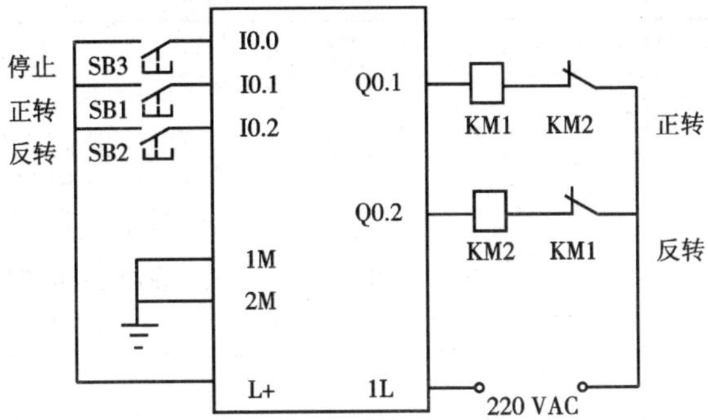

图 3.7　PLC 硬件接线

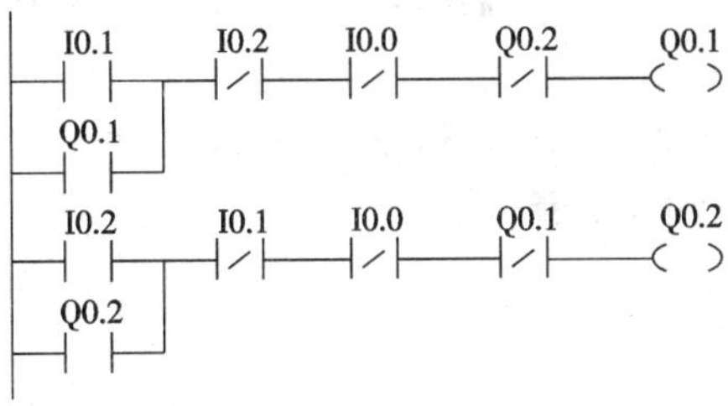

图 3.8　电动机正反转梯形图控制程序

动动脑吧:上述电路是如何实现电动机正反转控制的？又是如何实现联锁的？

任务二　改进的电动机自锁运行

一、任务提出

使用任务一中的梯形图程序控制存在这样的问题:当启动按钮按下后电动机开始运行,如果启动按钮出现故障不能弹起,按下停止按钮电动机能够停止转动,一旦松开停止按钮,电动机又马上开始运行了。这种情况在实际生产时是不允许存在的,如何解决这个问题呢？这需要用到下面的知识。

二、相关新知识

跳变触点、取反指令格式及功能如表 3.5 所示。

表 3.5　跳变触点、取反指令

类型	梯形图程序	语句表程序	指令功能
正跳变触点	—┤P├—	EU	在 EU 指令前的逻辑运算结果的上升沿产生一个脉冲，驱动后面的输出线圈
负跳变触点	—┤N├—	ED	在 ED 指令前的逻辑运算结果的下降沿产生一个脉冲，驱动后面的输出线圈
取反指令	—┤NOT├—	NOT	将其左侧电路的逻辑运算结果取反

说明：

①EU、ED 指令只有在输入信号发生变化时有效，其输出信号的脉冲宽度为一个机器扫描周期。

②对于开机时就为接通状态的输入条件，EU 指令不被执行。

③EU、ED 指令无操作数。

④取反指令没有操作数。执行该指令时，能流到达该触点时即停止；若能流未到达该触点，该触点为其右侧提供能流。

三、任务解决方案

对于上述问题，采用图 3.9 所示梯形图控制程序即可解决。

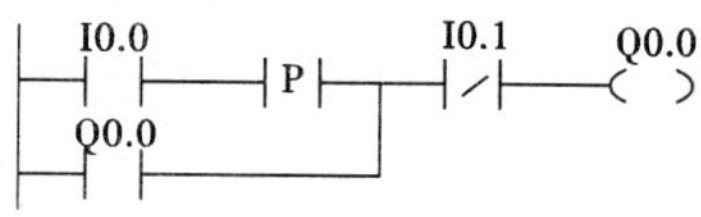

图 3.9　改进的梯形图控制程序

分析：按下启动按钮 I0.0，正跳变触点检测到 I0.0 的上升沿接通，线圈 Q0.0 得电，电动机自锁运行；按下停止按钮 I0.1，线圈 Q0.0 断电，电动机停止转动。即使按钮 I0.0 不能马上断开，由于检测不到 I0.0 的上升沿，正跳变触点不能接通，所以停止按钮 I0.1 闭合后电动机不能运行，只有在 I0.0 断开并再次按下后电动机才能再次运行。

四、其他解决方案

还可以使用触发器指令实现电动机的自锁运行，指令格式与真值表如表 3.6 所示。

表 3.6　触发器指令

类型	梯形图程序	真值表			指令功能
置位优先触发器指令(SR)	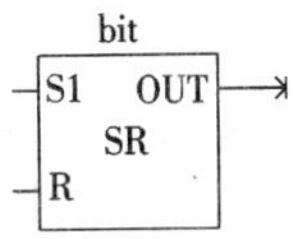	S1	R	输出(bit)	置位优先,当置位信号(S1)和复位信号(R)都为 1 时,输出为 1
		0	0	保持前一状态	
		0	1	0	
		1	0	1	
		1	1	1	
复位优先触发器指令(RS)	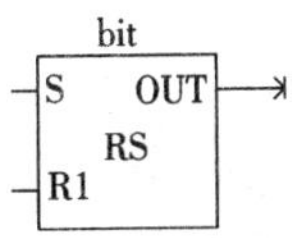	S	R1	输出(bit)	复位优先,当置位信号(S)和复位信号(R1)都为 1 时,输出为 0
		0	0	保持前一状态	
		0	1	0	
		1	0	1	
		1	1	0	

说明:

①触发器指令的语句表形式比较复杂,常使用梯形图形式。

②符号→|表示输出是一个可选的能流,可以级联或串联。

③S、R1、S1、R、OUT 端的操作数包括 I、Q、V、M、SM、S、T、C、L 和能流。

④bit 端的操作数包括 I、Q、V、M 和 S。

梯形图程序如图 3.10 所示。

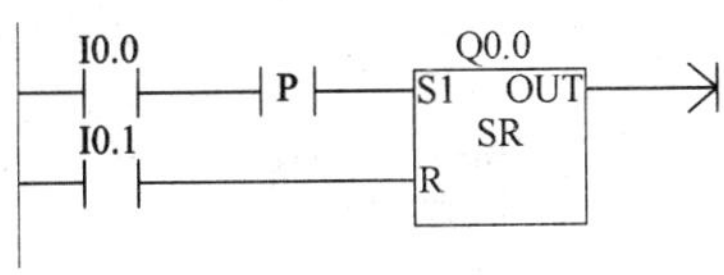

图 3.10　电动机启动的触发器指令程序

分析:按下启动按钮 I0.0,置位 S1 端为 1,Q0.0 得电,电动机开始运行;按下停止按钮 I0.1,复位 R 端为 1,Q0.0 断电,电动机停止运行。

五、应用举例

【例 3.4】　试采用一个按钮控制两台电动机依次启动。控制要求:按下按钮 SB1,第一台电动机启动;松开按钮 SB1,第二台电动机启动;按下停止按钮 SB2,两台电动机同时停止。

进行 I/O 分配如表 3.7 所示。梯形图及语句表程序如图 3.11 所示。

表 3.7　例 3.4 的 I/O 分配

输入		输出	
I0.0	启动按钮 SB1	Q0.1	电动机 1 输出 KM1
I0.1	停止按钮 SB2	Q0.2	电动机 2 输出 KM2

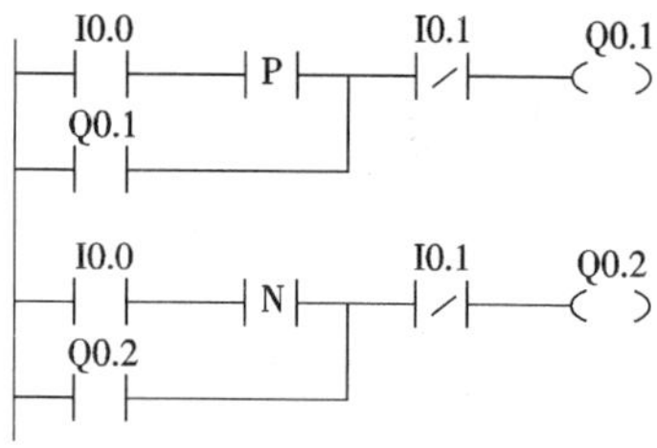


```
LD    I0.0
EU
O     Q0.1
AN    I0.1
=     Q0.1
LD    I0.0
ED
O     Q0.2
AN    I0.1
=     Q0.2
```

图 3.11　例 3.4 梯形图与语句表程序

使用跳变触点指令可以使两台电动机的启动时间分开，从而防止电动机同时启动对电网造成不良影响。

【例 3.5】 根据图 3.12 的梯形图程序及给出的 I0.0 的波形画出 M0.0、M0.1 和 Q0.0 的波形。

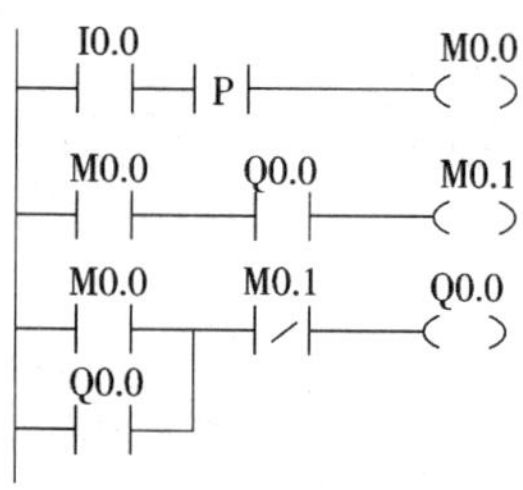

(a) 梯形图程序

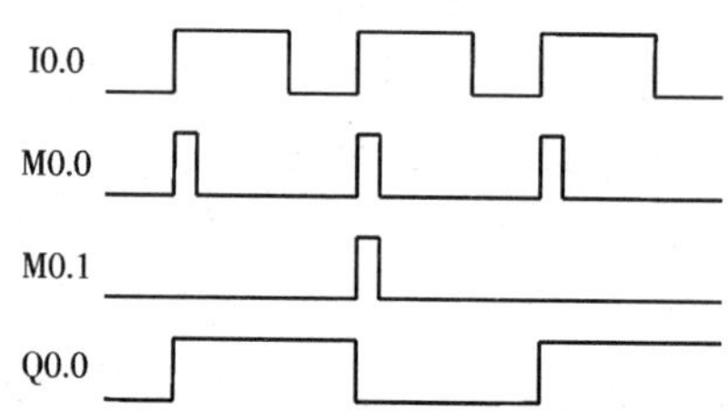

(b) 波形图

图 3.12　梯形图程序及波形图

使用 PLC 可以实现对输入信号的任意分频。例 3.5 是一个二分频电路。将脉冲信号加到 I0.0 端。在第一个脉冲的上升沿到来时，M0.0 产生一个扫描周期的单脉冲，使 M0.0 的常开触点闭合，由于 Q0.0 的常开触点断开，M0.1 线圈断开，常闭触点 M0.1 闭合，Q0.0 的线圈接通并自保持；第二个脉冲上升沿到来时，M0.0 又产生一个扫描周期的单脉冲，M0.0 的常开触点又接通一个扫描周期，此时 Q0.0 的常开触点闭合，M0.1 线圈通电，常闭触点 M0.1 断开，Q0.0 线圈断开；直到第三个脉冲到来时，M0.0 又产生一个扫描周期的单脉冲，使 M0.0 的常开触点闭合。由于 Q0.0 的常开触点断开，M0.1 线圈断开，其常闭触点 M0.1 闭合，Q0.0 的线圈又接通并自保持。以后循环往复，不断重复以上过程。由波形图可以看出，输出信号 Q0.0 是输入信号 I0.0 的二分频。

【例 3.6】 使用触发器指令进行编程，试分析图 3.13 的程序，当输入 I0.0、I0.1 同时闭合时，Q0.1 如何变化？

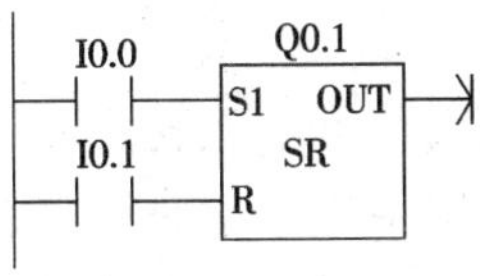


```
LD      I0.0
LD      I0.1
NOT
A       Q0.1
OLD
=       Q0.1
```

（a）SR触发器指令

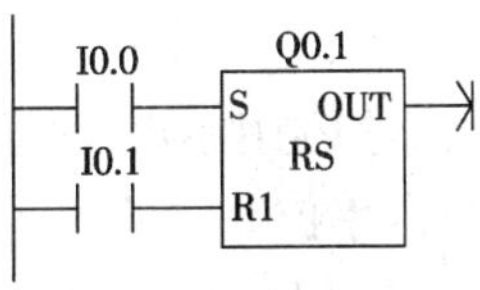


```
LD      I0.0
LD      I0.1
NOT
LPS
A       Q0.1
=       Q0.1
LPP
ALD
O       Q0.1
=       Q0.1
```

（b）RS触发器指令

图 3.13　两种触发器指令梯形图程序与语句表程序

对于 SR 触发器指令，当 I0.0、I0.1 同时接通时，Q0.1 变为 ON；对于 RS 触发器指令，当 I0.0、I0.1 同时接通时，Q0.1 变为 OFF。

六、动手试一试

采用 RS 触发器指令实现三相异步电动机的正反转控制，梯形图程序如图 3.14 所示。

动动脑吧：RS 触发器电路是如何实现电动机正反转控制的？

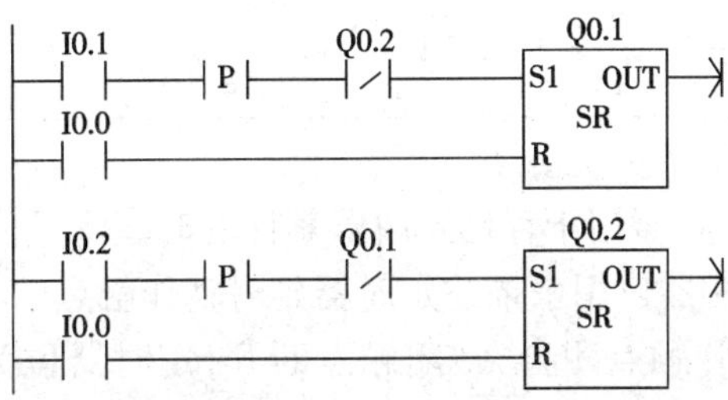

图 3.14　电动机正反转的 RS 触发器指令梯形图程序

任务三　保护电动机的正反转控制

一、任务提出

电动机正反转控制中,按下正转按钮电动机开始正转,按下反转按钮电动机停止正转马上开始反转,这样改变电动机的转向会对电动机有所损伤。为了保护电动机,通常要求:按下启动按钮 I1.0,系统启动,按下正转按钮 I0.1,2 s 后电动机开始正转,如果按下反转按钮,电动机停止正转,2 s 后开始反转;如果先按下反转按钮 I0.2,电动机开始反转,如果按下正转按钮,电动机停止反转,2 s 后开始正转;如果按下停止按钮,电动机停止转动。这种控制要求在传统继电器控制中需要使用时间继电器,而使用 PLC 控制则需要使用定时器指令。

二、相关新知识

S7-200 系列 PLC 的定时器相当于继电器控制中的时间继电器,用于对内部时钟累计时间增量进行计时。分辨率是指定时器单位时间的时间增量,也称时基增量,S7-200 提供 1 ms、10 ms、100 ms 三种分辨率的定时器。分辨率不同,定时器的定时精度、定时范围和刷新方式也不相同。定时器与分辨率的关系见表3.8。定时器的设定时间等于设定值与分辨率的乘积,即

$$设定时间 = 设定值 \times 分辨率$$

表 3.8　定时器与分辨率的关系

定时器类型	分辨率/ms	最大定时范围/s	定时器号
TONR	1	32.767	T0,T64
	10	327.670	T1 ~ T4,T65 ~ T68
	100	3 276.700	T5 ~ T31,T69 ~ T95
TON、TOF	1	32.767	T32,T96
	10	327.670	T33 ~ T36,T97 ~ T100
	100	3 276.700	T37 ~ T63,T101 ~ T255

定时器的当前值寄存器用于存储定时器累计的时基增量值,存储值是 16 位有符号整数 1 ~ 32 767。定时器位用来描述定时器延时动作触点的状态。定时器位为 ON 时,梯形图中对应的常开触点闭合,常闭触点断开;定时器位为 0 时,则触点状态相反。

定时器指令的格式及功能如表 3.9 所示。

表 3.9　定时器指令

定时器类型	梯形图程序	语句表程序	指令功能
接通延时定时器 (TON)	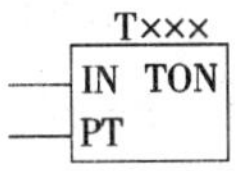	TON T×××,PT	使能输入端(IN)的输入电路接通时开始定时。当前值大于等于预置时间 PT 端指定的设定值时,定时器位变为 ON,梯形图中对应的定时器的常开触点闭合,常闭触点断开。达到设定值后,当前值继续计数,直到最大值时停止
断开延时定时器 (TOF)	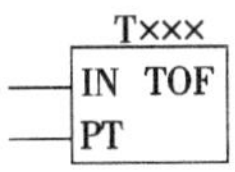	TOF T×××,PT	使能输入端接通时,定时器当前值被清零,同时定时器位变为 ON。当输入端断开时,当前值从 0 开始增加达到设定值,定时器位变为 OFF,对应梯形图中常开触点断开,常闭触点闭合,当前值保持不变
保持型接通延时定时器(TONR)	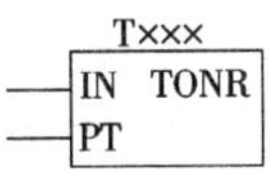	TONR T×××,PT	输入端接通时开始定时,定时器当前值从 0 开始增加;当未达到定时时间而输入端断开时,定时器当前值保持不变;当输入端再次接通时,当前值继续增加,达到设定值时,定时器位变为 ON

说明:

①T×××表示定时器号,IN 表示输入端,PT 端的取值范围是 1～32 767。

②接通延时定时器输入电路断开时,定时器自动复位,即当前值被清零,定时器位变为 OFF。

③TON 与 TOF 指令不能共享同一个定时器号,即在同一程序中,不能对同一个定时器同时使用 TON 与 TOF 指令。

④断开延时定时器 TOF 可以用复位指令进行复位。

⑤保持型接通定时器只能使用复位指令进行复位,即定时器当前值被清零,定时器位变为 OFF。

⑥保持型接通定时器可实现累计输入端接通时间的功能。

分析以下程序及其时序图,有助于更好地理解定时器指令的应用。

①接通延时定时器程序与时序图如图 3.15 所示。

②断开延时定时器程序与时序图如图 3.16 所示。

③保持型接通延时定时器程序与时序图如图 3.17 所示。

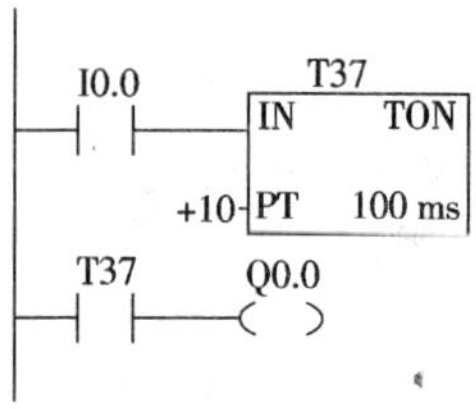

LD	I0.0	//I0.0接通，T37开始定时
		//I0.0断开，T37复位
TON	T37,+10	//1 s后T37定时时间到
LD	T37	//T37常开触点闭合
=	Q0.0	//Q0.0输出

（a）梯形图程序及指令表

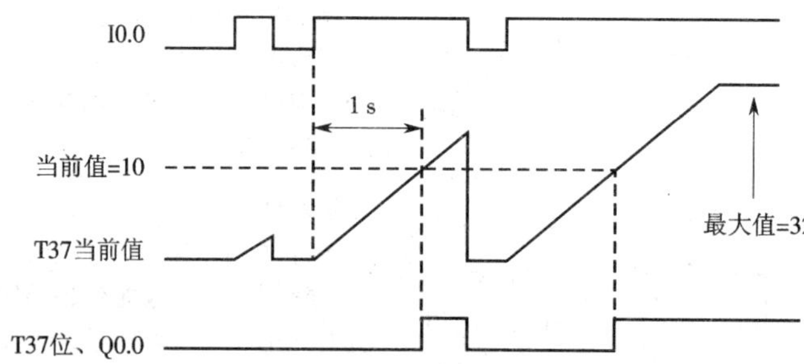

（b）时序图

图 3.15　接通延时定时器程序与时序图

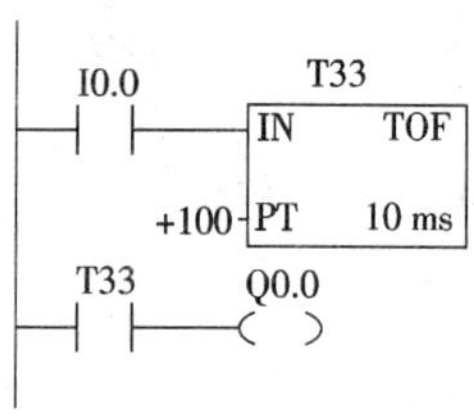

LD	I0.0	//I0.0接通，T33置位
		//I0.0断开，T33开始定时
TOF	T33,+100	//1 s后T33定时时间到
LD	T33	//I0.0接通，T33常开触点
		//闭合
=	Q0.0	//Q0.0输出，I0.0断开1 s
		//后，Q0.0输出结束

（a）梯形图程序及指令表

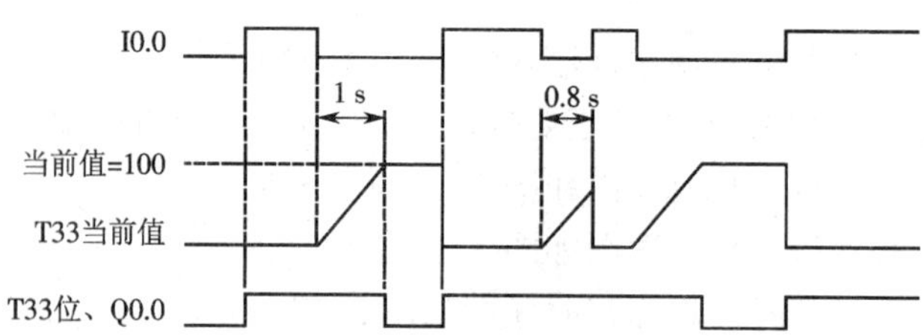

（b）时序图

图 3.16　断开延时定时器程序与时序图

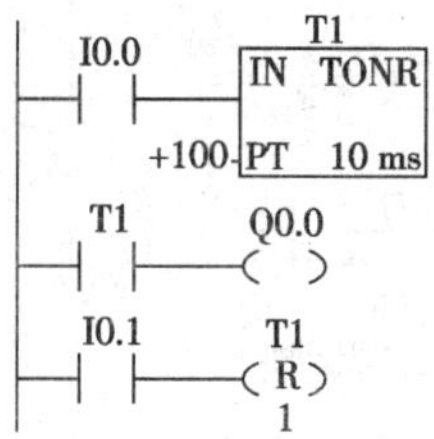

LD	I0.0	//I0.0接通，T1开始定时
		//I0.0断开，T1保持定时时间
TONR	T1,+100	//I0.0累计接通1 s
LD	T1	//T1常开触点闭合
=	Q0.0	//Q0.0输出
LD	I0.1	//I0.1接通
R	T1,1	//必须用复位指令T1才能复位

（a）梯形图程序及指令表

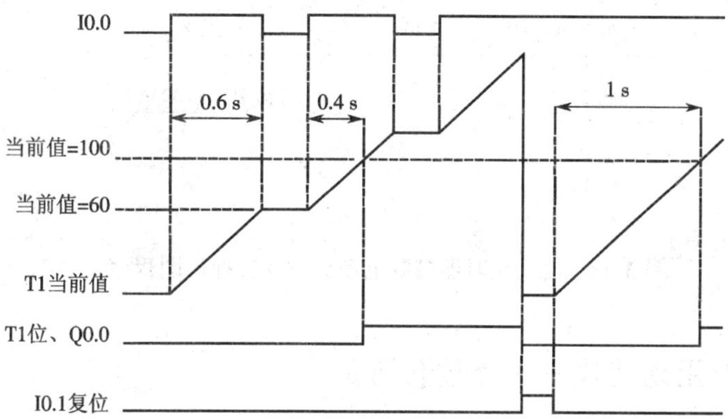

（b）时序图

图 3.17　保持型接通延时定时器程序与时序图

三、任务解决方案

采用图 3.18 的程序可实现上述控制功能。

分析:按下启动按钮 I1.0,系统启动。如果先按下正转按钮 I0.1,定时器 T37 开始定时,2 s 后 Q0.1 得电,电动机开始正转;如果先按下反转按钮 I0.2,电动机停止正转,定时器 T38 开始定时,2 s 后 Q0.2 得电,电动机开始反转。程序中 M0.1 和 M0.2 线圈起自锁作用,保证定时器输入端接通。

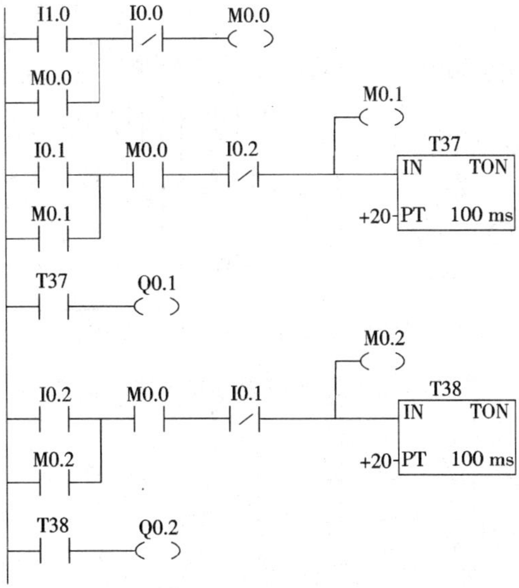

图 3.18　使用定时器控制电动机正反转梯形图程序

四、其他常用功能块——计数器指令

S7－200 系列 PLC 提供加计数器、减计数器和加减计数器，用于进行相关的计数操作。计数器指令的格式及功能如表 3.10 所示。

表 3.10　计数器指令

计数器类型	梯形图程序	语句表程序	指令功能
加计数器（CTU）	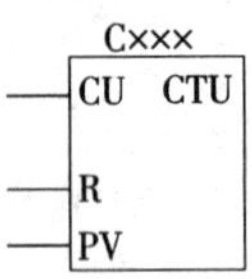 Cxxx CU CTU R PV	CTU　C×××，PV	加计数器（CTU）的复位端 R 断开且脉冲输入端 CU 检测到输入信号正跳变时当前值加 1，直到达到 PV 端设定值时，计数器位变为 ON
减计数器（CTD）	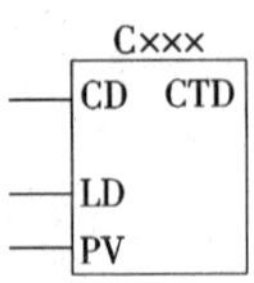 Cxxx CD CTD LD PV	CTD　C×××，PV	减计数器（CTD）的装载输入端 LD 断开且脉冲输入端 CD 检测到输入信号正跳变时当前值从 PV 端的设定值开始减 1，变为 0 时，计数器位变为 ON

续表

计数器类型	梯形图	语句表	指令功能
加减计数器（CTUD）	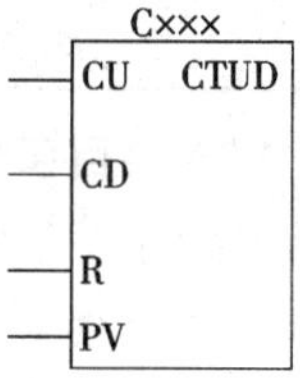	CTUD　C×××，PV	加减计数器(CTUD)的复位端 R 断开且加输入端 CU 检测到输入信号正跳变时当前值加 1，当减输入端 CD 检测到输入信号正跳变时当前值减 1。当前值大于等于 PV 端设定值时，计数器位变为 ON

说明：

①三种计数器号的范围都是 0 ~ 255，设定值 PV 端的取值范围都是 1 ~ 32 767。

②可以使用复位指令对加计数器进行复位。

③减计数器的装载输入端 LD 为 ON 时，计数器位被复位，设定值被装入当前值；对于加计数器与加减计数器，当复位输入(R)为 ON 或执行复位指令时，计数器被复位。

④对于加减计数器，当前值达到最大值 32 767 时，下一个 CU 的正跳变将使当前值变为最小值 – 32 768，反之亦然。

分析图 3.19 ~ 3.21 程序及其时序图，有助于更好地理解计数器指令的应用。

五、应用实例

【例 3.7】　使用接在 I0.0 输入端的光电开关检测传送带上有无产品通过，有产品通过时 I0.0 为 ON。如果在 10 s 内没有产品通过，由 Q0.0 发出报警信号，用 I0.1 输入端外接的开关解除报警信号。试设计该控制程序。

根据控制要求设计的梯形图程序如图 3.22 所示。

【例 3.8】　用定时器设计输出脉冲的周期和占空比可调的振荡电路。

根据控制要求设计程序如图 3.23 所示。

图中 I0.0 的常开触点接通后，T37 的 IN 输入端接通，T37 开始定时。2 s 后定时时间到，T37 的常开触点接通，使 Q0.0 变为 ON，同时 T38 开始计时。3 s 后 T38 的定时时间到，它的常开触点断开，使 T37 的 IN 输入端断开，T37 的常开触点断开，Q0.0 变为 OFF，同时使 T38 的输入变为 0 状态，其常开触点接通，T37 又开始定时，以后 Q0.0 的线圈将这样周期性地“通电”和“断电”，直到 I0.0 变为 OFF，Q0.0 线圈“通电”时间等于 T38 的设定值，“断电”时间等于 T37 的设定值。

【例 3.9】　用计数器扩展定时器的定时范围。

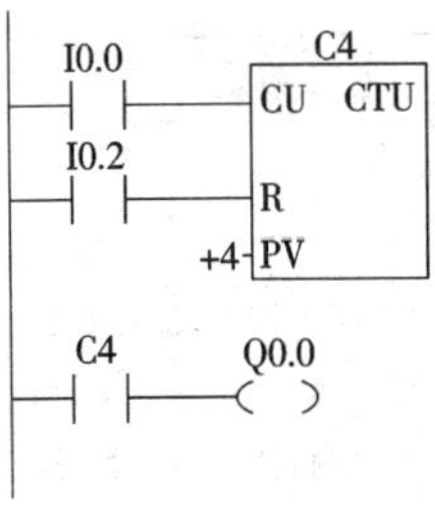


```
LD   I0.0      //I0.0接通的上升沿，C4当前值加1
LD   I0.2      //I0.2接通，C4被复位
CTU  C4,+4     //C4当前值大于等于设定值4
LD   C4        //C4常开触点闭合
=    Q0.0      //Q0.0输出
```

（a）梯形图程序及指令表

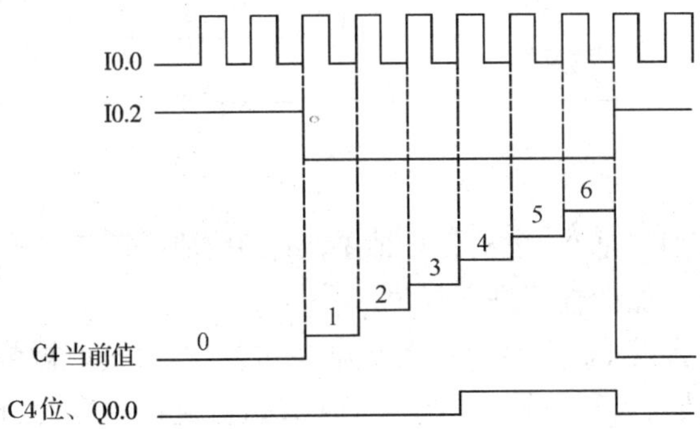

（b）时序图

图 3.19　加计数器程序与时序图

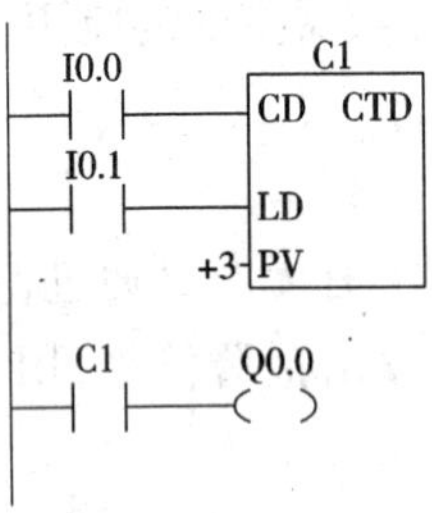


```
LD   I0.0      //I0.0接通的上升沿，C1从设定值开始当前值减1
LD   I0.1      //I0.1接通，C1被复位
CTD  C1,+3     //C1当前值从设定值3减到0，停止计数
LD   C1        //C1常开触点闭合
=    Q0.0      //Q0.0输出
```

（a）梯形图程序及指令表

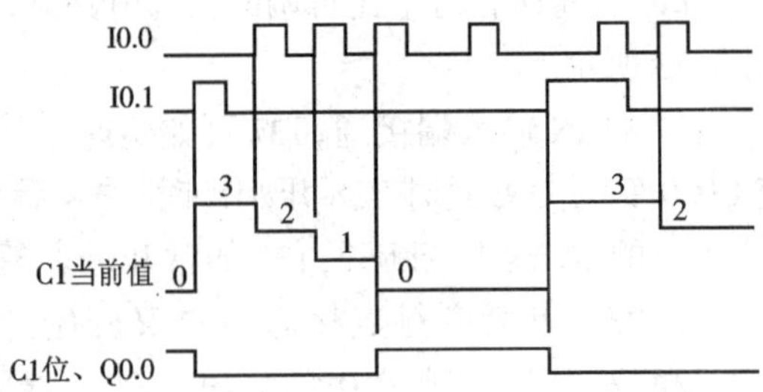

（b）时序图

图 3.20　减计数器程序与时序图

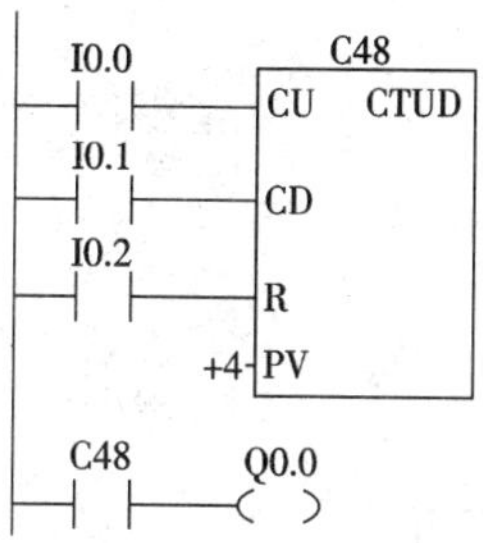


```
LD      I0.0       //I0.0接通的上升沿，C48当前值加1
LD      I0.1       //I0.0接通的上升沿，C48从设定值
                   //开始当前值减1
LD      I0.2       //I0.2接通，C48被复位
CTUD    C48,+4     //C48当前值大于等于设定值4
LD      C48        //C48常开触点闭合
=       Q0.0       //Q0.0输出
```

（a）梯形图程序及指令表

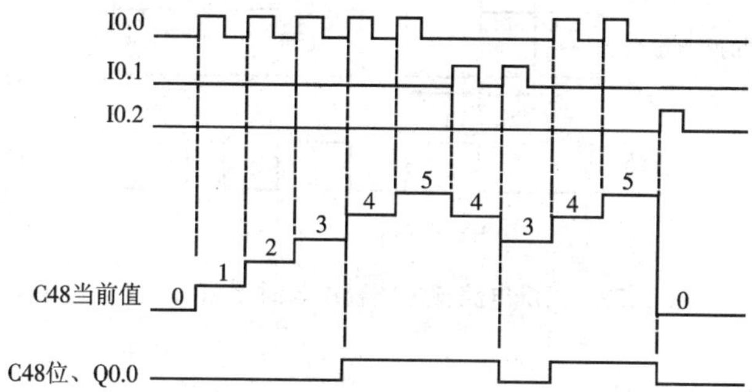

（b）时序图

图 3.21　加减计数器程序与时序图

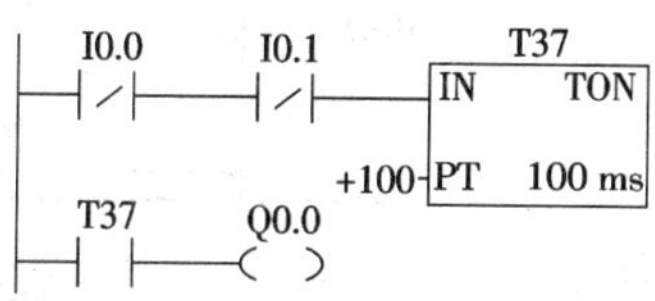

图 3.22　例 3.7 的梯形图程序

如图 3.24 所示，当 I0.2 接通并保持时，T37 开始定时。300 s 后 T37 的定时时间到，其当前值等于设定值，常闭触点断开，使 T37 复位当前值变为 0，同时常闭触点接通，T37 线圈通电，又开时定时。T37 周而复始地工作，直到 I0.2 变为 OFF。T37 产生的脉冲送给 C4 计数，计满 12 000 个数后，C4 的当前值等于设定值，其常开触点闭合。设 T37 和 C4 的设定值分别为 K_T和 K_C。对于 100 ms 定时器，总的定时时间为

$$T = 0.1K_T K_C(\mathrm{s})$$

六、动手试一试

控制要求：用定时器设计延时接通、延时断开电路，要求输入 I0.0 和输出 Q0.1 的波形如图 3.25(a)所示。梯形图程序如图 3.25(b)所示。

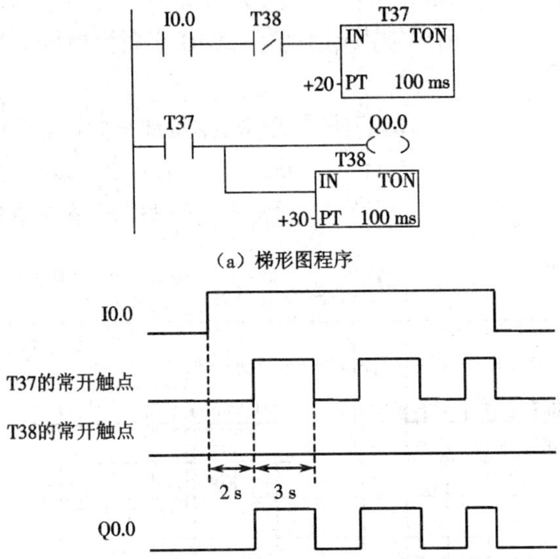

（a）梯形图程序

（b）时序图

图 3.23 闪烁电路梯形图程序与时序图

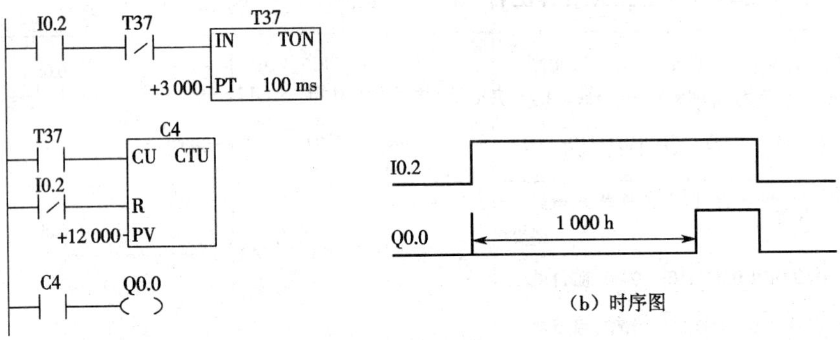

（a）梯形图程序

（b）时序图

图 3.24 定时范围扩展的梯形图程序与时序图

动动脑吧：上述电路如何实现延时接通和延时断开控制的？

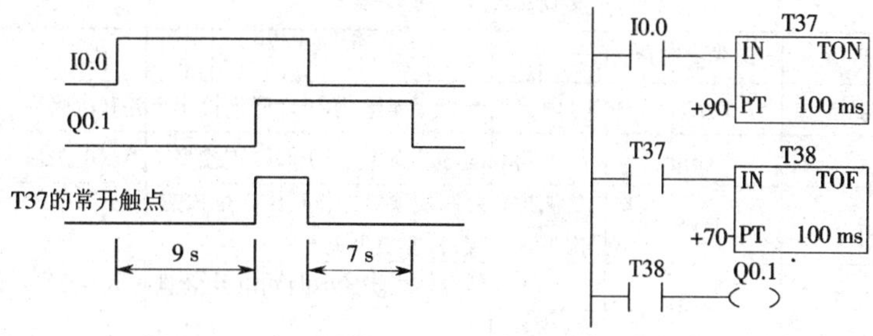

(a) 时序图　　(b) 梯形图程序

图 3.25　延时接通、延时断开电路

任务四　需要掌握的其他指令

一、任务提出

在实际应用中,不但要求能够进行程序设计,有时还需要能够读懂他人编写的程序。在编制控制程序时,还会出现多个分支电路同时受一个或一组触点控制的情况。如图 3.26 和图 3.27 所示的梯形图程序,如果采用前面学过的指令将梯形图程序转换成语句表程序会有许多问题,所以在这个任务中需要学习堆栈操作指令。

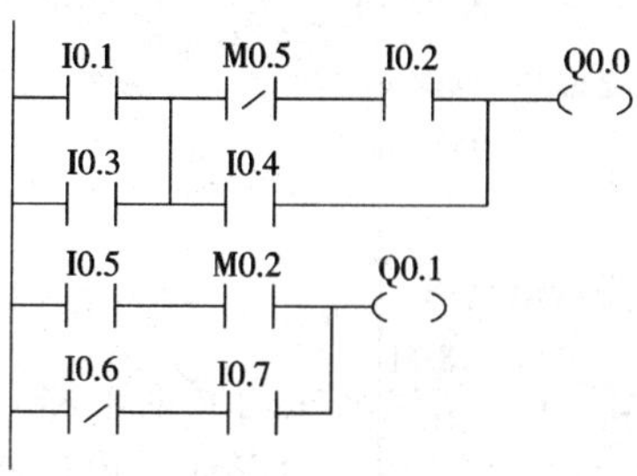

图 3.26　梯形图程序(1)

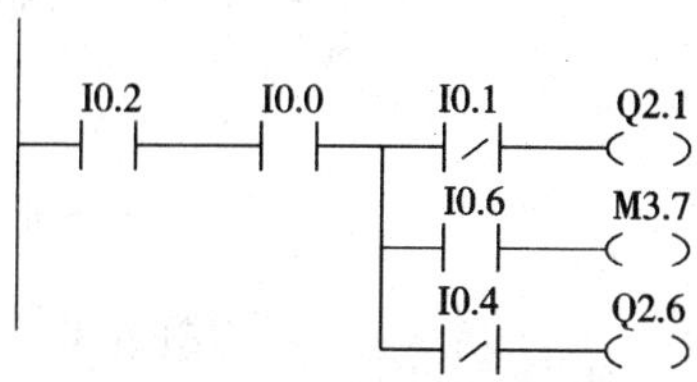

图 3.27　梯形图程序(2)

二、相关新知识

S7－200 系列 PLC 提供一个 9 层的堆栈,用于保存逻辑运算结果及断点地址,称为逻辑堆栈。在堆栈中,栈顶用来存储逻辑运算结果,下面的 8 位用来存储中间运算结果。堆栈中的数据按“先进后出”的原则存取。S7－200 系列 PLC 提供的堆栈指令如表 3.11 所示。

表 3.11 **堆栈指令**

指令类型	语句表程序	指令功能
栈装载“与”	ALD	电路块的“与”操作，用于串联连接多个并联电路块
栈装载“或”	OLD	电路块的“或”操作，用于并联连接多个串联电路块
逻辑入栈指令	LPS	该指令复制栈顶值并将其压入堆栈的下一层，栈中原来的数据依次下移一层，栈底值丢失
逻辑读栈指令	LRD	该指令将堆栈中第 2 层的数据复制到栈顶，2～9 层数据不变，原栈顶值消失
逻辑出栈指令	LPP	该指令使栈中各层的数据向上移动一层，第 2 层的数据成为新的栈顶值，栈顶原来的数据从栈内消失

说明：

①并联电路块是指两条以上支路并联形成的电路，并联电路块与其前电路串联连接时使用 ALD 指令，电路块开始的触点使用 LD/LDN 指令，并联电路结束后使用 ALD 指令与前面电路串联。

②可以依次使用 ALD 指令串联多个并联电路块，如图 3.28 所示。

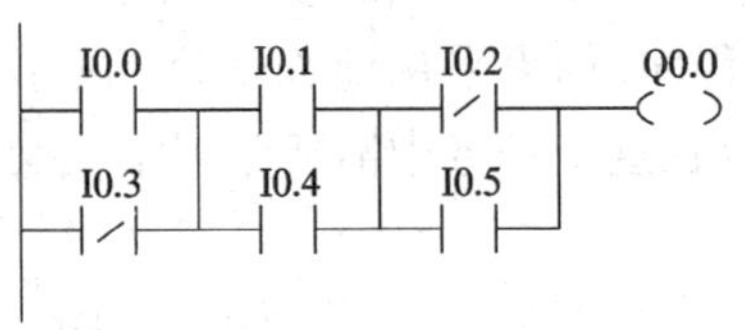


```
LD    I0.0
ON    I0.3
LD    I0.1
O     I0.4
ALD
LDN   I0.2
O     I0.5
ALD
=     Q0.0
```

图 3.28 使用 ALD 指令的多个并联电路块

③串联电路块是指两个以上触点串联形成的支路，串联电路块与其前电路并联连接时使用 OLD 指令，电路块开始的触点使用 LD/LDN 指令，串联电路块结束后使用 OLD 指令与前面电路并联。

④可以依次使用 OLD 指令并联多个串联电路块，如图 3.29 所示。

⑤LPS、LRD、LPP 指令用于多个分支电路同时受一个或一组触点的控制情况。LPS 指令用于生成一条新的母线（假设的概念，有助于理解指令的使用），其左侧为原来的主逻辑块，右侧为新的从逻辑块，LPS 指令用于对右侧一个从逻辑块编程；LRD 用于对第二个及以后的从逻辑块编程；LPP 用于对新母线右侧最后一个从逻辑块编程，在读取完离它最近的 LPS 压入堆栈内容的同时复位该条新母线。

⑥逻辑堆栈指令可以嵌套使用，但受堆栈空间限制，最多只能使用 9 次，如图 3.30所示。

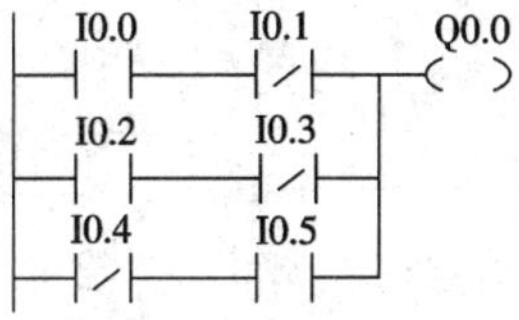


```
LD    I0.0
AN    I0.1
LD    I0.2
AN    I0.3
OLD
LDN   I0.4
A     I0.5
OLD
=     Q0.0
```

图 3.29　使用 OLD 指令的多个串联电路块

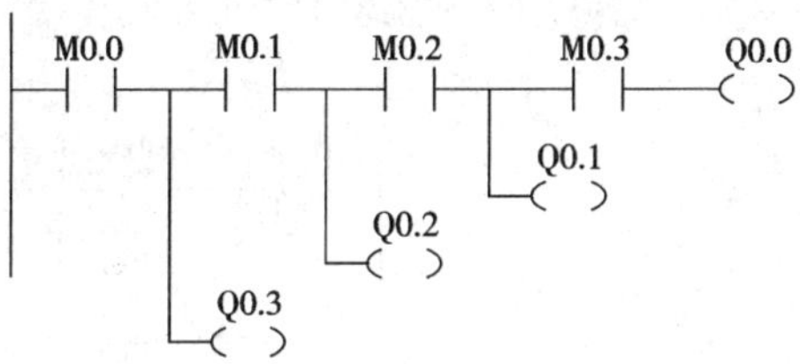


```
LD    M0.0
LPS
A     M0.1
LPS
A     M0.2
LPS
A     M0.3
=     Q0.0
LPP
=     Q0.1
LPP
=     Q0.2
LPP
=     Q0.3
```

图 3.30　逻辑堆栈指令的嵌套使用

⑦LPS 和 LPP 指令必须成对使用，它们之间可以使用 LRD 指令。
⑧ALD、OLD、LPS、LRD 和 LPP 指令无操作数。

三、任务解决方案

图 3.26 和图 3.27 的语句表程序如图 3.31 所示。

四、动手试一试

请写出以下梯形图程序(图 3.32、3.33)的语句表程序。

```
LD    I0.1
O     I0.3
LDN   M0.5
A     I0.2
O     I0.4
ALD
=     Q0.0

LD    I0.5
A     M0.2
LDN   I0.6
A     I0.7
OLD
=     Q0.1
```

```
LD    I0.2
A     I0.0
LPS
AN    I0.1
=     Q2.1
LRD
A     I0.6
=     M3.7
LPP
AN    I0.4
=     Q2.6
```

图 3.31 图 3.26、3.27 梯形图程序对应的语句表程序

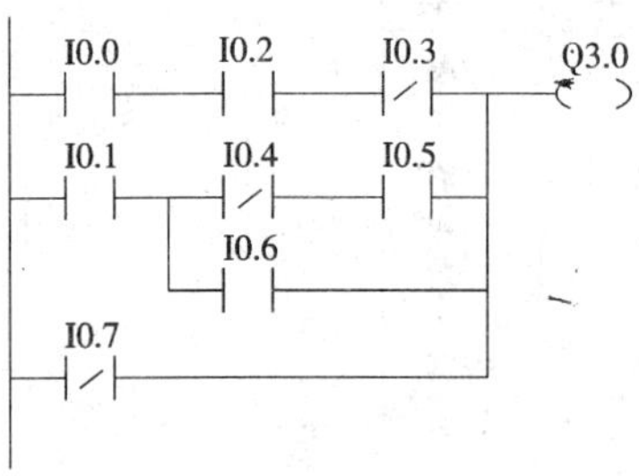

图 3.32 练习使用 ALD、OLD 指令

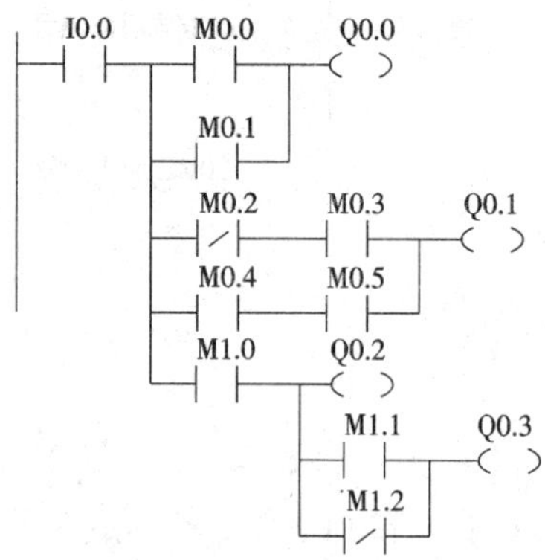

图 3.33 练习复杂梯形图程序的转换

任务五 改造三速异步电动机的继电器控制电路图

一、任务提出

在实际生产中,除了使用 PLC 自行设计控制电路,还经常需要将传统的继电器控制电路转换成功能相同的 PLC 控制电路。因为 PLC 使用的梯形图语言与继电器电路图极为相似,原有的继电器控制系统是经过多年实践检验形成的比较完善的、能较好完成系统控制要求的电路图,不需要改变控制逻辑,只需要使用 PLC 的外部硬件接线图和梯形图软件实现继电器系统的功能即可。图 3.34 是某三速异步电动机启动与自动加速的继电器控制电路图。在这个任务中,学习如何将这个继电器控制转换为功能相同的 PLC 控制。

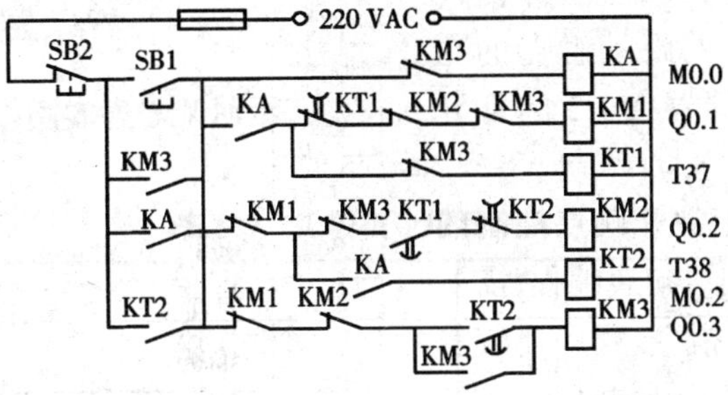

图 3.34　某三速异步电动机的继电器控制电路

二、相关新知识

改造继电器电路图一般不需要改动控制面板，这样能够保持系统原有的外部特性。使用这种设计方法的具体步骤如下：

①了解和熟悉被控设备的工艺过程和机械的动作情况，根据继电器电路图分析和掌握控制系统的工作原理；

②确定 PLC 的输入和输出并进行相应的 I/O 分配，画出 PLC 的外部接线图；

③确定继电器电路图的中间继电器、时间继电器与梯形图中存储器位(M)和定时器(T)的对应关系，进行地址分配并列表；

④根据 I/O 分配表编写梯形图程序。

I/O 分配如表 3.12 所示，外部接线如图 3.35 所示。

表 3.12　I/O 分配

输入		输出	
I0.0	启动按钮 SB1	Q0.1	电动机启动 KM1
I0.1	停车按钮 SB2	Q0.2	电动机加速一输出 KM2
		Q0.3	电动机加速二输出 KM3

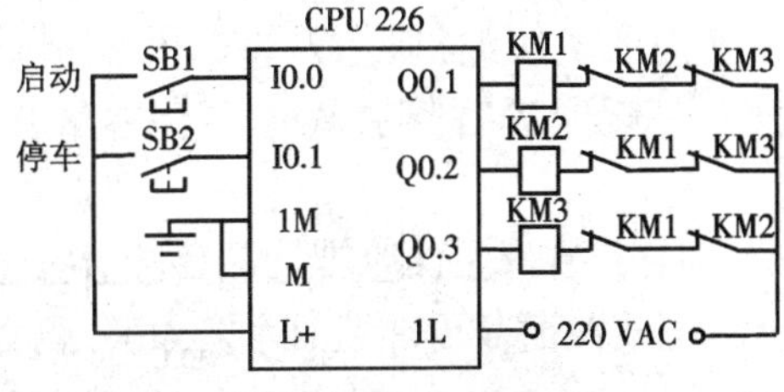

图 3.35　外部接线

掌握控制系统工作原理后，经过初步改造的梯形图程序如图 3.36 所示。

经过初步改造的梯形图程序还不能在实际生产中应用，存在以下几个问题。

①由继电器电路图可以看出，与启动按钮 SB1 并联的三个常开触点与停车按钮 SB2 共同控制电动机的启动和加速电路。为简化梯形图程序，使用位存储器 M0.1 代替以上功能是改造继电器电路的常用方法。

②定时器 T38 的常开触点不能代替时间继电器 KT2 的瞬动触点的功能，需要使用位存储器 M0.2 的常开触点替换。

③对于受 M0.1 常开触点控制的各条电路，如果使用语句表编程，需要使用 LPS、LRD、LPP 指令，程序比较复杂，建议将各条电路分开设计。

综合考虑上述问题，最终得到的梯形图程序如图 3.37 所示。

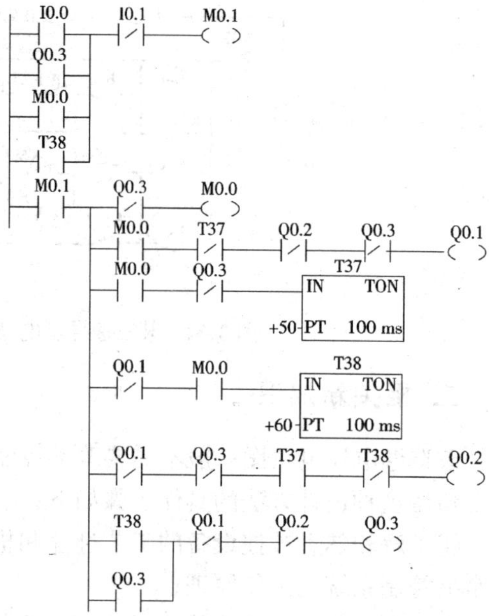

图 3.36 经过初步改造的梯形图程序

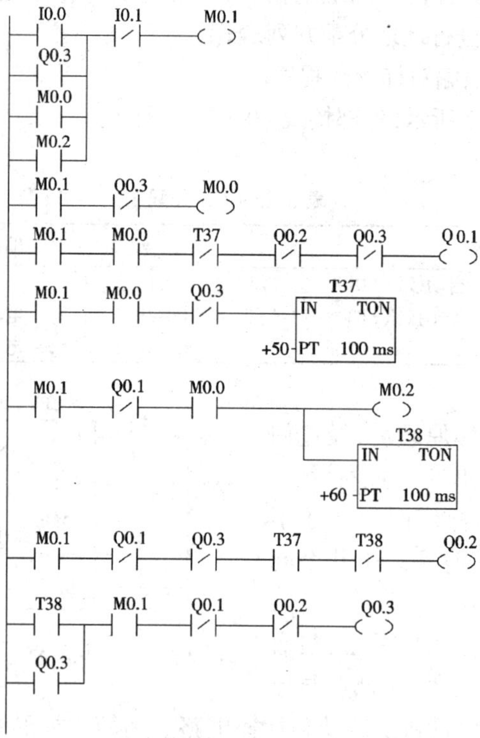

图 3.37 最终改造的梯形图程序

思考与练习

1.通电延时定时器(TON)输入(IN)________时开始定时,当前值大于等于设定值时定时器位变为________________,其常开触点_________,常闭触点__________。

2.通电延时定时器(TON)输入(IN)电路_________时被复位,复位后常开触点__________,常闭触点__________,当前值等于________________。

3.若加计数器的计数输入电路(CU)_________________,复位输入电路(R)__________,计数器的当前值加 1。当前值大于等于设定值(PV)时,其常开触点____________,常闭触点____________。复位输入电路________________时计数器被复位,复位后其常开触点____________,常闭触点__________,当前值为______。

4.输出指令(=)不能用于____________映像寄存器。

5.外部的输入电路接通时,对应的输入映像寄存器为________状态,梯形图程序中对应的常开触点______________,常闭触点______________。

6.若梯形图中输出 Q 的线圈"断电",对应的输出映像寄存器为____________状态,在输出刷新后,继电器输出模块中对应的硬件继电器的线圈______,其常开触点____________。

7.将图 3.38 所示梯形图程序转换为语句表程序。

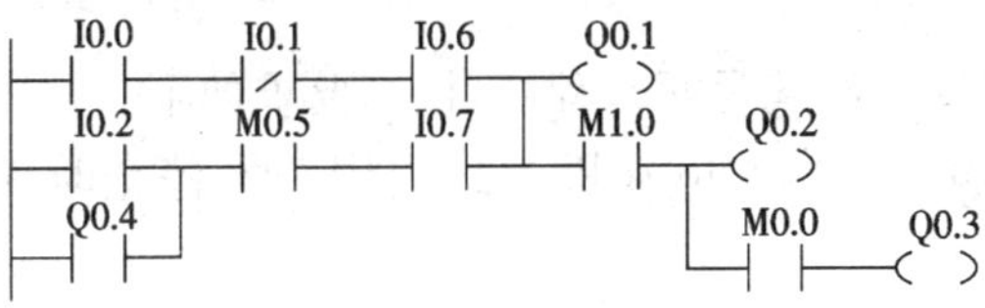

(a) 梯形图程序 (1)

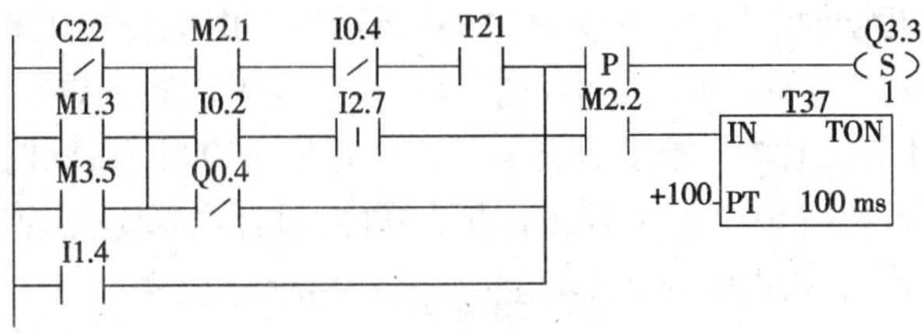

(b) 梯形图程序 (2)

图 3.38　题 7 梯形图程序

8.写出图 3.39 所示语句表对应的梯形图程序。

```
LD      I0.2
AN      I0.0
O       Q0.3
ON      I0.1
LD      Q0.2
O       M3.7
AN      I1.5
LDN     I0.5
A       I0.4
OLD
ON      M0.2
ALD
O       I0.4
LPS
EU
=       M3.7
LPP
AN      M0.0
NOT
S       Q0.3,1
```

(a)语句表程序(1)

```
LD      I0.1
AN      I0.0
LPS
AN      I0.2
LPS
A       I0.4
=       Q2.1
LPP
A       I4.6
R       Q3.1,1
LRD
A       I0.5
=       M3.6
LPP
AN      M0.0
TON     T37,25
```

(b)语句表程序(2)

```
LD      I0.7
AN      I2.7
LD      Q0.3
ON      I0.1
A       M0.1
OLD
LD      I0.5
A       I0.3
O       I0.4
ALD
ON      M0.2
NOT
=       Q0.4
LD      I2.5
LDN     M3.5
ED
CTU     C41,30
```

(c)语句表程序(3)

图 3.39 题 8 语句表程序

9.使用置位指令复位指令,编写两套程序,控制要求如下。

(1)启动时,电动机 M1 启动后,电动机 M2 才能启动;停止时,电动机 M1、M2 同时停止。

(2)启动时,电动机 M1、M2 同时启动;停止时,只有在电动机 M2 停止后,电动机 M1 才能停止。

10.用 S、R 和跳变指令设计出如图 3.40 所示波形图的梯形图程序。

11.如图 3.41 所示,按钮 I0.0 按下后,Q0.0 变为 1 状态并自保持,I0.1 输入 3 个脉冲后,(用 C1 计数),T37 开始定时,5 s 后,Q0.0 变为 0 状态,同时 C1 被复位,在可编程控制器刚开始执行用户程序时,C1 也被复位,设计出梯形图程序。

12.设计周期为 5 s、占空比为 20%的方波输出信号程序。

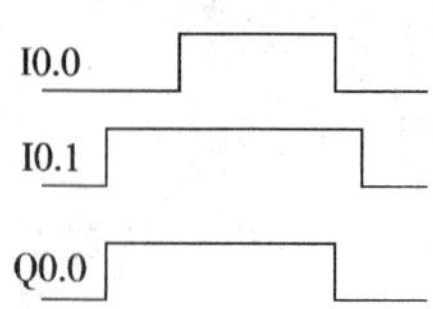

图 3.40 题 10 波形图

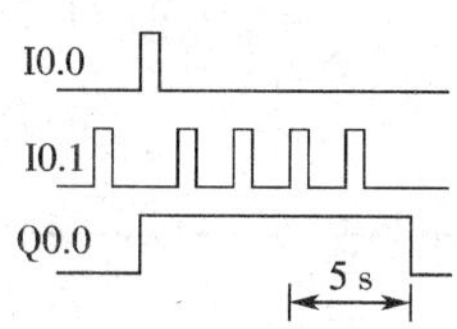

图 3.41 题 11 时序图

模块四　顺序控制设计法

学习目标

学习了本模块之后,你需要

- 掌握顺序功能图的画法;
- 掌握根据顺序功能图进行梯形图程序设计的方法(使用启保停电路和使用顺序控制继电器的设计方法);
- 能够为解决中等难度的问题打下良好的基础。

在模块三中进行的程序设计可以称为经验设计法。这种设计方法没有固定的方法和步骤可以遵循,具有较大的随意性,对于相同的控制系统,不同的设计人员设计的程序会有很大差别。尤其对于复杂控制系统,需要考虑的因素很多,分析时容易遗漏某些部分,修改时可能会因修改一点而全盘皆动,花费很长时间可能也难以得到满意的结果。学习模块三后,已经能够解决实际工程中的简单问题。对于一些比较复杂的项目,使用经验设计法也能够编写出控制程序,但在编程过程中需要注意某些逻辑关系。有没有其他方法可以解决这种问题呢?在本模块中,给大家介绍一种更方便的编程方法——顺序控制设计法。

学习顺序控制设计法首先要学会画出系统的顺序功能图。下面就来认识一下顺序功能图吧!

任务一　学会画出系统的顺序功能图

一、任务提出

图 4.1 是某剪板机的示意图,开始时压钳和剪刀在上限位置,限位开关 I0.0 和 I0.1 为 ON,按下启动按钮 I1.0。工作过程如下:首先板料右行(Q0.0 为 ON)至限位开关 I0.3 动作,然后压钳下行(Q0.1 为 ON 并保持),压紧板料后,压力继电器 I0.4 为 ON,压钳保持压紧,剪刀开始下行(Q0.2 为 ON),剪断板料后,I0.2 变为 ON,压钳和剪刀同时上行(Q0.3 和 Q0.4 为 ON,Q0.1 和 Q0.2 为 OFF)。它们分别碰到限位开关 I0.0 和 I0.1 后,停止上

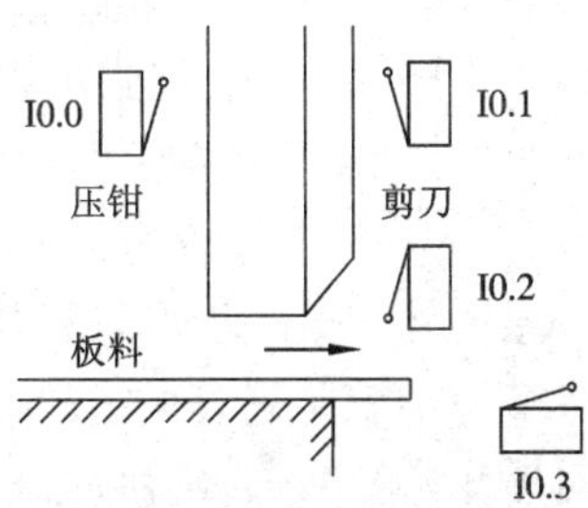

图 4.1　剪板机示意

行，都停止后，又开始下一周期的工作，剪完 10 块后停止并停在初始状态。

如何画出剪板机的顺序功能图呢？先从简单的控制要求学习顺序功能图的画法。

二、相关新知识

要画出系统的顺序功能图，必须了解什么是顺序控制。顺序控制是在各个输入信号的作用下，按照生产工艺的过程顺序，各执行机构自动有秩序地进行控制操作。顺序功能图就是使用图形方式将生产过程表现出来。以图 4.2 中的波形给出的锅炉的鼓风机和引风机的控制要求为例，其工作过程是：按下启动按钮 I0.0 后，引风机开始工作，5 s 后鼓风机开始工作，按下停止按钮 I0.1 后，鼓风机停止工作，5 s 后引风机再停止工作。

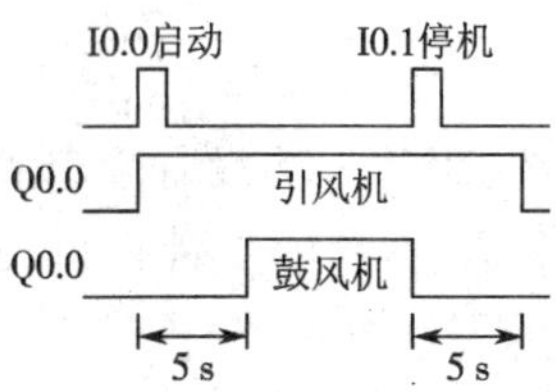

图 4.2 控制要求的波形图

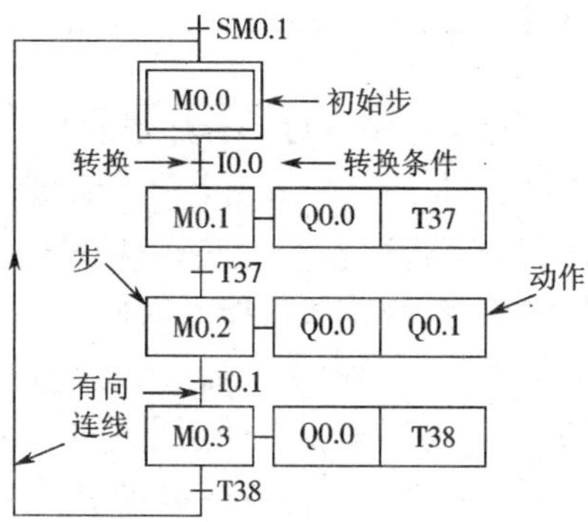

图 4.3 顺序功能图

1.顺序功能图的组成元件

顺序功能图主要用来描述系统的功能，将系统的一个工作周期根据输出量不同划分为各个顺序相连的阶段。这些阶段称为步。使用位存储器 M 或顺序控制继电器 S 代表各步，在图 4.3 中用矩形方框表示。方框中可以用数字表示该步的编号，也可以用代表该步的编程元件的地址作为步的编号。在任何一步内，各输出量 ON/OFF 状态不变，但是相邻两步输出量的状态是不同的。任何系统都有等待启动命令的相对静止状态。与系统初始状态相对应的步称为初始步，用双线方框表示。根据输出量的状态，图 4.2 中的一个工作周期可以划分为包括初始步在内的 4 步，分别用 M0.0 ~ M0.3 代表。当系统处于某一步所在的阶段时，该步称为“活动步”，其前一步称为“前级步”，后一步称为“后续步”，其他各步称为“不活动步”。

系统处于某一步可以有几个动作，也可以没有动作，这些动作之间无顺序关系。如果某一步需要完成一定的“动作”，用矩形方框将“动作”与步相连。可以使用修饰词对动作进行修饰，常用动作修饰词如表 4.1 所示。

表 4.1　动作的修饰词

修饰词	名称	说　明
N	非存储型	当步变为不活动步时动作终止
S	置位(存储)	当步变为不活动步时动作继续,直到动作被复位
R	复位	被修饰词 S、SD、SL 或 DS 启动的动作被终止
L	时间限制	步变为活动步时被启动,直到步变为不活动步或设定时间到
D	时间延迟	步变为活动步时延迟定时器被启动,如果延迟之后步仍然是活动步,动作被启动和继续,直到步变为不活动步
P	脉冲	当步变为活动步,动作被启动并且只执行一次
SD	存储与时间延迟	在时间延迟之后动作被启动,一直到动作被复位
DS	延迟与存储	在延迟之后如果步仍然是活动的,动作被启动直到被复位
SL	存储与时间限制	步变为活动步时动作被启动,一直到设定的时间到或动作被复位

顺序功能图中,代表各步的方框按照它们成为活动步的先后次序顺序排列,并用有向连线将它们连接起来,步与步之间活动状态的进展按照有向连线规定的路线和方向进行。有向连线在从上到下或从左到右的方向上的箭头可以省略,其他方向则必须注明。为了易于理解,可以省略箭头的方向也可加上箭头。

与步和步之间有向连线垂直的短横线代表转换,其作用是将相邻的两步分开。旁边与转换对应的称为转换条件。转换条件是系统由当前步进入下一步的信号,分为三种类型:一是外部的输入条件,例如按钮、指令开关、限位开关的接通或断开等;二是 PLC 内部产生的信号,例如定时器、计数器等触点的接通;三是若干个信号“与”“或”“非”的逻辑组合。顺序功能图中,只有当某一步的前级步是活动步时,该步才有可能变成活动步。如果使用没有断电保持功能的编程元件代表各步,进入 RUN 工作方式时,它们均处于 OFF 状态,必须用初始化脉冲 SM0.1 作为转换条件,将初始步预置为活动步,否则因为顺序功能图中没有活动步,系统将无法工作。

2.顺序功能图的基本结构

顺序功能图的基本结构包括单序列、选择序列和并行序列。

单序列由一系列相继激活的步组成,每一步后仅有一个转换,每一个转换后也只有一个步,如图 4.4(a)所示。

当系统的某一步活动后,满足不同的转换条件能够激活不同的步,这种序列称为选择序列,如图 4.4(b)所示。选择序列的开始称为分支,其转换符号只能标在水平连线下方。选择序列中如果步 4 是活动步,满足转换条件 c 时,步 5 变为活动步;满足转换条件 f 时,步 7 变为活动步。选择序列的结束称为合并,其转换符号只能标在水平连线上方。如果步 6 是活动步且满足转换条件 e,则步 9 变为活动步;如果步 8 是活动步且满足转换条件 h,则步 9 也变为活动步。

当系统的某一步活动后,满足转换条件后能够同时激活几步,这种序列称为并行

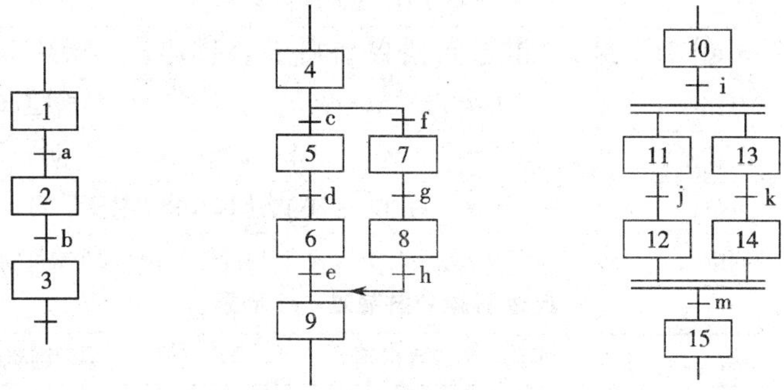

（a）单序列　　（b）选择序列　　（c）并行序列

图4.4　顺序功能图的基本结构

序列，如图4.4(c)所示。并行序列的开始称为分支，为强调转换的同步实现，水平连线用双线表示，水平双线上只允许有一个转换符号。并行序列中当步10是活动步，满足转换条件i时，转换的实现将导致步11和步13同时变为活动步。并行序列的结束称为合并，在表示同步的水平双线之下只允许有一个转换符号。当步12和步14同时都为活动步且满足转换条件m时，步15才能变为活动步。

3.顺序功能图中转换实现的基本规则

(1)转换实现的条件

顺序功能图中，转换的实现完成了步的活动状态的进展。转换实现必须同时满足以下两个条件：

①该转换所有的前级步都是活动步；

②相应的转换条件得到满足。

这两个条件是缺一不可的。假设在剪板机中取消了第一个条件，在板料被压住的时候误操作按下了启动按钮，这时也会使步M0.1变为活动步，板料可能右行，因此造成设备的误动作。

(2)实现转换完成的操作

实现转换应完成以下两个操作：

①使所有由有向连线与相应转换符号相连的后续步都变为活动步；

②使所有由有向连线与相应转换符号相连的前级步都变为不活动步。

以上规则适用于任意结构中的转换。其区别是：对于单序列，一个转换仅有一个前级步和一个后续步；对于并行序列，分支处转换有几个后续步，在转换实现时应同时将它们对应的编程元件置位，其合并处转换有几个前级步，在转换实现时应将它们对应的编程元件全部复位；对于选择序列，分支与合并处一个转换实际上只有一个前级步和一个后续步，但是一个步可能有多个前级步或多个后续步。

(3)绘制顺序功能图时的注意事项

绘制顺序功能图时需要注意以下事项。

①两个步绝对不能直接相连，必须用一个转换将它们分隔开。

②两个转换也不能直接相连，必须用一个步将它们分隔开。

③初始步必不可少，一方面因为该步与其相邻步相比，从总体上说输出变量的状态各不相同；另一方面，如果没有该步，无法表示初始状态，系统也无法返回等待其动作的停止状态。

④顺序功能图是由步和有向连线组成的闭环，即在完成一次工艺过程的全部操作之后，应从最后一步返回初始步，系统停留在初始状态；在连续循环工作方式时，应从最后一步返回下一工作周期开始运行的第一步。

三、任务解决方案

剪板机的顺序功能图如图 4.5 所示。图中既有选择序列，又有并行序列。步 M0.0 是初始步，加计数器 C0 用来控制剪板料的次数，每次工作循环后 C0 的当前值加 1。没有剪完 10 块板料时，C0 的当前值小于设定值 10，其常闭触点闭合，满足转换条件 $\overline{C0}$，将返回步 M0.1 处开始下一次循环。剪完 10 块板料后，C0 的当前值等于设定值 10，其常开触点闭合，满足转换条件 C0 已剪完 10 块，将返回到初始步 M0.0，等待下一次启动命令。

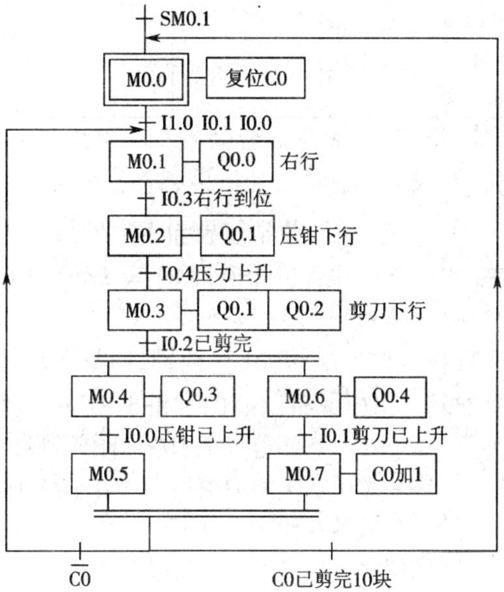

图 4.5　剪板机顺序功能图

步 M0.5、M0.7 是等待步，用来同时结束并行序列，只要步 M0.5、M0.7 都是活动步，满足转换条件 $\overline{C0}$，步 M0.1 将变为活动步；满足转换条件“C0 已剪完 10 块”，步 M0.0 将变为活动步。

四、应用实例

【例 4.1】　冲床的运动示意如图 4.6 所示：初始状态时机械手在最左边，I0.4 为 ON；冲头在最上面，I0.3 为 ON；机械手松开，Q0.0 为 OFF。按下启动按钮 I0.0，Q0.0 变为 ON，工件被夹紧并保持，2 s 后 Q0.1 变为 ON，机械手右行，直到碰到右限位开关 I0.1。以后顺序完成以下动作：冲头下行，冲头上行，机械手左行，机械手松开（Q0.0 被复位），延时 2 s 后，系统返回初始状态。各限位开关和定时器提供的信号是相应步之间的转换条件。画出控制系统的顺序功能图。

根据控制要求，系统的顺序功能图如图 4.7 所示。冲床运动控制系统顺序功能图是由一系列相继活动的步组成的单序列。

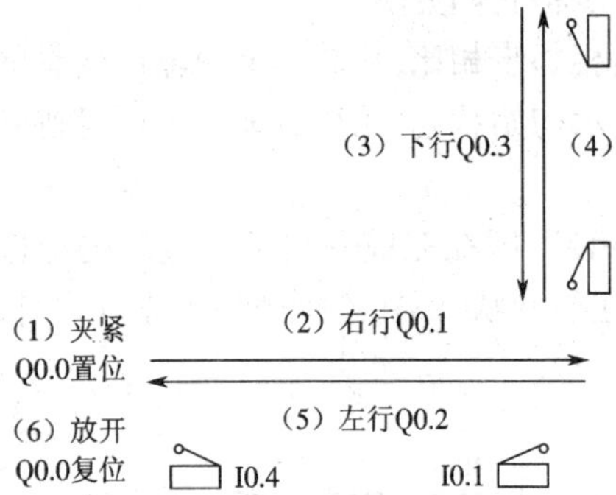

图 4.6　冲床运动示意

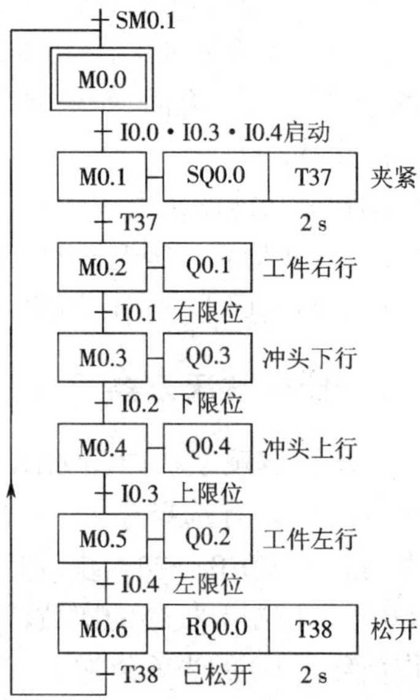

图 4.7　冲床运动控制的顺序功能图

【例 4.2】　液体混合装置如图 4.8 所示，上限位、下限位和中限位液位传感器被液体淹没时为 1 状态；阀门 A、阀门 B 和阀门 C 为电磁阀，线圈通电时阀门打开，线圈断电时阀门关闭。开始时容器是空的，各阀门均关闭，各传感器均为 0 状态。按下启动按钮后，打开阀门 A，液体 A 流入容器；中限位开关变为 ON 时，关闭阀门 A，打开阀门 B，液体 B 流入容器。液面升到上限位开关时，关闭阀门 B，电动机 M 开始运行，搅拌液体。30 s 后停止搅拌，打开阀门 C，放出混合液体。当液面下降至下限位开关之后再过 5 s 容器放空，关闭阀门 C，打开阀门 A，又开始下一个周期的操作。按下停止按钮，当前工作周期的操作结束后，才停止操作，返回并停留在初始状态。

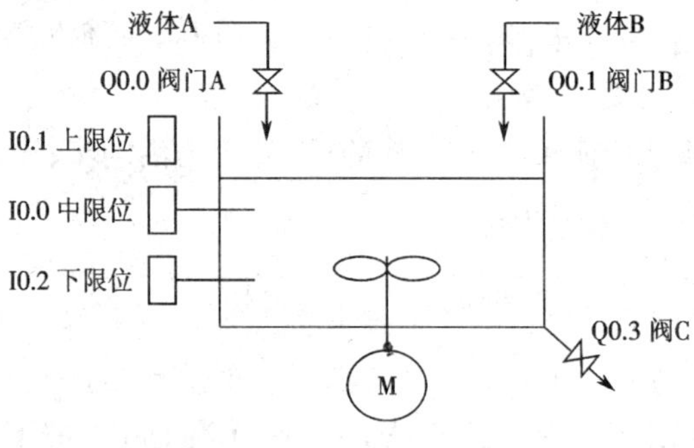

图 4.8　液体混合装置示意

根据控制要求，系统的顺序功能图如图 4.9 所示。

对于按下停止按钮，当前工作周期的操作结束后才停止操作的控制要求，在顺序功能图中用 M1.0 实现。当系统处于步 M0.5 时，按下停止按钮，系统满足 $\overline{M1.0}\cdot T38$ 的转换条件，系统将回到初始状态步 M0.0 处；如果没有按下停止按钮，系统将回到步 M0.1 处，开始下一个工作周期。系统处于任何一个阶段按下停止按钮时，都将进行到步 M0.5 处满足条件，当前工作周期才能结束。

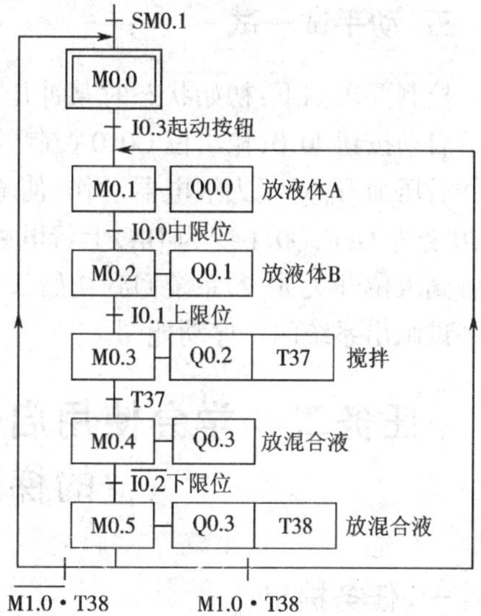

图 4.9　液体混合系统的顺序功能图

【例 4.3】　某专用钻床如图 4.10 所示，使用两只钻头同时钻两个孔，开始自动运行之前两个钻头在最上面，上限位开关 I0.3 和 I0.5 为 ON。放好工件后，按下启动按钮 I0.0，工件被夹紧后两只钻头同时开始工作，钻到由限位开关 I0.2 和 I0.4 设定的深度时分别上行，回到由限位开关 I0.3 和 I0.5 设定的起始位置时分别停止上行。两个钻头都到位后，工件被松开，松开到位后，一个工作周期结束，系统返回初始状态。

根据控制要求，系统的顺序功能图如图 4.11 所示。

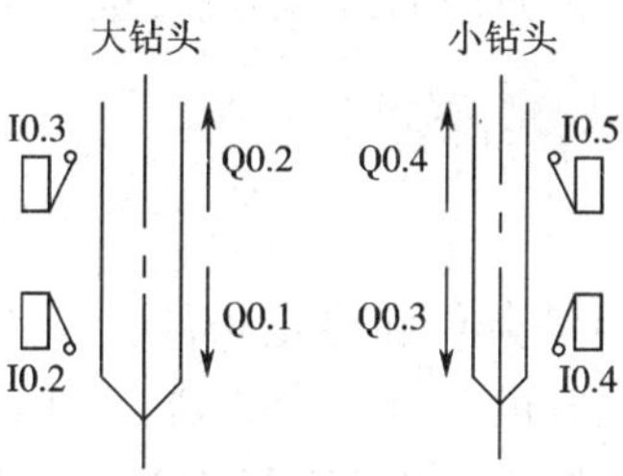

图 4.10　专用钻床两只钻头示意

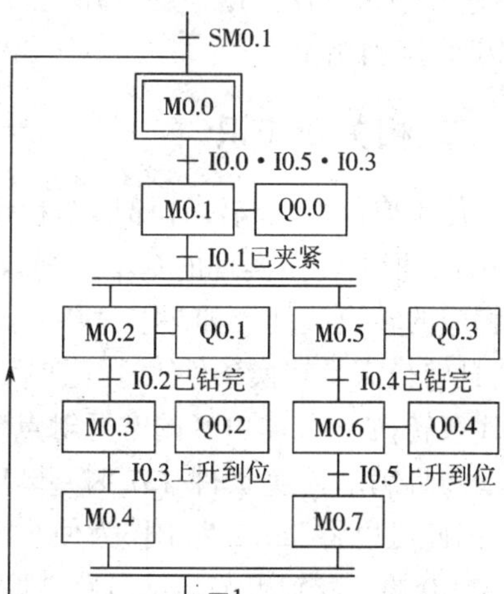

图 4.11　专用钻床的顺序功能图

从顺序功能图可以看出大小钻头和各自的限位开关组成了两个子系统。这两个子系统在钻孔过程中同时工作，形成并行序列。如果不使用并行序列，由于两个钻头的工作并不能绝对同步，会对限位开关造成冲击，形成安全隐患，因此必须使用并行序列进行编程。

顺序功能图中在步 M0.4 和 M0.7 是两个等待步，用于保证两个钻头同步工作。其后的转换条件“=1”表示转换条件总是满足，只要步 M0.4 和 M0.7 都变为活动步，就能使步 M1.0 变为活动步。

五、动手试一试

控制要求如下：初始状态时某冲压机的冲压头停在上面，限位开关 I0.2 为 ON，按下启动按钮 I0.0，输出位 Q0.0 控制的电磁阀线圈通电并保持，冲压头下行。压到工件后压力升高，压力继电器动作，使输入位 I0.1 变为 ON，用 T37 保压延时 5 s 后，Q0.0 变为 OFF，Q0.1 变为 ON，上行电磁阀线圈通电，冲压头上行。返回到初始位置时碰到限位开关 I0.2，系统回到初始状态，Q0.1 变为 OFF，冲压头停止上行。

试画出系统的顺序功能图。

任务二　学会使用启保停电路设计顺序功能图的梯形图程序

一、任务提出

学会画顺序功能图只是顺序控制设计法的第一步，S7-200 系列 PLC 提供的编程软件不能使用顺序功能图直接进行编程，还需要转换成梯形图程序。对于剪板机的顺序功能图，如何转变为梯形图程序呢？在模块三的任务一中已经学习过启保停电路，这种电路仅仅使用与触点和线圈有关的指令，是一种通用的编程方法，也是本任务需要学习的内容。

二、相关新知识

使用启保停电路设计梯形图程序的关键是找出启动条件和停止条件。以图 4.12 为例，根据转换实现的基本规则，转换实现的条件是它的前级步为活动步，并且满足相应的转换条件。如果步 M0.1 要变为活动步，条件是它的前级步 M0.0 为活动步，且转换满足转换条件 I0.0。在启保停电路中，将代表前级步的 M0.0 的常开触点和代表转换条件的 I0.0 的常开触点串联，作为控制 M0.1 的启动电路。当步 M0.1 为活动步且满足转换条件 T37 时，步 M0.2 变为活动步。这时步 M0.1 应变为不活动步，因此可以将 M0.2 为 1 作为使步 M0.1 变为不活动步的停止条件，同时在程序中将 M0.0 的常开触点与启动电路并联作为保持条件。所有的步都可以用这种方法编程。再以初始步 M0.0 为例，其前级步是 M0.3，转换条件是 T38 的常开触点，所以启动电路是 M0.3 和 T38 的常开触点串联。在 PLC 第一次执行程序时，应使用 SM0.1 的常开触点将 M0.0 变为活动步，所以启动电路要并联 SM0.1 的常开触点，再并联 M0.0 的常开触点作为保持条件，上述电路再串联 M0.1 的常闭触点作为停止条件。

对于步的动作中的输出量的处理分两种情况。

①某一输出量仅在某一步中为 ON 时，可以将它的线圈与对应步的存储器位的线圈并联。

②某一输出量在几步中都为 ON 时,则将代表各有关步的存储器位的常开触点并联后一起驱动该输出的线圈。如果某些输出在连续的几步中均为 ON,可以用置位与复位指令进行控制。

三、任务解决方案

根据上述编程规则,图 4.3 的梯形图程序如图 4.12 所示。

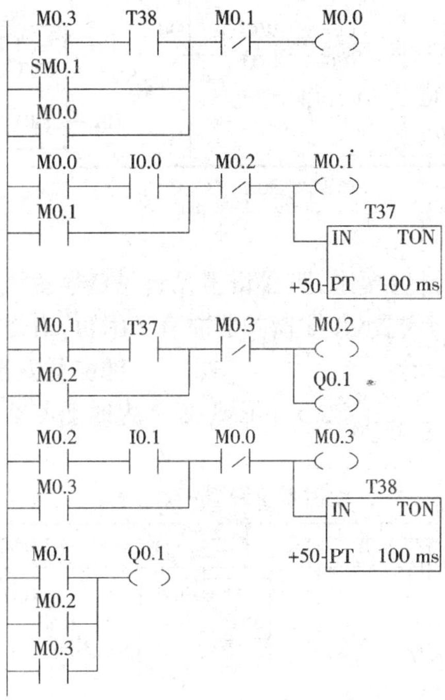

图 4.12　图 4.3 顺序功能图的梯形图程序

四、应用实例

【例 4.4】　编写图 4.13 所示顺序功能图的梯形图程序。

梯形图程序如图 4.14 所示。

图 4.13 中在步 M0.0 后有一个选择序列的分支。当 M0.0 为活动步并满足 I0.0 的转换条件时,步 M0.1 变为活动步;满足 I0.2 的转换条件,步 M0.2 变为活动步。无论哪个后续步变为活动步,M0.0 都应变为不活动步,所以应将 M0.1 和 M0.2 的常闭触点与 M0.0 的线圈串联作为其停止条件。

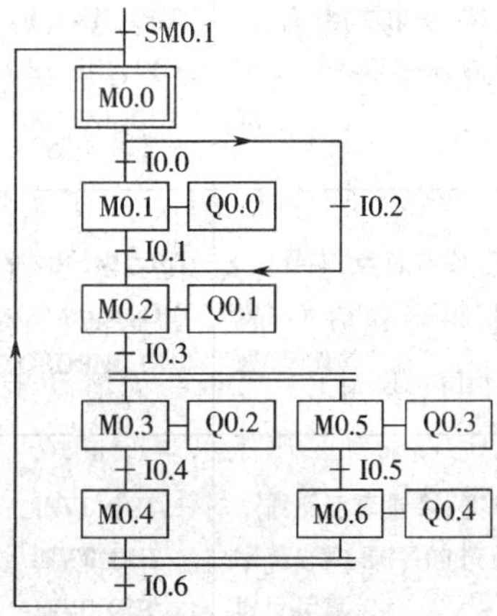

图 4.13　顺序功能图

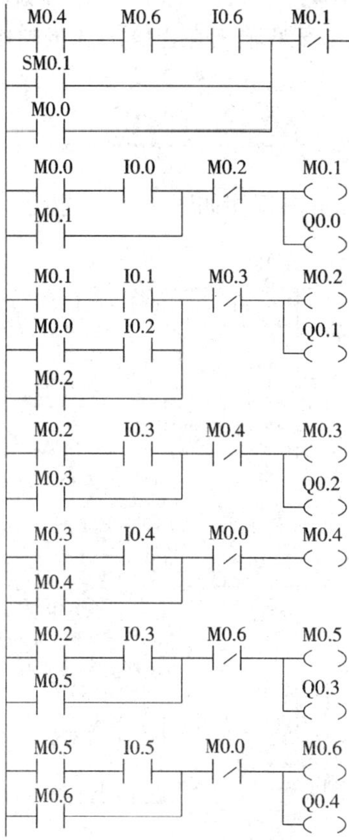

图 4.14 图 4.13 顺序功能图的梯形图程序

在步 M0.2 之前是选择序列合并。当步 M0.1 为活动步并且满足 I0.1 的转换条件或者步 M0.0 为活动步且满足 I0.2 的转换条件时,步 M0.2 都能变为活动步。所以,步 M0.2 的启动条件由 M0.1·I0.1 + M0.0·I0.2 并联构成。

【例 4.5】 编写图 4.9 所示液体混合系统的梯形图程序。

梯形图程序如图 4.15 所示。

梯形图程序中 M1.0 用来实现在按下停止按钮后不会马上停止工作,而是在当前工作周期的操作结束后才停止运行。步 M0.1 之前是选择的合并。当步 M0.0 为活动步并且满足 I0.3 的转换条件或者步 M0.5 为活动步并且满足 M1.0·T38 的转换条件时,步 M0.1 都能变为活动步。因此,步 M0.1 的启动电路由 M0.0、I0.3 或 M0.5、M1.0、T38 的常开触点串联而成。

【例 4.6】 编写图 4.11 所示专用钻床控制系统的梯形图程序。

梯形图程序如图 4.16 所示。当步 M0.1 为活动步时,Q0.0 线圈得电,夹紧电磁阀通电夹紧工件。当压力达到一定程度,压力继电器 I0.1 的常开触点接通即满足转

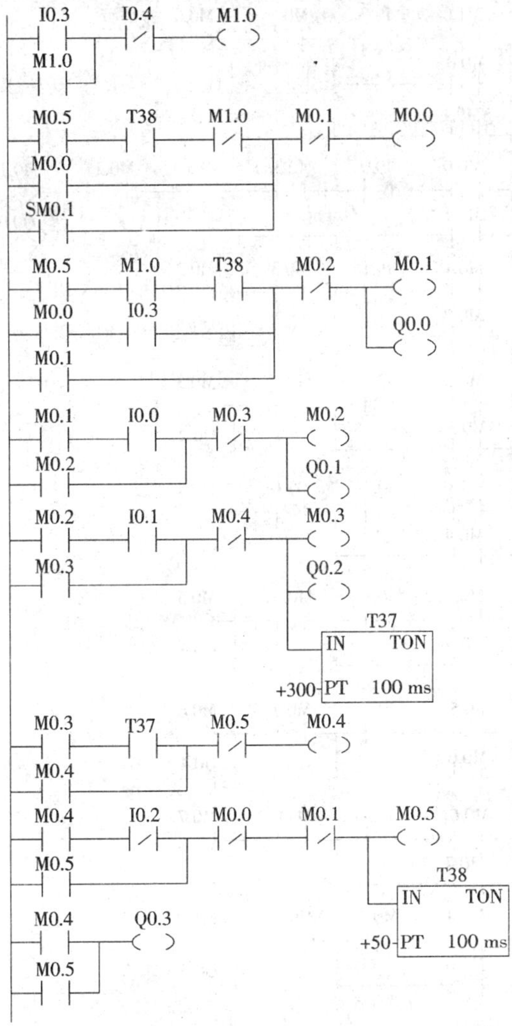

图 4.15　图 4.9 液体混合系统的梯形图程序

换条件，这时步 M0.1 变为不活动步，而步 M0.2 和步 M0.5 同时变为活动步，Q0.1 和 Q0.3 线圈得电，大小钻头同时向下运动进行钻孔。

当两个孔钻完，大、小钻头分别碰到各自的下限位开关 I0.2 和 I0.4 后，步 M0.3 和步 M0.6 变为活动步，Q0.2 和 Q0.4 线圈得电，两个钻头分别向上运动，碰到各自的上限位开关 I0.3 和 I0.5 后停止上行，两个等待步 M0.4 和 M0.7 变为活动步。只要步 M0.4 和 M0.7 变为活动步，步 M1.0 马上变为活动步，同时步 M0.4 和 M0.7 变为不活动步，线圈 Q0.5 线圈得电，工件被松开，限位开关 I0.7 变为 ON，系统返回初始状态。

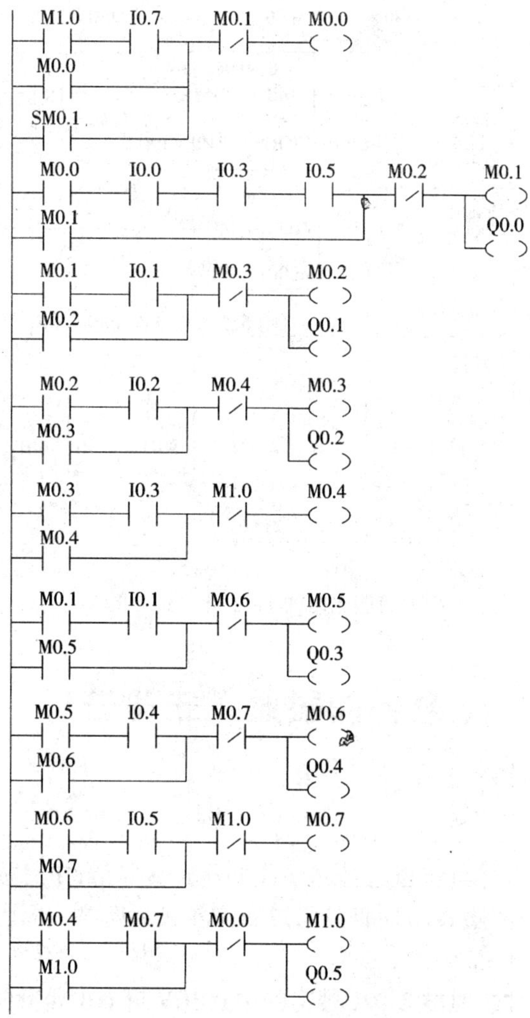

图 4.16 图 4.11 专用钻床顺序功能图的梯形图控制程序

五、动手试一试

请根据剪板机的顺序功能图设计出梯形图程序，需要注意的是对顺序功能图中选择序列和并行序列的分支、合并处的处理。

对于选择序列的分支，如果某一步后有一个由 N 条分支组成的选择序列，该步可能转换到不同的 N 步去，则将这 N 个后续步对应的存储器位的常闭触点与该步的线圈串联，作为结束该步的条件。例如，步 M0.5 后的任何一步变为活动步时，该步都应变为不活动步，所以该步的停止条件应该是将 M0.0 与 M0.1 的常闭触点进行串联。

对于选择序列的合并，如果某一步之前有 N 个转换，即有 N 条分支进入该步，则控制代表该步的存储器位的启保停电路的启动条件由 N 条支路并联而成，各支路由某一前级步对应的存储器位的常开触点于相应转换条件对应的触点或电路串联形成。例如，步 M0.1 之前是一个选择序列的合并，当步 M0.5 和步 M0.7 为活动步且满足 C0 常闭触点的条件或步 M0.0 为活动步且满足 I1.0·I0.1·I0.0 转换条件时，步 M0.1 都应变为活动步，所以对于步 M0.1 其启动条件是 M0.0 与 I1.0、I0.1、I0.0 常开触点串联或者 M0.5、M0.7 与 C0 常闭触点串联。

图 4.17 是剪板机的梯形图控制程序，与自己编写的程序比较一下，看看有没有差别？

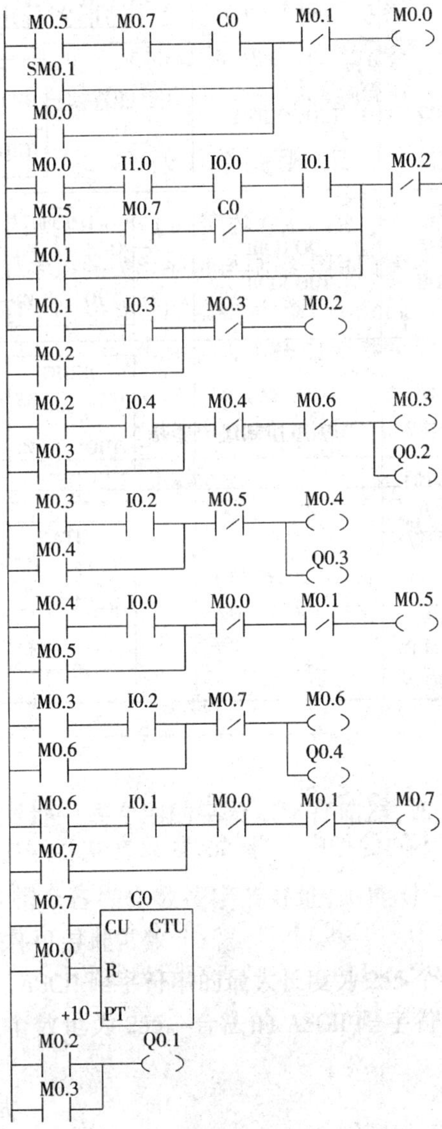

图 4.17　剪板机的梯形图控制程序

任务三　学会使用 SCR 指令设计顺序功能图的梯形图程序

一、任务提出

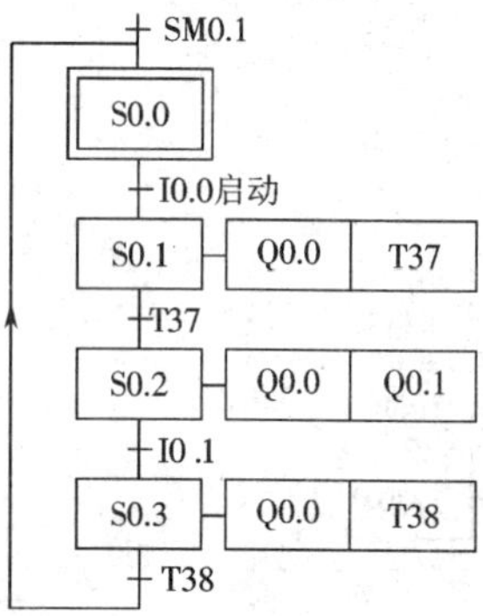

图 4.18　使用 SCR 指令的顺序功能图

顺序功能图中除了使用位存储器 M 代表各步外，还可以使用顺序控制继电器 S 代表各步。使用 S 代表各步的顺序功能图设计梯形图程序时，需要用 SCR 指令。使用 SCR 指令时相应的顺序功能图中的步用 S_bit 表示，顺序功能图如图 4.18 所示。

二、相关新知识

S7－200 的系列 CPU 中的顺序控制继电器(S)是专门用于编制与时序相关的控制程序的。它能够按照自然的工艺过程编制状态控制程序。顺序控制继电器的指令如表 4.2 所示。

表 4.2　顺序控制继电器指令

类型	梯形图程序	语句表程序	指令功能
SCR 装载指令	bit SCR	LSCR bit	表示 SCR 段的开始
SCR 传送指令	bit —(SCRT)	SCRT bit	表示 SCR 段间的转换
SCR 结束指令	—(SCRE)	SCRE	表示 SCR 段的结束

说明：

①同一个 S 位不能用于不同的程序中，例如，如果在主程序中使用了 S0.1，在子程序中就不能再使用它。

②在 SCR 段之间不能使用 JMP 和 LBL 指令，即不允许在 SCR 段之间跳入、跳出，但可以在 SCR 段附近使用 JMP 和 LBL 指令或者在段内跳转。

③在 SCR 段中不能使用 END 指令。

三、任务解决方案

使用SCR指令编程时，在SCR段中使用SM0.0的常开触点驱动该步中的输出线圈，使用转换条件对应的触点或电路驱动转换到后续步的SCRT指令。虽然SM0.0一直为1，但是只有当某一步活动时相应的SCR段内的指令才能执行。相应的梯形图程序如图4.19所示。

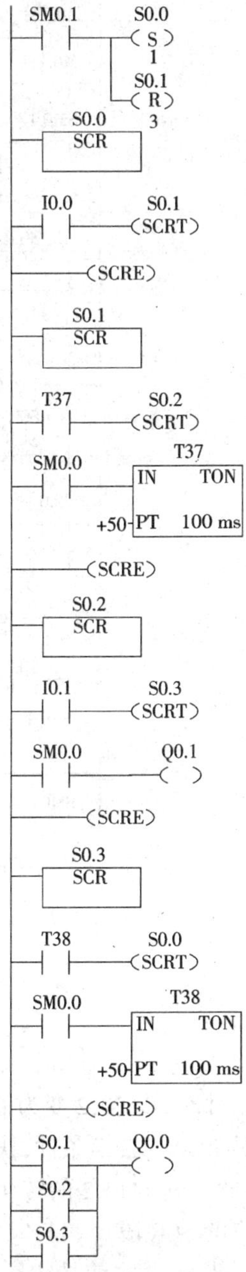

图4.19　使用SCR指令编写的梯形图程序

四、应用实例

【例4.7】　使用SCR指令编写图4.9所示液体混合系统的梯形图程序。

使用SCR指令的液体混合系统的顺序功能图如图4.20所示，梯形图程序如图4.21所示。在步S0.5之后是选择序列分支。当S0.5为1时，对应的SCR段被执行，如果满足$\overline{M1.0}\cdot T38$的转换条件，将转换到步S0.0；如果满足$M1.0\cdot T38$的转换条件，将转换到步S0.1。

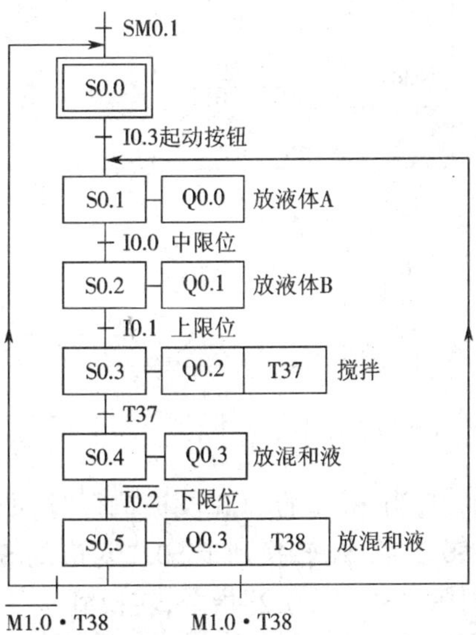

图4.20　液体混合系统的顺序功能图

【例4.8】　使用SCR指令编写图4.22所示顺序功能图的梯形图程序。

在顺序功能图4.22中，步S0.0之后是一个选择序列分支。当该步活动时，满足I0.0的转换条件时，步S0.1变为活动步；满足I0.2的转

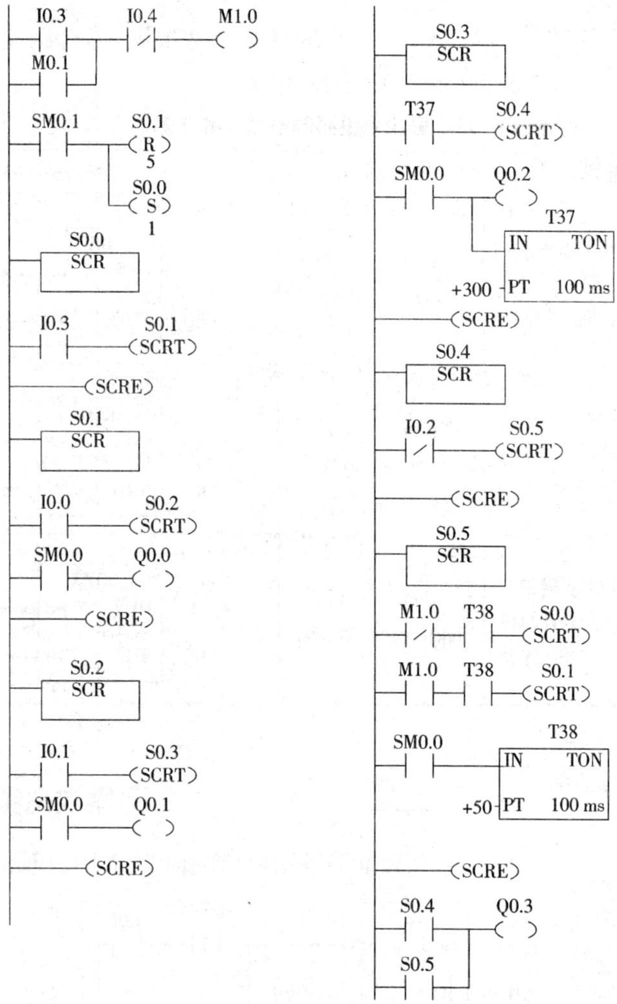

图 4.21 液体混合系统的 SCR 指令程序

换条件时，步 S0.2 变为活动步。在梯形图程序中，当 S0.0 的 SCR 段被执行时，如果满足 I0.0 的转换条件，执行程序段中的“SCRT S0.1”指令，转换到步 S0.1 对应的 SCR 段；如果满足 I0.2 的转换条件，则执行程序段中的“SCRT S0.2”指令，转换到步 S0.2 对应的 SCR 段。

步 S0.3 之前是选择序列合并。当步 S0.1 为活动步且满足 I0.1 的转换条件或者步 S0.2 为活动步且满足 I0.3 的转换条件时，步 S0.3 都能变为活动步。在对应的 SCR 段中，分别用 I0.1 和 I0.3 驱动“SCRT S0.3”指令，实现选择序列合并。

步 S0.3 之后是并行序列分支。当步 S0.3 活动且满足 I0.4 的转换条件时，步 S0.4 和步 S0.6 同时变为活动步，在 S0.3 对应的 SCR 段中使用 I0.4 驱动“SCRT S0.4”

和“SCRT S0.6”指令实现并行序列分支。

S1.0之前是并行序列合并。因为转换条件为1总是能够被满足，转换实现的条件是所有的前级步S0.5和S0.7都是活动步。在梯形图程序中，用S0.5和S0.7的常开触点串联置位、复位指令实现步S1.0变为活动步和步S0.5、S0.7变为不活动步。

对应的梯形图程序如图4.23所示。

五、动手试一试

请使用SCR指令编写剪板机的控制程序。

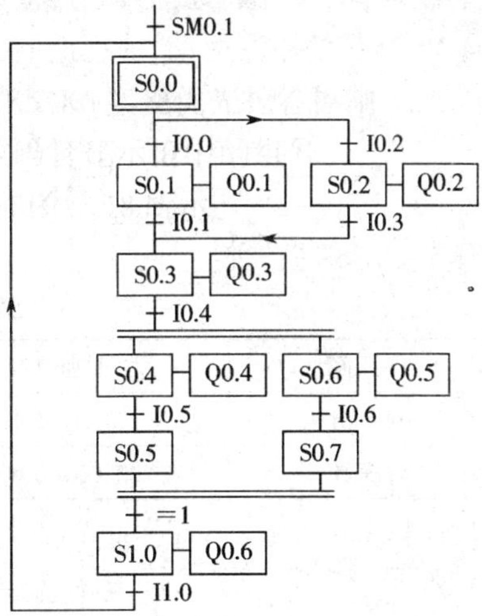

图4.22　选择、并行序列的顺序功能图

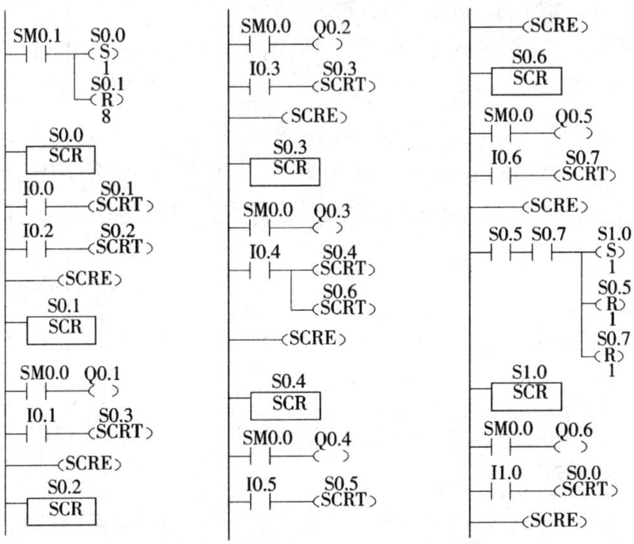

图4.23　选择、并行序列的SCR指令程序

思考与练习

1.画出图4.24所示波形图对应的顺序功能图。

2.画出实现红、黄、绿三种颜色信号灯循环显示(要求循环间隔时间为0.5 s)的顺序功能图。

3. 小车在初始状态时停在中间，限位开关 I0.0 为 ON，按下启动按钮 I0.3，小车按图 4.25 所示的顺序运动，最后返回并停在初始位置。画出控制系统的顺序功能图。

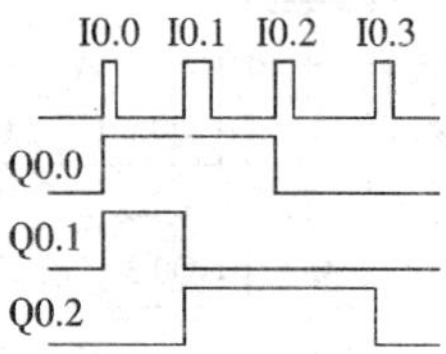

图 4.24　题 1 的波形图

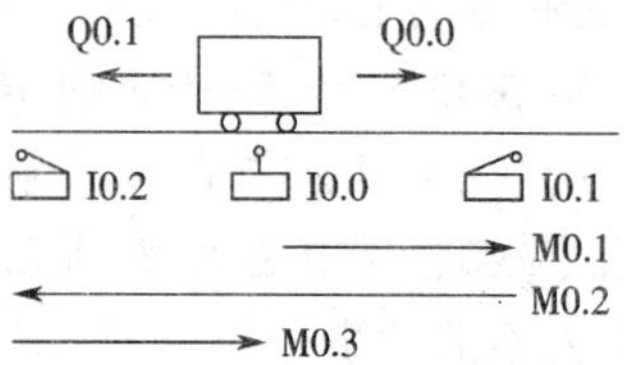

图 4.25　题 3 的示意图

4. 冲床的运动示意图如图 4.26 所示。初始状态时机械手在最左边，I0.4 为 ON；冲头在最上面，I0.3 为 ON；机械手松开(Q0.0 为 OFF)。按下启动按钮 I0.0，Q0.0 变为 ON，工件被夹紧并保持，2 s 后 Q0.1 变为 ON，机械手右行。直到碰到限位开关 I0.1，以后将顺序完成以下动作：冲头下行，冲头上行，机械手左行，机械手松开(Q0.0 被复位)，延时 2 s 后，系统返回初始状态。各限位开关和定时器提供的信号是相应步之间的转换条件。画出控制系统的顺序功能图。

5. 某组合机床动力头进给运动示意图如图 4.27 所示，设动力头在初始状态时停在左边，限位开关 I0.1 为 ON。按下启动按钮 I0.0 后，Q0.0 和 Q0.2 为 1，动力头向右快速进给(简称快进)，碰到限位开关 I0.2 后变为工作进给(简称工进)，Q0.0 为 1，碰到限位开关 I0.3 后，暂停 5 s；5 s 后 Q0.2 和 Q0.1 为 1，工作台快速退回(简称快退)，返回初始位置后停止运动。画出控制系统的顺序功能图并设计梯形图程序。

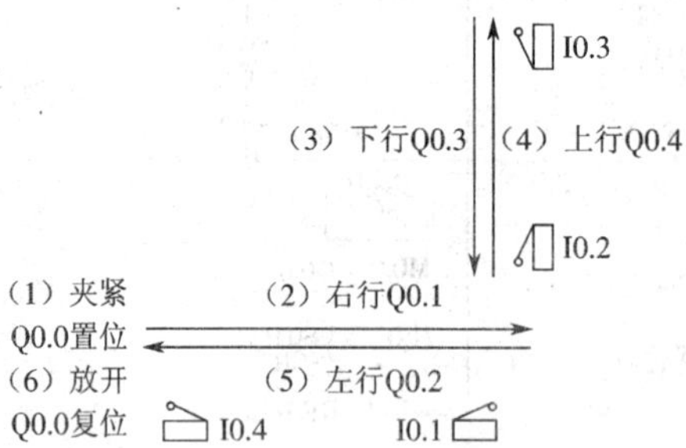

图 4.26　题 4 的示意图

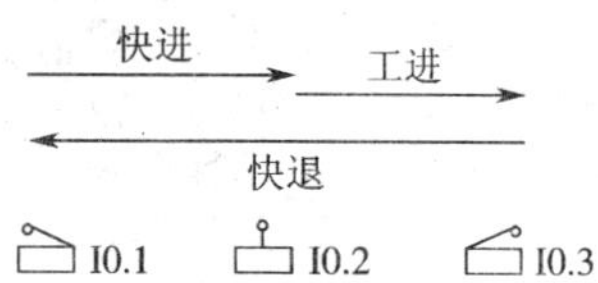

图 4.27　题 5 的示意图

6. 设计如图 4.28 所示顺序功能图的梯形图程序。

7. 试画出图 4.29 所示信号灯控制系统的顺序功能图并设计梯形图程序，I0.0 为启动信号。

8. 使用 SCR 指令设计图 4.30 所示顺序功能图的梯形图程序。

9. 初始状态时某冲压机的冲压头停在上面，限位开关 I0.2 为 ON，按下启动按钮 I0.0，输出位 Q0.0 控制的电磁阀线圈通电并保持，冲压头下行。压到工件后压力升高，压力继电器动作，使输入位 I0.1 变为 ON，用 T37 保压延时 5 s 后，Q0.0 变为 OFF，

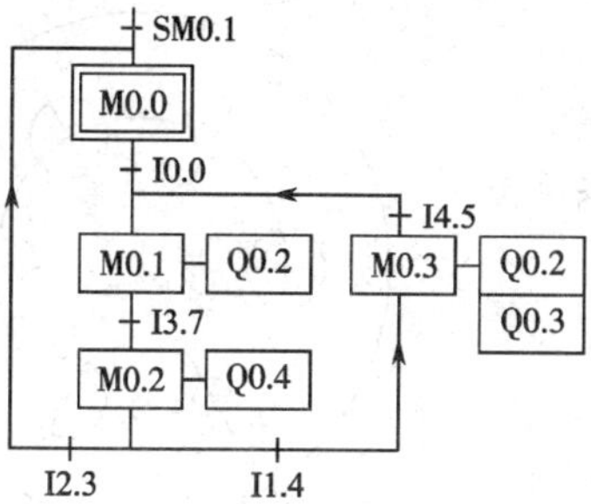

（a）顺序功能图（1）

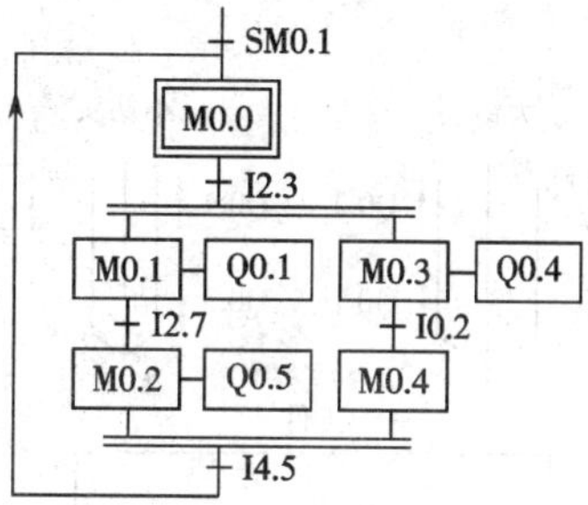

（b）顺序功能图（2）

图 4.28　题 6 的顺序功能图

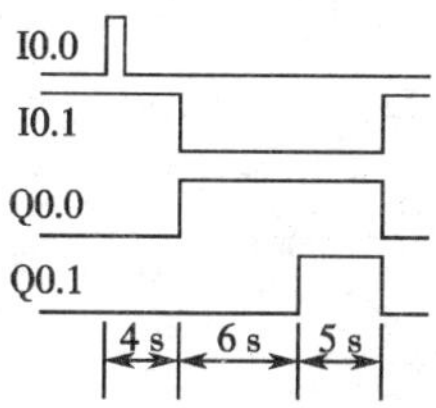

图 4.29　题 7 的示意图

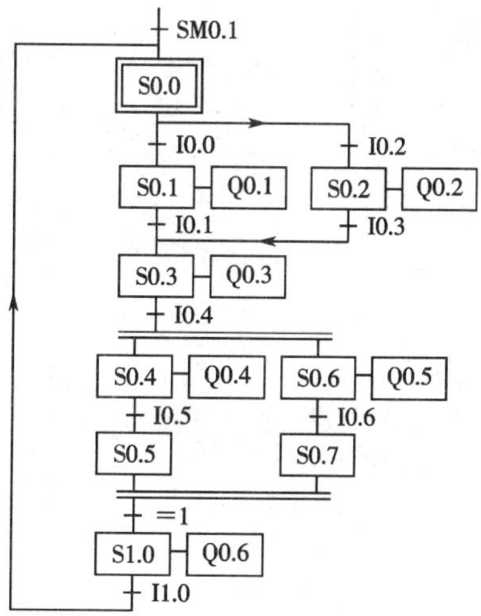

图 4.30　题 8 的顺序功能图

Q0.1 为 ON，上行电磁阀线圈通电，冲压头上行。返回初始位置时碰到限位开关 I0.2，系统回到初始状态，Q0.1 变为 OFF，冲压头停止上行。画出控制系统的顺序功能图。

10.某专用钻床用来加工圆盘状零件上均匀分布的 6 个孔（图 4.31）。开始自动运行时两个钻头在最上面的位置，限位开关 I0.3 和 I0.5 为 ON。操作人员放好工件后，按下启动按钮 I0.0，Q0.0 变为 ON，工件被夹紧，夹紧后压力继电器 I0.1 为 ON，Q0.1 和 Q0.3 使两只钻头同时开始工作，分别钻到由限位开关 I0.2 和 I0.4 设定的深度时，Q0.2 和 Q0.4 使两只钻头分别上行，升到由限位开关 I0.3 和 I0.5 设定的起始位置时，分别停止上行，设定值为 3 的计数器 C0 的当前值加 1。两个都上升到位后，若没有钻完三对孔，C0 的常闭触点闭合，Q0.5 使工件旋转 120°。旋转到位时限位开关 I0.6 为 ON，旋转结束后又开始钻第二对孔。三对孔都钻完后，计数器的当前值等于设定值 3，C0 的常开触点闭合，Q0.6 使工件松开，松开到位时，限位开关 I0.7 为 ON，系统返回初始状态。画出 PLC 的外部接线图和控制系统的顺序功能图。

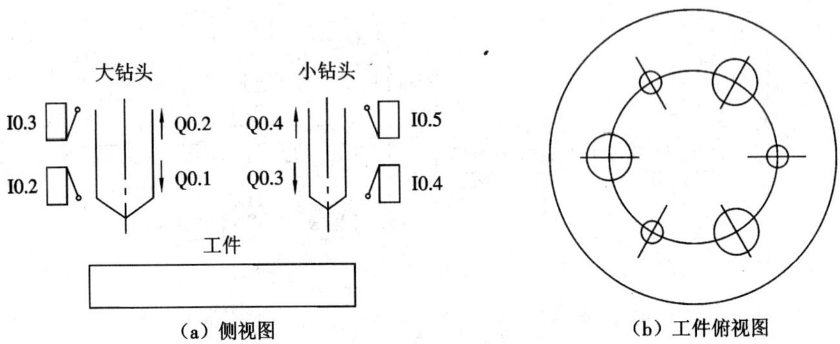

图4.31　题10的示意图

模块五　PLC 的数据处理功能

学习目标

学习了本模块之后，你需要

- 掌握数据传送指令的格式、功能及应用；
- 掌握数据比较指令的格式、功能及应用；
- 掌握数据移位指令的格式、功能及应用；
- 掌握数据运算指令的格式、功能及应用；
- 掌握数据转换指令的格式、功能及应用；
- 了解表功能指令的格式和功能；
- 掌握时钟指令的使用。

前面学习的内容基本上都是开关量控制。在实际的控制过程中，还需要用到大量非开关量的数据，对这些生产现场的数据需要进行采集、分析和处理，进而实现对生产过程的自动控制。PLC 的数据处理功能主要包括数据的传送、比较、移位、转换、运算等。

任务一　数据的传送

一、任务提出

在程序初始化的过程中常需要将某些字节、字或双字存储器清零或设置初值，为后面的控制操作作准备。

比如：若开机运行时，字变量 VW0 设初值 1 000、字节变量 VB0 清零等，如何操作？这一节学习的数据传送指令将实现此操作。

二、相关新知识

数据传送指令实现将输入数据 IN（常数或某存储器中的数据）传送到输出 OUT（存储器）中的功能，传送的过程中不改变数据的原值。

数据传送指令格式及功能如表 5.1 所示。

表 5.1 数据传送指令

梯形图程序	语句表	指令功能

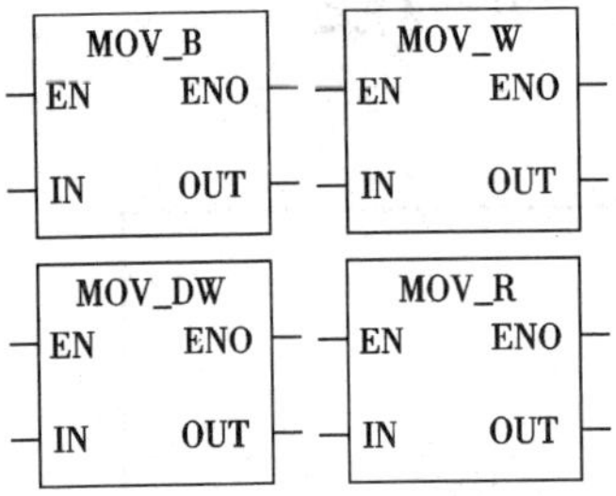	MOVB IN,OUT
	MOVW IN,OUT
	MOVD IN,OUT
	MOVR IN,OUT
		数据传送指令:实现字节、字、双字、实数的数据传送
		当使能输入 EN 为 1 时,把输入端数据 IN 传送到输出端 OUT

说明:

①操作码中的 B(字节)、W(字)、D(双字)和 R(实数)代表被传送数据的类型。

②操作数的寻址范围与指令码一致,比如字节数据传送只能寻址字节型存储器,OUT 不能寻址常数,块传送指令 IN、OUT 皆不能寻址常数,各种类型的操作码所对应的操作数如表 5.2 所示。

表 5.2 数据类型及操作数

数据类型	IN	OUT
字节	VB, IB, QB, MB, SB, SMB, LB, AC, 常量	VB, IB, QB, MB, SB, SMB, LB, AC
字 整数	VW, IW, QW, MW, SW, SMW, LW, T, C, AIW, AC,常量	VW, T, C, IW, QW, SW, MW, SMW, LW, AC, AQW
双字 双整数	VD, ID, QD, MD, SD, SMD, LD, HC, AC, 常量	VD, ID, QD, MD, SD, SMD, LD, AC
实数	VD, ID, QD, MD, SD, SMD, LD, AC, 常量	VD, ID, QD, MD, SD, SMD, LD, AC

三、任务解决方案

上述任务可通过梯形图程序(图 5.1)完成。

分析:

①当程序运行时,在第一扫描周期,字节传送指令将 0 传送给 VB0,字传送指令将 1 000 传送至 VW0,完成程序初始化。

②在为变量赋初值时,为保证数据传送只执行一次,数据传送指令一般与 SM0.1 或跳变指令联合使用。

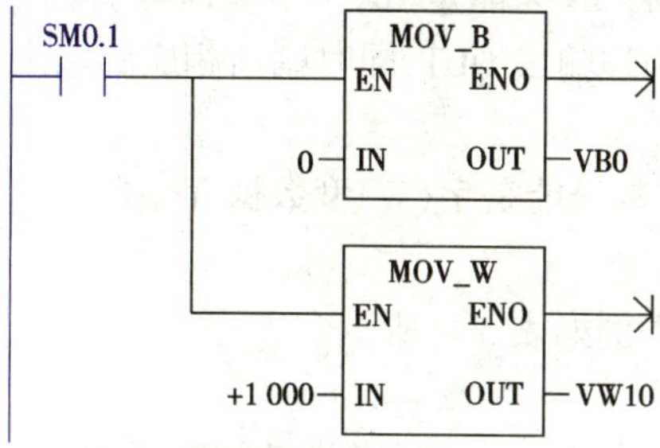

图 5.1　变量初始化梯形图程序

四、其他数据传送类指令

1.指令格式及功能

其他数据传送类指令如表 5.3 所示。

表 5.3　其他数据传送类指令

梯形图程序	语句表程序	指令功能
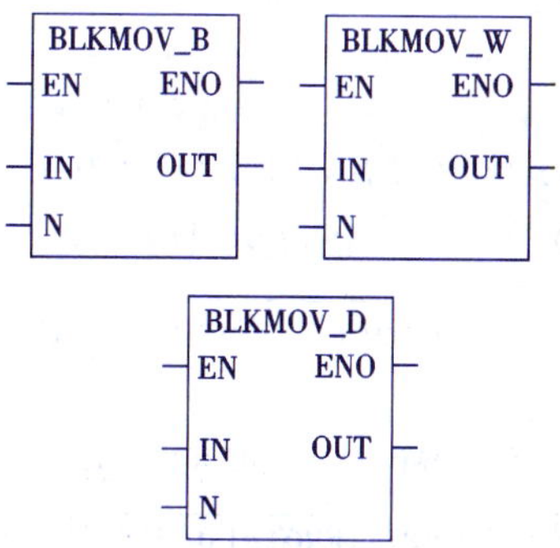	BMB IN,OUT,N BMW IN,OUT,N BMD IN,OUT,N	块传送指令:实现字节、字、双字的块传送 当使能位 EN 为 1 时,把从 IN 存储单元开始的连续的 N 个数据传送到从 OUT 开始的连续的 N 个存储单元中。N 为字节变量,N = 1 ~ 255
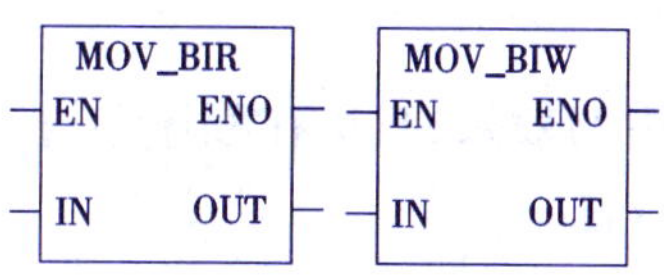	BIR IN,OUT BIW IN,OUT	指令立即读 MOV _ BIR(Byte Immediate Read);指令立即写 MOV _ BIW(Byte Immediate Write)
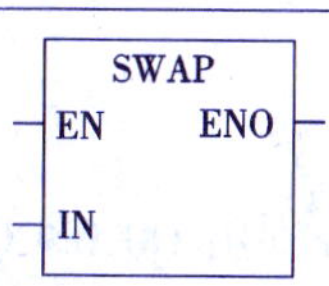	SWAP IN	字节交换 SWAP(Swap Bytes)指令:用来交换输入字 IN 的高字节与低字节

说明:

①字节立即读 MOV _ BIR 指令读取一个字节的物理输入 IN,将结果写入 OUT,不

刷新输入过程映像寄存器，IN 只能是 IB；字节立即写 MOV _ BIW 指令将输入给出的一个字节的数值写入到物理输出 OUT，同时刷新相应的输出过程映像寄存器，OUT 只能是 QB。

②SWAP 指令的操作数只能是字（W）型数据存储器。

2. 动手试一试

数据传送指令编程举例如表 5.4 所示。

表 5.4 数据传送指令编程举例

梯形图程序	说明
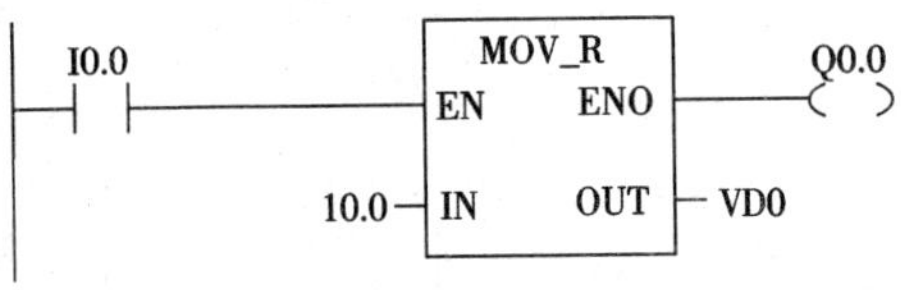	当输入 I0.0 为 1 时，传送指令将实数 10 传送给 VD0，如果指令执行无误，则输出 Q0.0 为 1
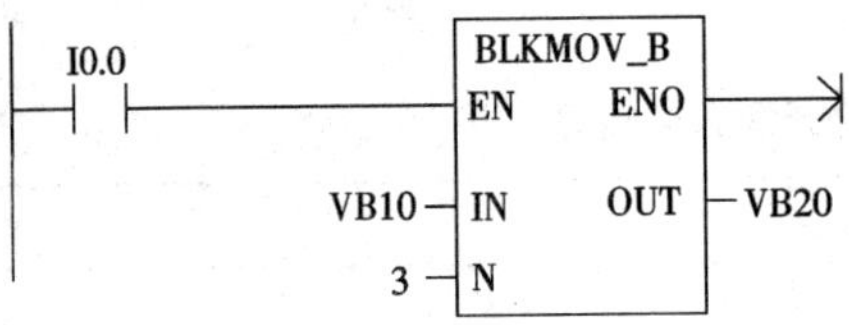	当输入 I0.0 为 1 时，实现： VB10 23 → VB20 23 VB11 45 → VB21 45 VB12 67 → VB22 67
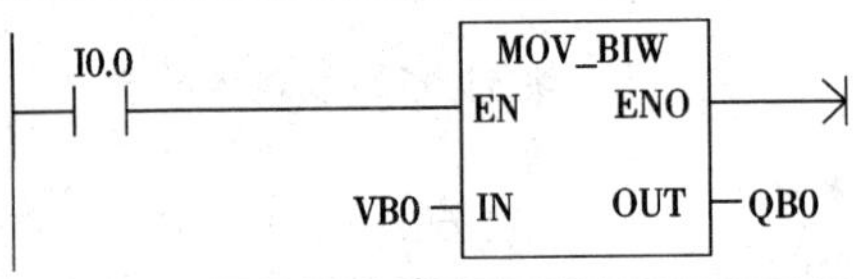	当输入 I0.0 为 1 时，字节立即写 MOV _ BIR 指令将存储器 VB0 的数据写入 QB0 VB0 01111100 ⇨ QB0 01111100
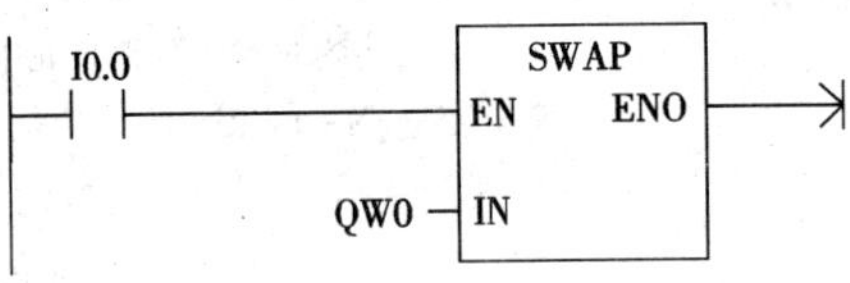	当输入 I0.0 为 1 时，将 QW0 的高低字节交换 执行前：QW0 01111100 10100011 执行后：QW0 10100011 01111100

思考：在上述命令的尝试中，如果想要得到说明中的效果，直接在程序中进行命令行的输入，能否实现，如果不能，还需要设置什么语句？

五、应用实例

【例 5.1】 用数据传送指令实现 8 个彩灯同时点亮和熄灭。

I/O 分配：I0.0 为启动信号，I0.1 为停止信号，8 个彩灯分别由 Q0.0 ~ Q0.7 驱动，对应的梯形图程序如图 5.2 所示。

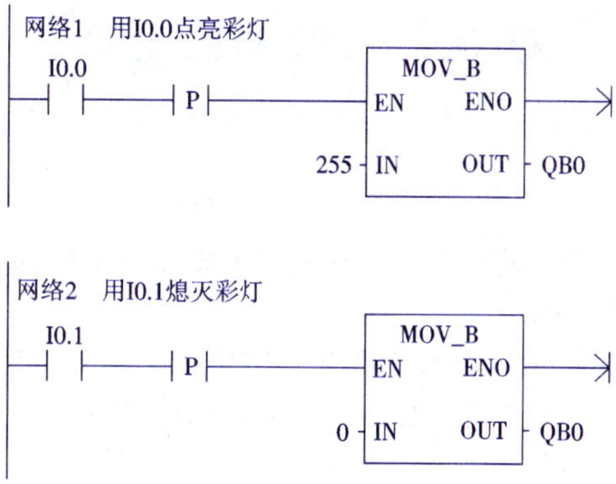

图 5.2　彩灯控制梯形图程序

动动手吧:若 8 盏灯分别接 Q1.0 ~ Q1.7,每间隔 1 个同时点亮,应如何操作?

【例 5.2】　设液体混合控制中,液体搅拌所需的时间有两种选择,分别为 20 s 和 10 s,分别设置两个按钮选择所需控制时间。

I/O 分配:I1.0 选择 20 s,I1.1 选择 10 s,I0.2 启动搅拌,Q0.0 控制液体搅拌。梯形图程序如图 5.3 所示,分析该梯形图程序,能否实现上述控制?

动动脑吧:

①如果将 MOVW 指令换为 MOVB 指令,是否可行,为什么?

②网络 3 中,分析 I0.2 什么情况下可以这样使用?

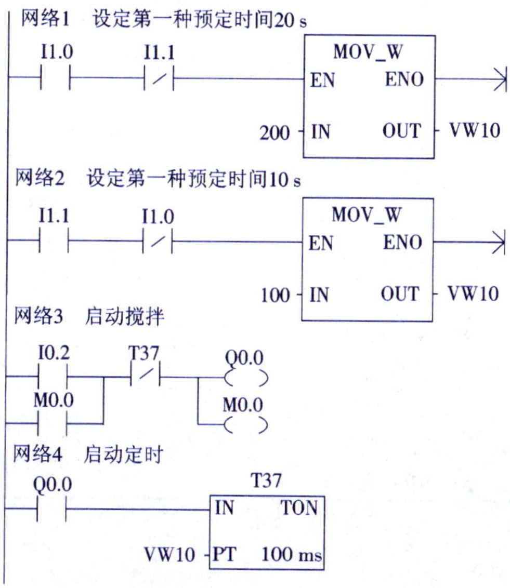

图 5.3　液体混合时间选择梯形图程序

任务二 数据的比较

一、任务提出

在实际的控制过程中,可能需要对两个操作数进行比较,比较条件成立时完成某种操作,从而实现某种控制。

比如:初始化程序时,在VW10中存放着数据100,模拟量输入AIW0中采集现场数据。当AIW0数值小于或等于VW10时Q0.0输出,当AIW0大于VW10时Q0.1输出,如何操作?

二、相关新知识

比较指令是将两个操作数按指定的条件进行比较,操作数可以是整数,也可以是实数,在梯形图中用带参数和运算符的触点表示比较指令。比较触点可以装入,也可以串并联。比较指令为上下限控制提供了极大的方便。

比较指令格式及功能如表5.5所示。

表5.5 比较指令

梯形图程序	语句表程序	指令功能
IN1 ─┤==B├─ IN2	LDB = IN1,IN2(与母线相连) AB = IN1,IN2(与运算) OB = IN1,IN2(或运算)	字节比较指令:用于比较两个无符号字节数的大小
IN1 ─┤==I├─ IN2	LDW = IN1,IN2(与母线相连) AW = IN1,IN2(与运算) OW = IN1,IN2(或运算)	字整数比较指令:用于比较两个有符号整数的大小
IN1 ─┤==D├─ IN2	LDD = IN1,IN2(与母线相连) AD = IN1,IN2(与运算) OD = IN1,IN2(或运算)	双字整数比较指令:用于比较两个有符号双字整数的大小
IN1 ─┤==R├─ IN2	LDR = IN1,IN2(与母线相连) AR = IN1,IN2(与运算) OR = IN1,IN2(或运算)	实数比较指令:用于比较两个有符号实数的大小
IN1 ─┤==S├─ IN2	LDS = IN1,IN2(与母线相连) AS = IN1,IN2(与运算) OS = IN1,IN2(或运算)	字符串比较指令:用于比较两个字符串的ASCII码字符是否相等

说明:

①表5.5中给出了相等比较的指令格式,数据比较运算符还有< =、> =、<、>、< >,字符串比较运算符还有< >;

②字整数比较指令，梯形图是 I，语句表是 W；

③数据比较 IN1、IN2 操作数的寻址范围为 I、Q、M、SM、V、S、L、AC、VD、LD 和常数。

三、任务解决方案

上述任务可通过梯形图程序（图 5.4）完成。

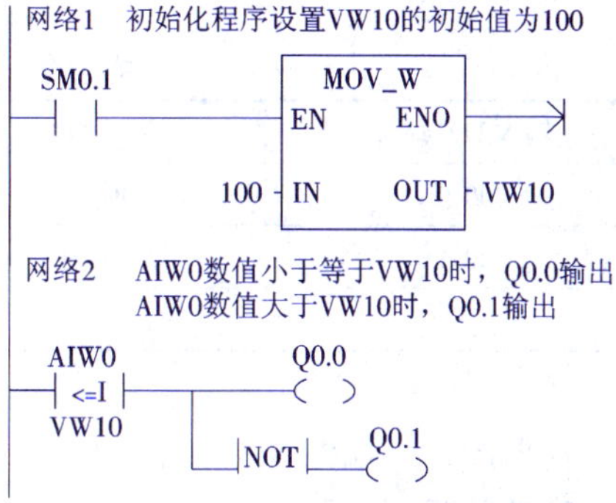

图 5.4　数据比较梯形图程序

四、应用实例

【例 5.3】　用定时器和比较指令组成占空比可调的脉冲发生器。

M0.0 和 100 ms 定时器 T37 组成脉冲发生器，比较指令用来产生脉冲宽度可调的方波，脉宽的调整由比较指令的第二个操作数实现，梯形图程序和脉冲波形如图 5.5 所示。

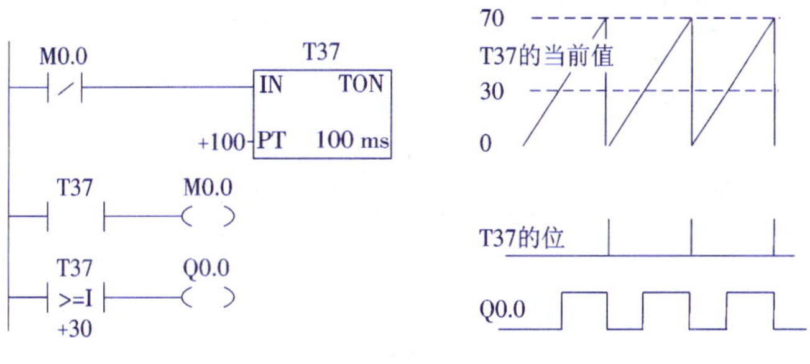

（a）梯形图程序　　（b）脉冲波形图

图 5.5　脉冲发生器

动动手吧：建立周期为 100 ms、占空比为 50% 的脉冲电路。

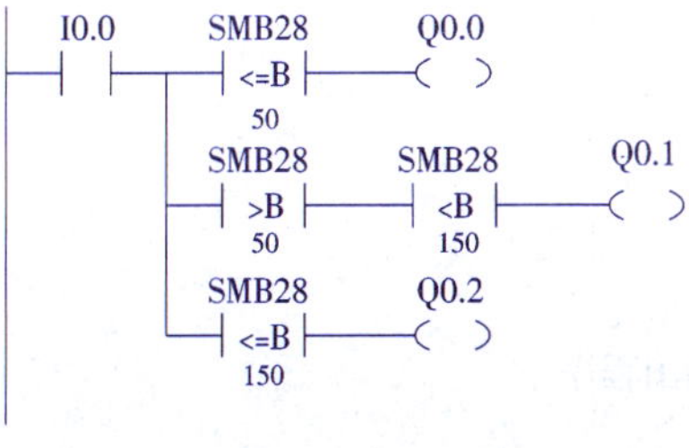

图 5.6　例 5.4 的梯形图程序

【例 5.4】　调整模拟调整电位器 0，改变 SMB28 字节数值。当 SMB28 数值小于或等于 50 时，Q0.0 输出；当 SMB28 数值在 50 和 150 之间时，Q0.1 输出；当 SMB28 数值大于或等于 150 时，Q0.2 输出。

梯形图程序如图 5.6 所示。

动动脑吧：如果 I0.0 外接按钮，应如何操作？

【例 5.5】　三台电动机分时启动控制。

控制要求:按下启动按钮后,三台电动机每隔 2 s 分别依次启动;按下停止按钮后,三台电动机每隔 2 s 依次停止。

I/O 分配如表 5.6 所示。

表 5.6 例 5.5 的 I/O 分配

输入 PLC 地址	说 明	输出 PLC 地址	说 明
I0.0	启动按钮	Q0.0	电动机 1
I0.1	停止按钮	Q0.1	电动机 2
		Q0.2	电动机 3

梯形图程序如图 5.7 所示。

动动脑吧:分析定时器在每个网络里是如何使用的?

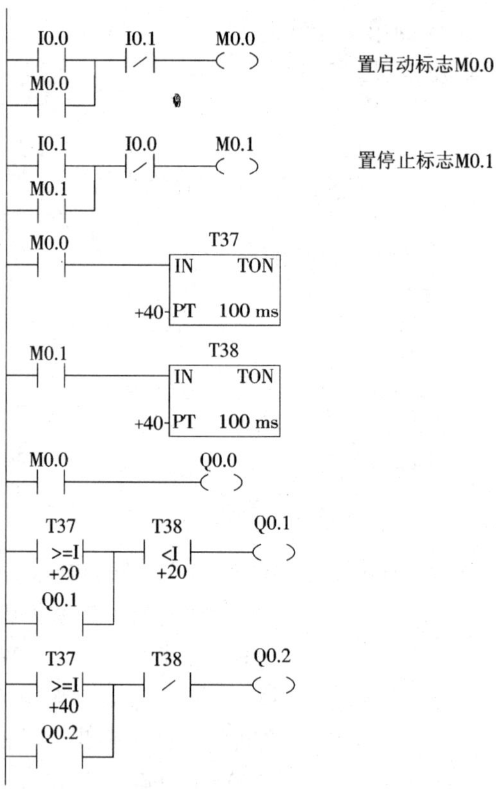

图 5.7 例 5.5 的梯形图程序

五、动手试一试

比较指令编程举例如表 5.7 所示。

表 5.7　比较指令编程举例

程序	说明
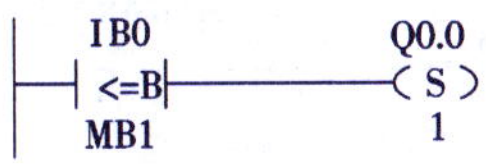	当 IB0 的数据小于等于 MB1 中的数据时，使 Q0.0 置位
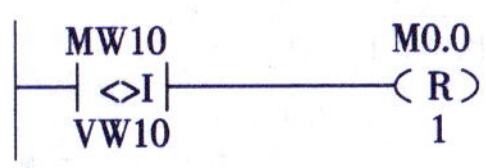	当 MW10 中的数据不等于 VW10 中的数据时，使 M0.0 复位
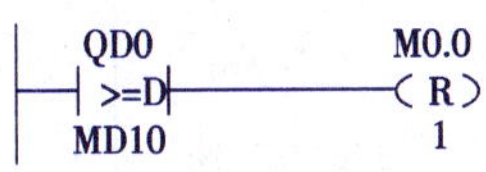	当 QD0 中的数据大于等于 MD10 中的数据时，使 M0.0 复位
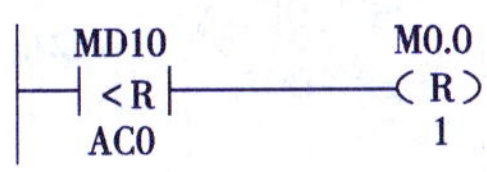	当 MD10 中的数据小于 AC0 中的数据时，使 M0.0 复位
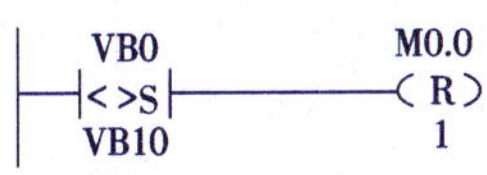	当 VB0 中的字符串不等于 VB10 中的字符串时，使 M0.0 复位

提示：在尝试使用命令之前，要给相应的变量赋值。

任务三　数据的移位

一、任务提出

制作彩灯控制器。要求是：按下启动按钮，8 个彩灯从左到右以 1 s 的速度依次点亮，保持任意时刻只有一个指示灯亮，到达最右端后，再从左到右依次点亮，如此循环；按下停止按钮后，彩灯循环停止。

思考：用前面学过的指令能不能实现上述控制目的？实现的过程有没有问题？

在学习数据移位指令的知识后，你会发现，完成这个任务有更简捷的方法。

二、相关新知识

移位指令的作用是将存储器中的数据按要求进行移位。在控制系统中可用于数据的处理、跟踪、步进控制等。

移位指令分为左、右移位，循环左、右移位，寄存器移位三类。前两类移位指令按移位数据的长度又分为字节型、字型、双字型三种。移位指令最大移位位数 N 小于、等于数据类型对应的位数。N 为字节型数据。

1.移位指令格式及功能

移位指令格式如表 5.8 所示。

表 5.8　移位指令

梯形图程序			语句表程序	说　明
SHL_B EN ENO IN OUT N	SHL_W EN ENO IN OUT N	SHL_DW EN ENO IN OUT N	SLB OUT, N SLW OUT, N SLD OUT, N	字节、字、双字左移位指令
SHR_B EN ENO IN OUT N	SHR_W EN ENO IN OUT N	SHR_DW EN ENO IN OUT N	SRB OUT, N SRW OUT, N SRD OUT, N	字节、字、双字右移位指令
ROL_B EN ENO IN OUT N	ROL_W EN ENO IN OUT N	ROL_DW EN ENO IN OUT N	RLB OUT, N RLW OUT, N RLD OUT, N	字节、字、双字循环左移位指令
ROR_B EN ENO IN OUT N	ROR_W EN ENO IN OUT N	ROR_DW EN ENO IN OUT N	RRB OUT, N RRW OUT, N RRD OUT, N	字节、字、双字循环右移位指令
	SHRB EN ENO DATA S_BIT N		SHRB DATA, S_BIT, N	移位寄存器

说明：

①对左移位指令，使能输入有效时，将输入的无符号数字节、字或双字左移 N 位后，移出位自动补 0，将结果输出到 OUT 指定的存储单元中。如果移位次数大于 0，最后一次移出位保存在溢出存储器位 SM1.1。如果移位结果为 0，零标识位 SM1.0 置 1。

②对右移位指令,使能输入有效时,将输入的无符号数字节、字或双字右移 N 位后,移出位自动补 0,将结果输出到 OUT 指定的存储单元中。最后一次移出位保存在 SM1.1。

③对循环移位指令,将输入 IN 中的各位向右或向左循环移动 N 位后,送给输出 OUT。循环移位是环形的,即被移出来的位将返回到另一端空出来的位置。移出的最后一位的数值放在溢出位 SM1.1。

④对移位寄存器指令,SHRB 是移位长度可调的移位指令,将从 DATA 端输入的二进制数值移入到移位寄存器中。S _ BIT 为寄存器的最低位地址。字节型变量 N 为移位寄存器的长度(1 ~ 64),N 为正值时表示左移位,输入数据(DATA)移入移位寄存器的最低位(S _ BIT),并移出移位寄存器的最高位,移出的数据被放置在溢出内存位(SM1.1)中。N 为负值表示右移位,输入数据移入移位寄存器的最高位中,并移出最低位(S _ BIT),移出的数据被放置在溢出内存位(SM1.1)中。

三、任务解决方案

分析:8 个彩灯分别接 Q0.0 ~ Q0.7,可以用字节的循环移位指令进行循环移位控制。置彩灯的初始状态为 QB0 = 1,即左边第一盏灯亮;接着灯从左到右以 1 s 的速度依次点亮,即要求字节 QB0 中的 1 用循环左移位指令每 1 s 移动一位,因此须在 ROL _ B 指令的 EN 端接一个 1 s 的移位脉冲。梯形图程序如图 5.8 所示。

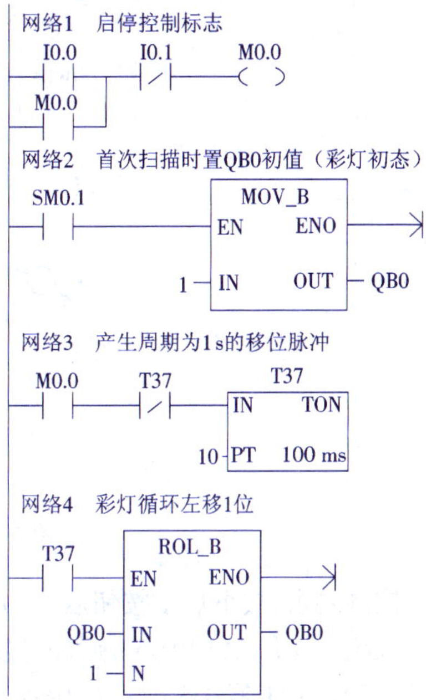

图 5.8　彩灯控制程序

四、应用实例

【例 5.6】　用 I0.0 控制 16 个彩灯循环移位,从左到右以 2 s 的速度依次 2 个为一组点亮,保持任意时刻只有 2 个指示灯亮,到达最右端后,再从左到右依次点亮,按下 I0.1 后,彩灯循环停止。

分析:16 个彩灯分别接 Q0.0 ~ Q1.7,可以用字节的循环移位指令,进行循环移位控制。置彩灯的初始状态为 QB0 = 3,即左边第 1、2 盏灯亮;接着灯从左到右以2 s的速度依次点亮,即要求字节 QB0 中的“11”用循环左移位指令每 2 s 移动一位,因此须在 ROL _ W 指令的 EN 端接一个 2 s 的移位脉冲。梯形图程序如图 5.9 所示。

【例 5.7】　用 PLC 构成对喷泉的控制。喷泉的 12 个喷水柱用 L1 ~ L12 表示,喷水注的布局如图 5.10 所示。

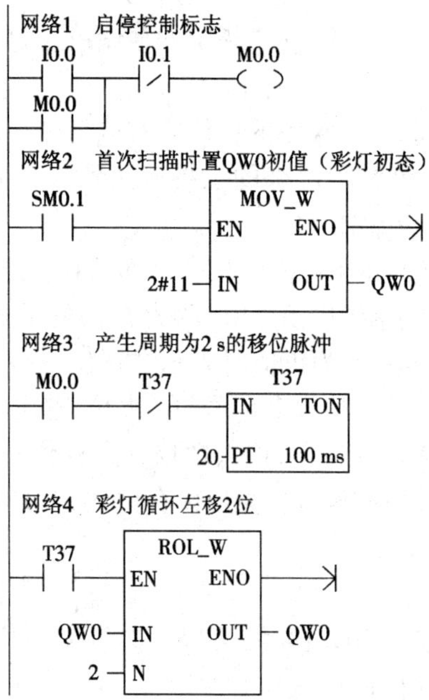

图 5.9　彩灯循环控制梯形图程序

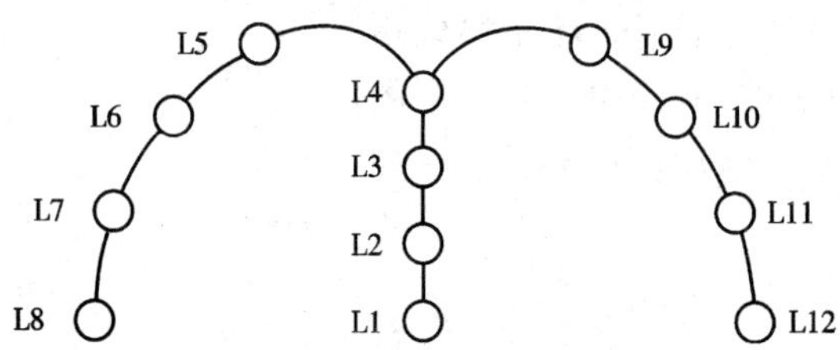

图 5.10　喷泉控制示意

控制要求：按下启动按钮后，L1 喷 0.5 s 后停，接着 L2 喷 0.5 s 后停，接着 L3 喷 0.5 s 后停，接着 L4 喷 0.5 s 后停，接着 L5、L9 喷 0.5 s 后停，接着 L6、L10 喷 0.5 s 后停，接着 L7、L11 喷 0.5 s 后停，接着 L8、L12 喷 0.5 s 后停，L1 喷 0.5 s 后停，如此循环下去，直至按下停止按钮。

I/O 分配如表 5.9 所示，对应的梯形图程序如图 5.11 所示。

表 5.9　I/O 分配

输入 PLC 地址	说　明	输出 PLC 地址	说　明
I0.0	启动按钮	Q0.0 ~ Q0.3	L1 ~ L4
I0.1	停止按钮	Q0.4	L5、L9

续表

输入 PLC 地址	说　明	输出 PLC 地址	说　明
		Q0.5	L6、L10
		Q0.6	L7、L11
		Q0.7	L8、L12

分析：在移位寄存器指令 SHRB 中，EN 连接移位脉冲 T37，每来一个脉冲的上升沿，移位寄存器移动一位。M10.0 为数据输入端 DATA。根据控制要求，每次只有一个输出，因此只需要在第 1 个移位脉冲到来时由 M10.0 送入移位寄存器 S _ BIT 位（Q0.0）一个“1”，第 2 个脉冲至第 8 个脉冲到来时由 M10.0 送入 Q0.0 的值均为“0”，这在程序中由定时器 T38 延时 0.5 s 导通一个扫描周期实现，第 8 个脉冲到来时 Q0.7 置位为 1，同时通过与 T38 并联的 Q0.7 常开触点使 M10.0 置位为 1，在第 9 个脉冲到来时由 M10.0 送入 Q0.0 的值又为 1，如此循环下去，直至按下停止按钮。

动动脑吧：T38 在此程序中的作用是什么？

五、动手试一试

移位指令编程举例如表 5.10 所示。

移位寄存器编程举例如表 5.11 所示。

思考：移位寄存器指令是如何实现移位的？

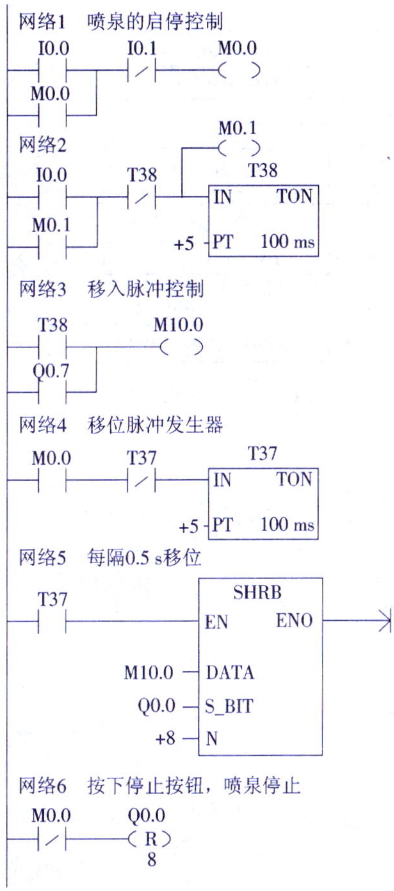

图 5.11　例 5.7 的梯形图程序

表 5.10 移位指令编程举例

梯形图程序

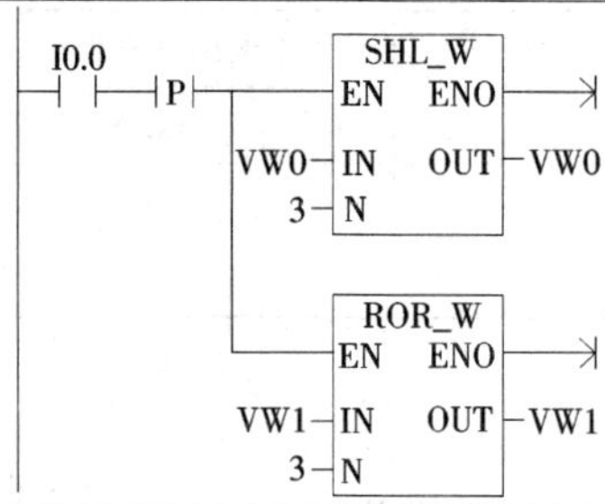

说明

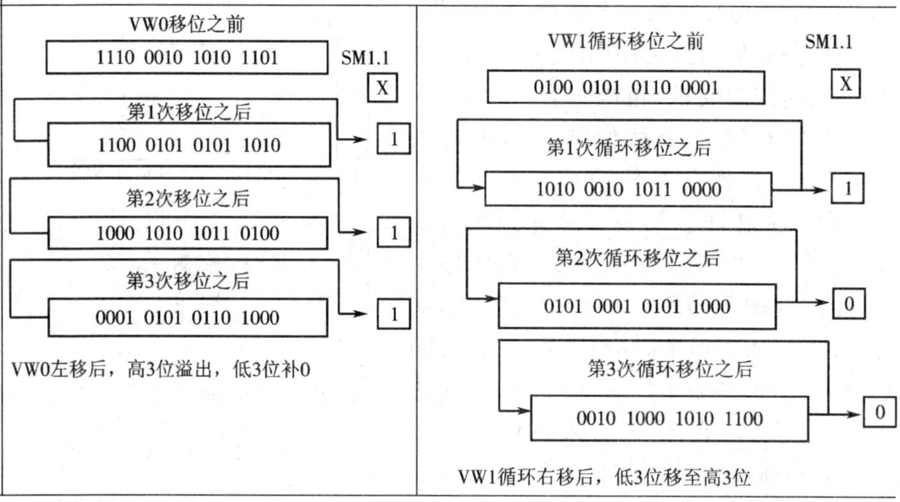

表 5.11 移位寄存器编程举例

梯形图程序

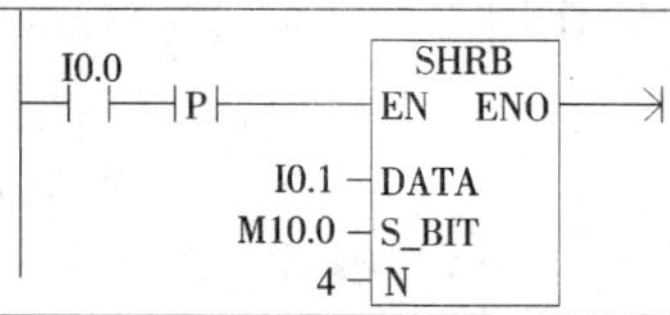

说明

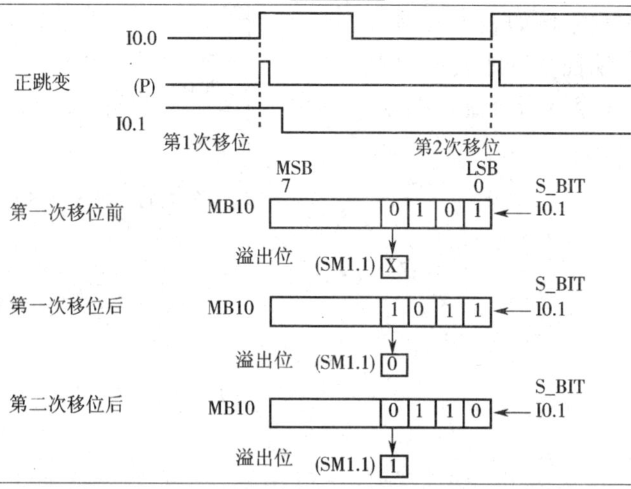

任务四　数据的运算

一、任务提出

在模拟量数据采集中，为了防止干扰，经常通过程序进行数据滤波，其中一种方法为平均值滤波法。要求连续采集 5 次数作平均，并以其值作为采集数。这 5 个数通过 5 个周期进行采集。请设计该滤波程序。

在这个程序中，需要用到运算指令，PLC 可以提供什么样的运算指令实现上述操作呢？

二、相关新知识

数据运算指令主要实现数据加、减、乘、除等四则运算，常用的函数变换及实现数据逻辑“与”“或”及取反等运算，多用于实现按数据的运算结果进行控制的场合，如自动配料系统、工程量的标准化处理、自动修改指针等。

1.加减运算指令

(1)加减运算指令格式及功能

加减运算指令格式及功能如表 5.12 所示。

表 5.12　加减运算指令

梯形图程序			语句表程序	指令功能
ADD_I EN ENO IN1 OUT IN2	ADD_DI EN ENO IN1 OUT IN2	ADD_R EN ENO IN1 OUT IN2	+I IN1,OUT +D IN1,OUT +R IN1,OUT	加指令：实现整数、双整数和实数的加法运算 IN1 + IN2 = OUT
SUB_I EN ENO IN1 OUT IN2	SUB_DI EN ENO IN1 OUT IN2	SUB_R EN ENO IN1 OUT IN2	-I IN1,OUT -D IN1,OUT -R IN1,OUT	减指令：实现整数、双整数和实数的减法运算 IN1 - IN2 = OUT

说明：

①IN1、IN2 指定加数(或减数)及被加数(或被减数)。如果 OUT 与 IN2 为同一存储器，则在语句表指令中不需要使用数据传送指令，可减少指令条数，从而减少存储空间。

②操作数的寻址范围要与指令码一致。OUT 不能寻址常数。

③该指令影响特殊内部寄存器位 SM1.0（零）、SM1.1（溢出）、M1.2(负)。

④如果 OUT 与 IN 不同，将首先执行数据传送指令，将 IN1 传送给 OUT，再执行 IN2 + OUT，结果送给 OUT。

(2)动手试一试

加减指令编程举例如表 5.13 所示。

表 5.13　加减指令编程举例

梯形图程序	语句表程序	说　明
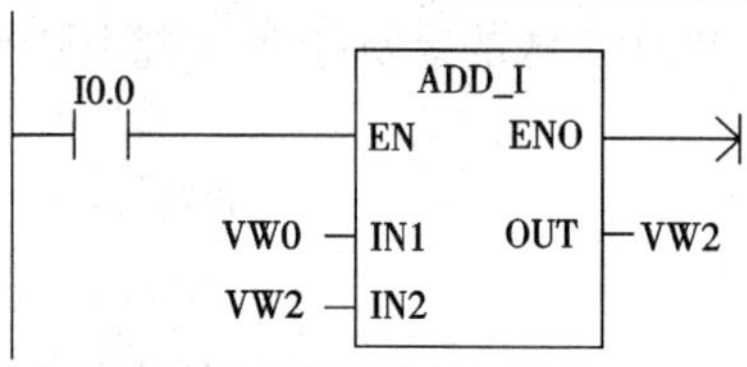	LD I0.0 +I VW0,VW2	当输入 I0.0 为“1”时，整数相加指令 ADD _ I 将 VW0 + VW2 结果送给 VW2
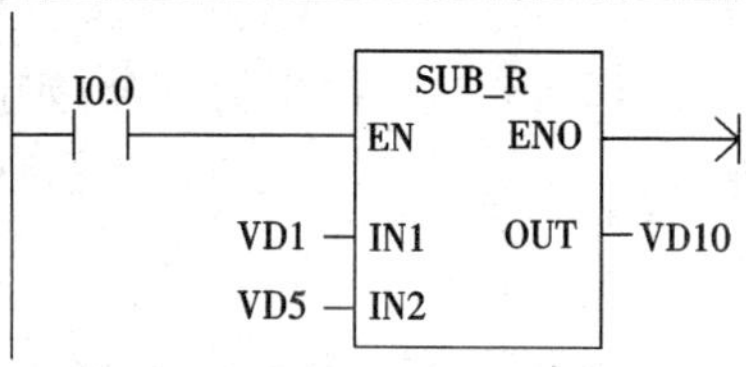	LD　I0.0 MOVR　VD1, VD10 -R　VD5, VD10	当输入 I0.0 为“1”时，实数相减指令 SUB _ R 将 VD1 - VD5 结果送给 VD10

2.乘除运算指令

(1)乘除运算指令格式及功能

乘除运算指令格式及功能如表 5.14 所示。

表 5.14　乘除运算指令

梯形图程序	语句表程序	指令功能
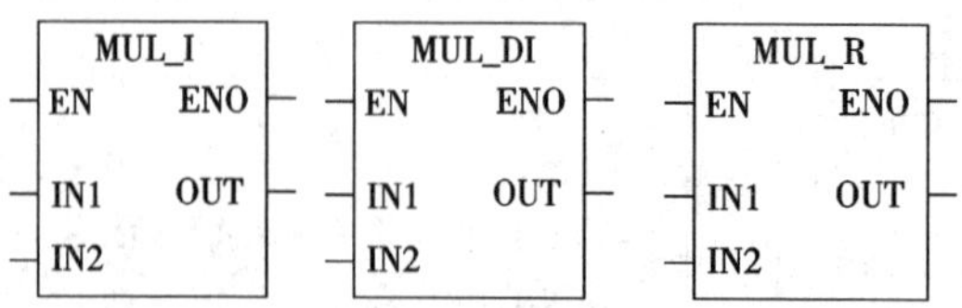	*I IN1,OUT *D IN1,OUT *R IN1,OUT	乘法指令：实现整数、双整数和实数的乘法运算 IN1 * IN2 = OUT
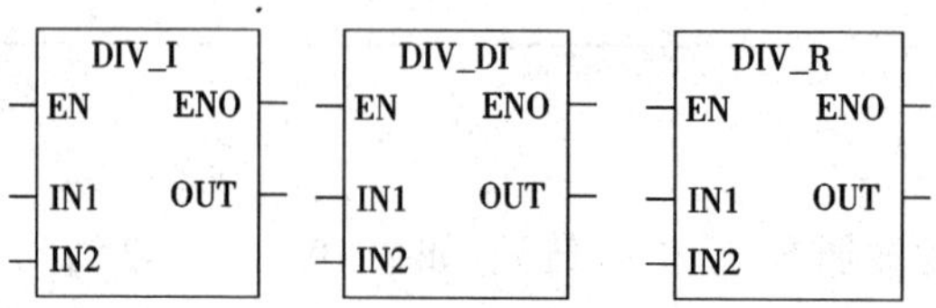	/I IN1,OUT /D IN1,OUT /R IN1,OUT	除法指令：实现整数、双整数和实数的除法运算 IN1/IN2 = OUT

续表

梯形图程序	语句表程序	指令功能
	MUL IN1,OUT	整数乘法产生双整数指令：二个 16 位整数相乘，得到一个 32 位整数乘积
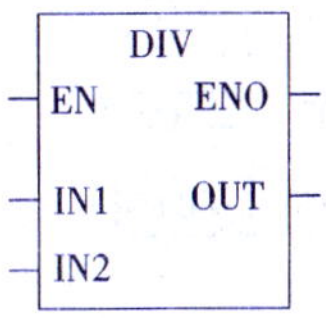	DIV IN1,OUT	带余数的除法指令：二个 16 位整数相除，得到一个 32 位的结果，高 16 位为余数，低 16 位为商

说明：

①操作数的寻址范围要与指令码中一致，OUT 不能寻址常数。

②在梯形图中，IN1 * IN2 = OUT，IN1 / IN2 = OUT；在语句表中，IN1 * OUT = OUT，OUT / IN1 = OUT。

③整数及双整数乘除法指令，使能输入有效时，将两个 16 位（或 32 位）有符号整数相乘（或除），并产生一个 32 位积（或商），从 OUT 指定的存储单元输出。除法不保留余数。如果乘法输出结果大于一个字，则溢出位 SM1.1 置位为 1。

④该指令影响下列特殊内存位，即 SM1.0（零）、SM1.1（溢出）、SM1.2（负）、SM1.3（除数为 0）。

（2）动手试一试

乘除指令编程举例如表 5.15 所示。

表 5.15　乘除指令编程举例

梯形图程序	语句表程序	说　明
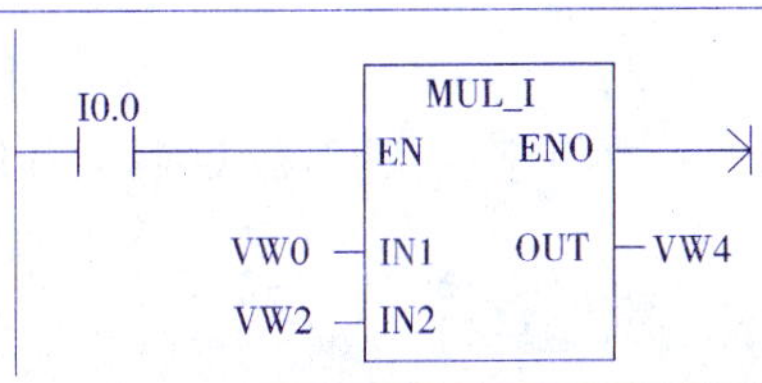	LD　I0.0 MOVW VW0, VW4 *I　VW2, VW4	当输入 I0.0 为“1”时，整数相乘指令 MUL _ I 将 VW0 * VW2 结果送给 VW4
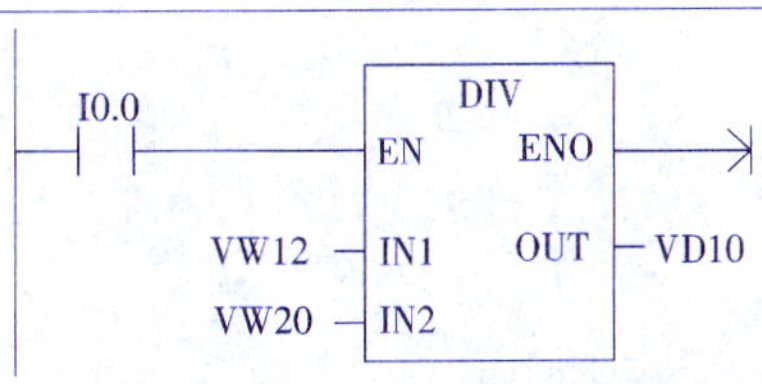	LD　I0.0 DIV　VW20, VD10	当输入 I0.0 为“1”时，除法指令将 VW12/VW20 的结果商送给 VW12，余数送 VW10

三、任务解决方案

上述任务可通过梯形图程序(图 5.12)完成。

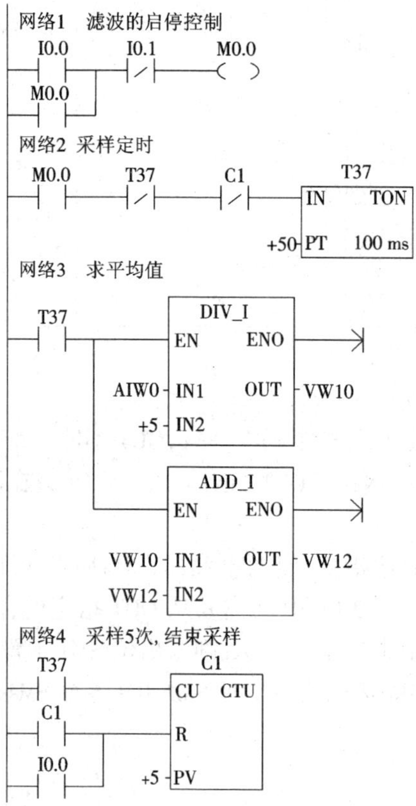

图 5.12　模拟量滤波梯形图程序

四、其他数据运算类指令

1.加 1、减 1 运算指令

加 1、减 1 运算指令用于对输入无符号数字节、有符号字、有符号数双字进行加 1 或减 1 的操作。

(1)加 1、减 1、指令格式及功能

加 1、减 1 指令格式及功能如表 5.16 所示。

表 5.16　加 1、减 1 指令

梯形图程序	语句表程序	指令功能
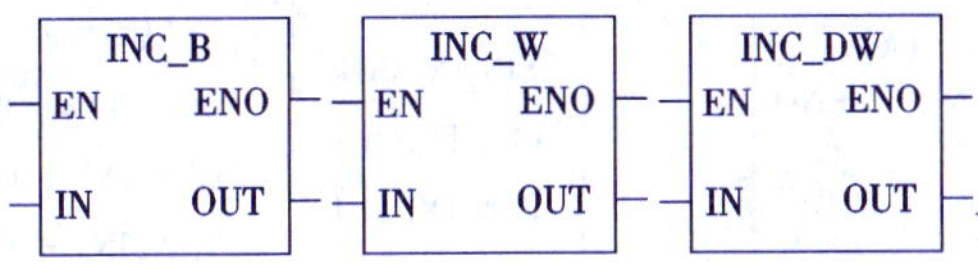	INCB OUT INCW OUT INCD OUT	加 1 指令：实现字节、整数和双整数的加 1 运算
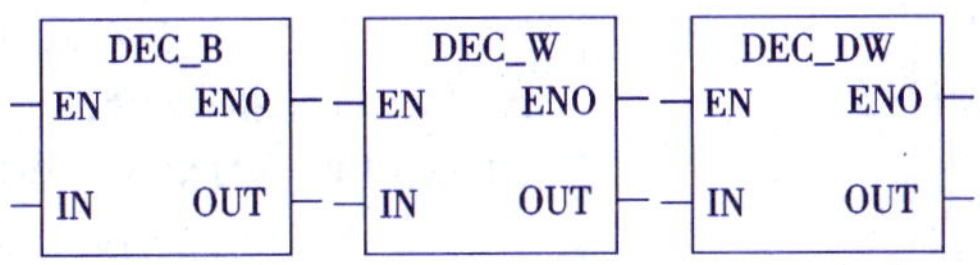	DECB OUT DECW OUT DECD OUT	减 1 指令：实现字节、整数和双整数的减 1 运算

说明：

①操作数的寻址范围要与指令码中一致，其中对字节操作时不能寻址专用的字及双字存储器，如 T、C 及 HC 等；对字操作时不能寻址专用的双字存储器 HC；OUT 不能寻址常数。

②在梯形图中，IN + 1 = OUT，IN - 1 = OUT；在语句表中，OUT + 1 = OUT，OUT - 1 = OUT。如果 OUT 与 IN 为同一存储器，则在语句表指令中不需要使用数据传送指令，可减少指令条数，从而减少存储空间。

(2)动手试一试

加 1、减 1 指令编程举例如表 5.17 所示。

表 5.17　加 1、减 1 指令编程举例

梯形图程序	语句表程序	说　明
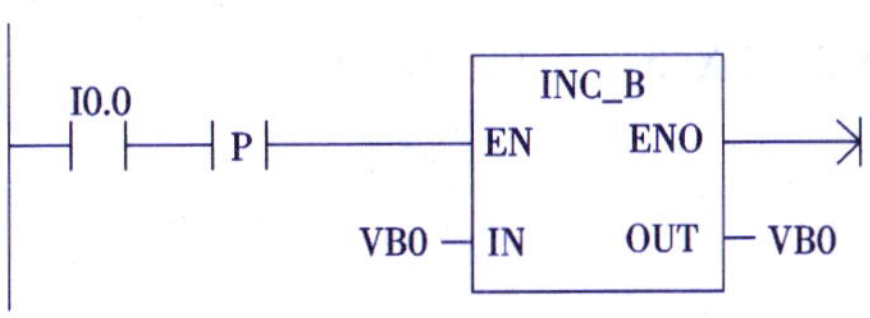	LD　I0.0 EU INCB　VB0	I0.0 接通一次，VB0 的内容自动加 1
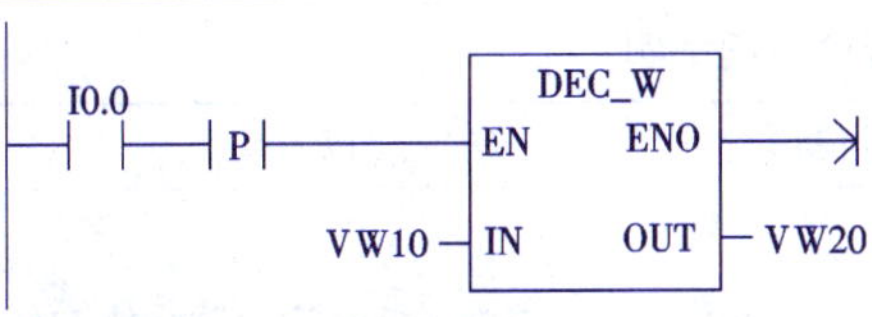	LD　I0.1 EU MOV　WVW10, VW20 DECW　VW20	I0.1 接通一次，VW10 送给 VW20

2. 函数运算指令

(1)函数运算指令格式及功能

函数运算指令格式及功能如表 5.18 所示。

表 5.18　函数运算指令

梯形图程序	语句表程序	指令功能
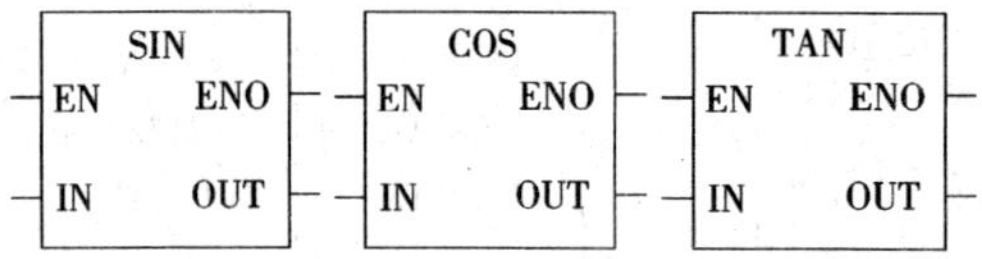	SIN IN,OUT COS IN,OUT TAN IN,OUT	三角函数指令： SIN(IN) = OUT COS(IN) = OUT TAN(IN) = OUT
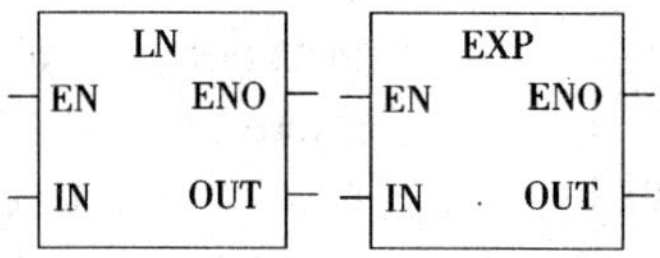	LN IN,OUT EXP IN,OUT	自然对数和自然指数指令： LN(IN) = OUT EXP(IN) = OUT
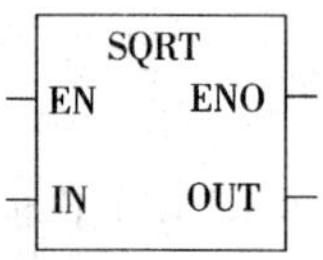	SQRT IN,OUT	平方根指令： SQRT(IN) = OUT

说明：

①IN 和 OUT 按双字寻址，不能寻址专用的字及双字存储器 T、C、HC 等，OUT 不能寻址常数。

②三角函数指令 SIN、COS、TAN 计算角度输入值的三角函数，输入以弧度为单位。

③自然对数指令 LN 与自然指数指令 EXP 配合，可以实现以任意实数为底、任意实数为指数(包括分数指数)的运算。

【例】 5 的立方 = 5^3 = EXP[3 × LN(5)] = 125；

125 的立方根 = 125^(1/3) = EXP[(1/3) × LN(125)] = 5；

5 的立方的平方根 = 5^(3/2) = EXP[3/2 × LN(5)] = 11.18034。

(2)动手试一试

函数运算指令编程举例如表 5.19 所示。

表 5.19　函数运算指令编程举例

梯形图程序	语句表程序	说　明
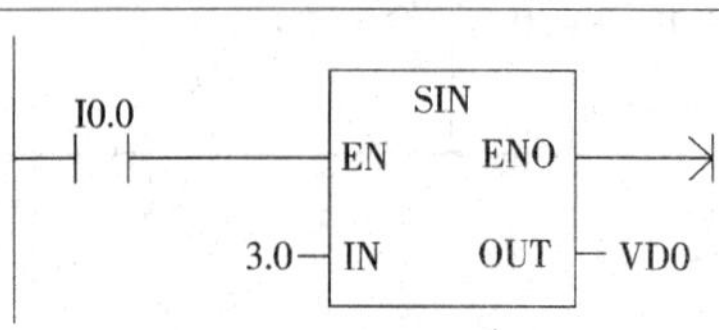	LD　I0.0 SIN　3.0,VD0	当输入 I0.0 为“1”时，使 VD0 = SIN(3.0)

续表

梯形图程序	语句表程序	说　明
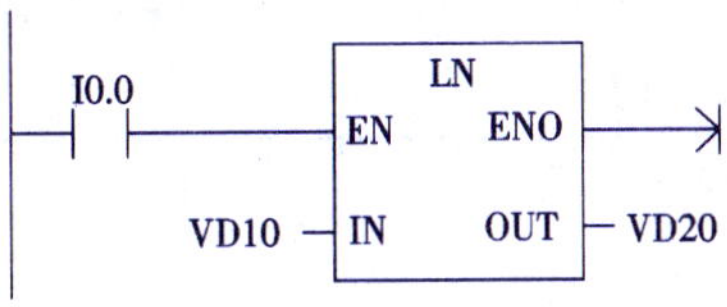	LD　I0.0 LN　VD10, VD20	当输入 I0.0 为"1"时，使 VD20 = LN(VD10)
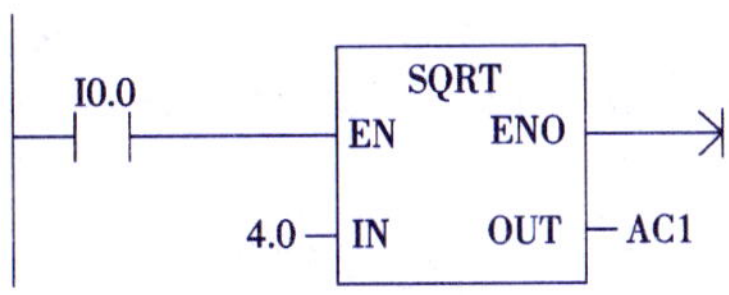	LD　I0.0 SQRT　4.0, AC1	当输入 I0.0 为"1"时，使 SQRT (4.0) = AC1

3.逻辑运算指令

逻辑运算指令是对无符号数进行的逻辑处理，主要包括逻辑"与"、逻辑"或"、逻辑"异或"及逻辑取反等操作，可用于存储器的清零、设置标识位等。

(1)逻辑运算指令格式及功能

逻辑运算指令格式及功能如表 5.20 所示。

表 5.20　逻辑运算指令

梯形图程序	语句表程序	指令功能
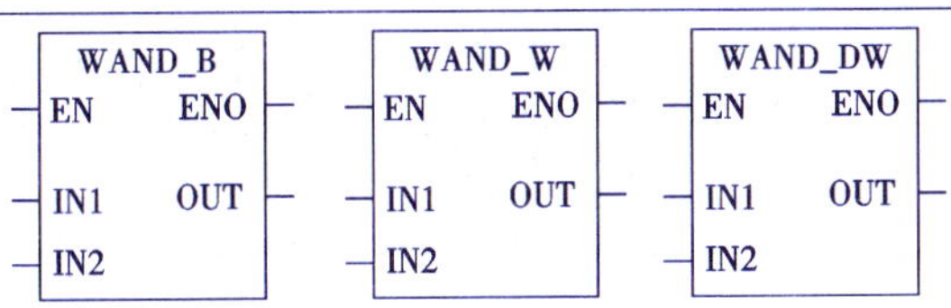	ANDB IN1, OUT ANDW IN1, OUT ANDD IN1, OUT	"与"运算指令：实现字节、字、双字的与运算
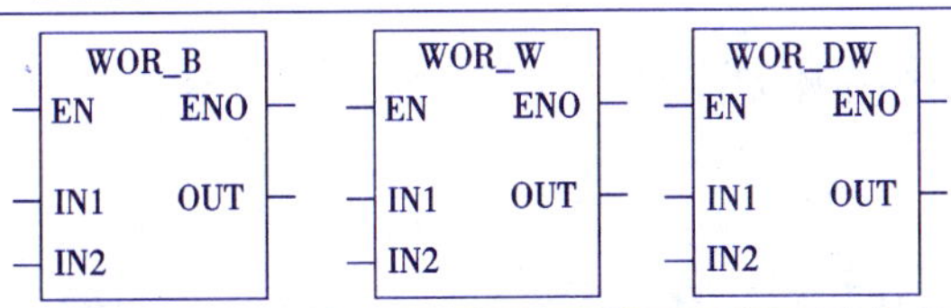	ORB IN1, OUT ORW IN1, OUT ORD IN1, OUT	"或"运算指令：实现字节、字、双字的或运算
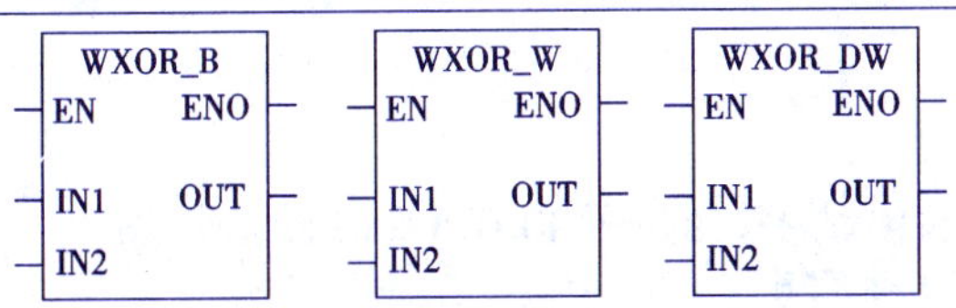	XORB IN1, OUT XORW IN1, OUT XORD IN1, OUT	"异或"运算指令：实现字节、字、双字的"异或"运算
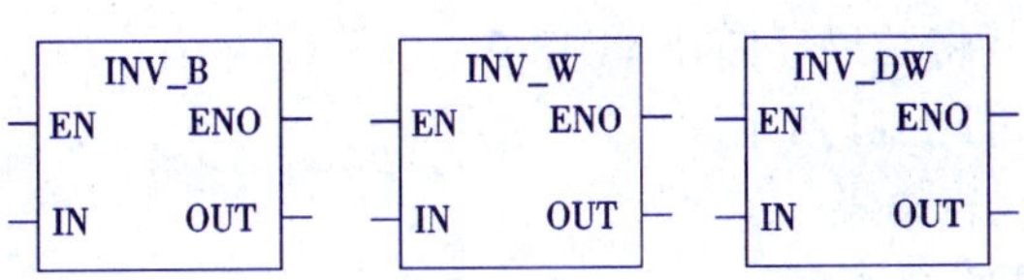	INVB OUT INVW OUT INVD OUT	取反运算指令：实现字节、字、双字的按位取反运算

(2)动手试一试

逻辑指令编程举例如表 5.21 所示。

表 5.21　逻辑指令编程举例

梯形图程序	语句表程序	说　明
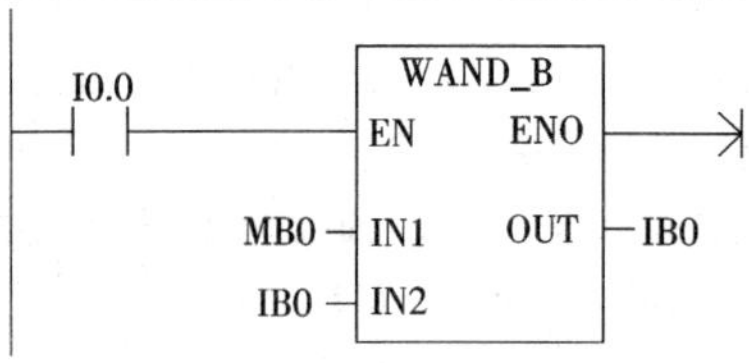	LD　I0.0 ANDB　MB0, IB0	当输入 I0.0 为“1”时,MB0 与 IB0 按位相“与”,结果在 IB0 中
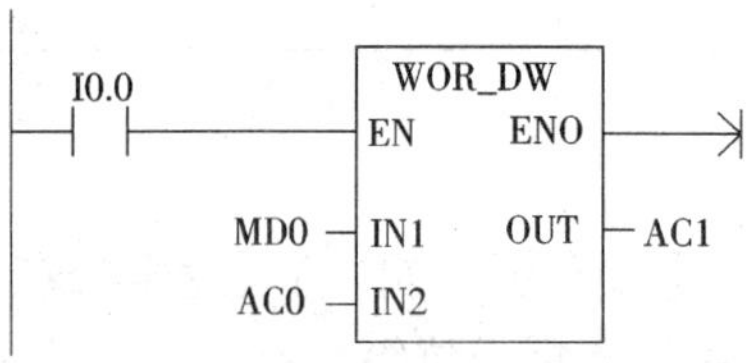	LD　I0.0 MOVD　MD0, AC1 ORD　AC0, AC1	当输入 I0.0 为“1”时,MD0 与 AC0 按位相“或”,结果在 AC1 中。OUT 与 IN2 不是同一寄存器,所以在语句表程序中需要使用数据传送指令
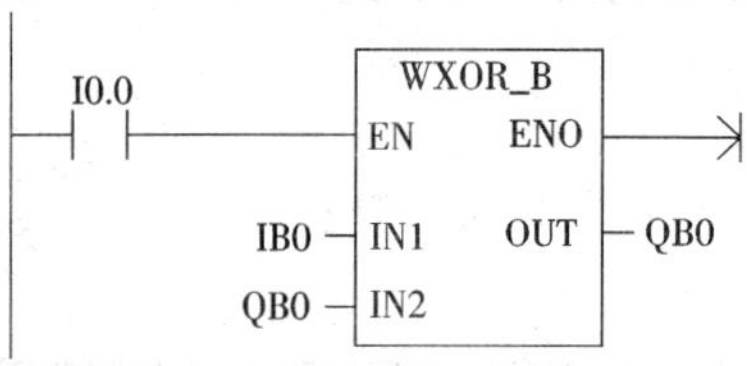	LD　I0.0 XORB　IB0, QB0	当输入 I0.0 为“1”时, IB0 与 QB0 按位相“异或”,结果在 QB0 中
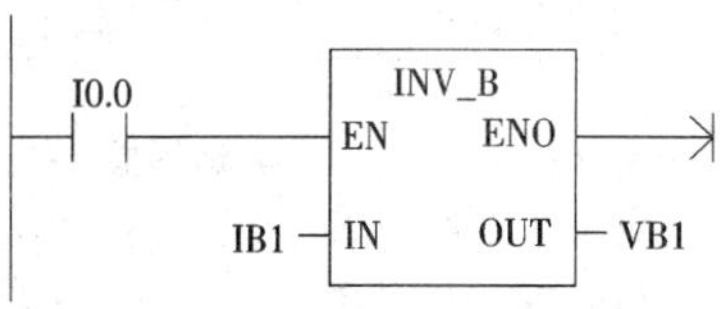	LD　I0.0 MOVB　IB1, VB1 INVB　VB1	当输入 I0.0 为“1”时, IB1 按位取反,结果在 VB1 中

提示:在上述命令的尝试中,不要忘记条件的营建。

五、应用实例

【例 5.8】　在程序初始化时,设置 AC1 为 1 000,当按下 I0.0,AC1 的值每隔 10 s 减 100,一直减到 0 为止。

其梯形图程序如图 5.13 所示。

动动手吧:在程序初始化时,将 VW10 清零,当按下 I0.0,VW10 的值每隔 10 s 加 50,一直加到 1 000 为止。

【例 5.9】　求角度 50°的余弦值,并将结果存储在 VD18 中。

对应的梯形图程序及运行结果如图 5.14 所示。

【例 5.10】　分析图 5.13 程序的执行结果。

对应的梯形图程序及运行结果如图 5.15 所示。

动动脑吧：分析结果 VB12 和 VB14，你会得到什么结论？

【例 5.11】 如果想知道 IB0，在 10 s 之后有哪些位发生了变化，怎样操作？

其梯形图程序如图 5.16 所示。

动动脑吧：VB0 和 VB1 中存放的是前后两次采集的 8 位数字量的状态，它们进行“异或”运算的结果存入 VB0。如果 VB0 不是全 0，那就说明其中某些位的状态发生了变化，请分析一下为什么能够说明这个变化？

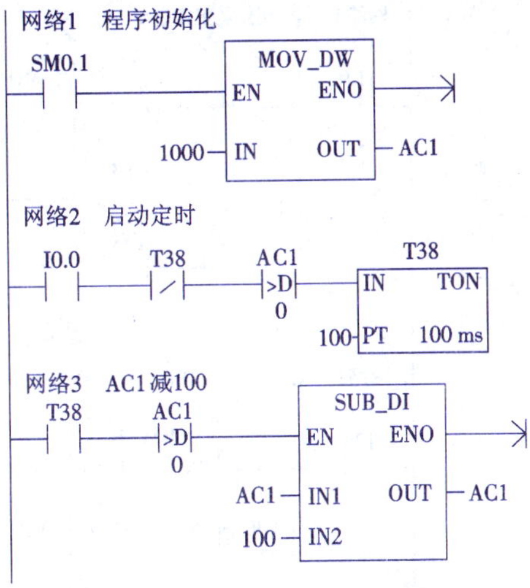

图 5.13　例 5.8 的梯形图程序

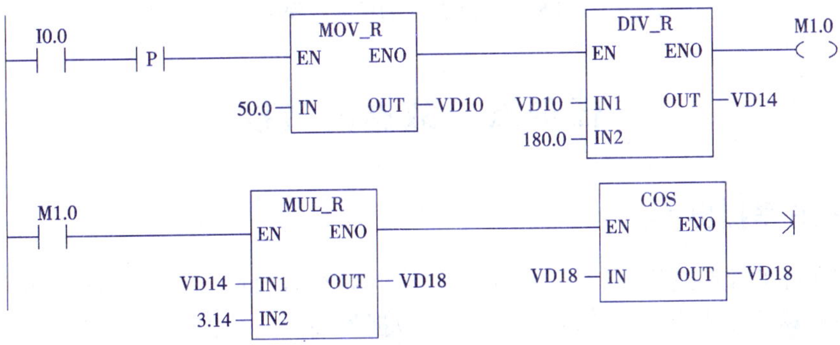

图 5.14　例 5.9 的梯形图程序

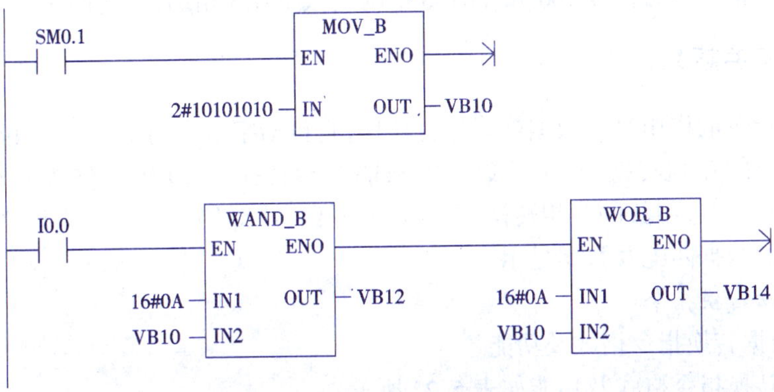

图 5.15　例 5.10 的梯形图程序

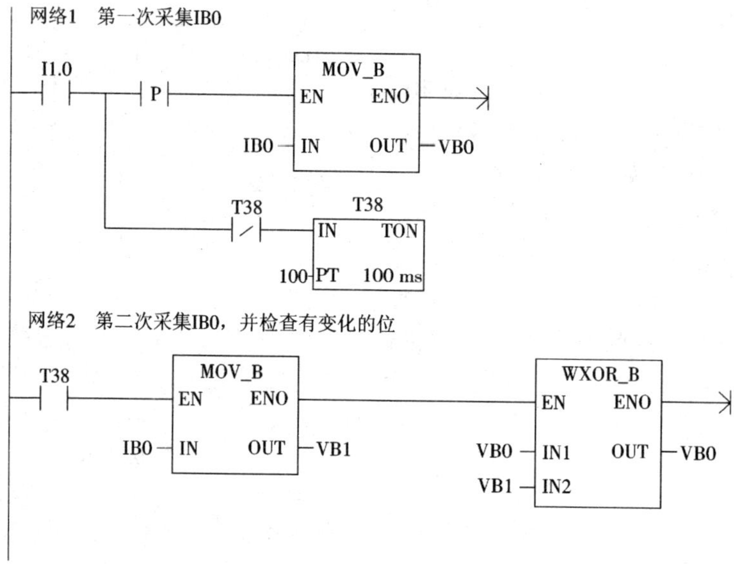

图 5.16　例 5.11 的梯形图程序

任务五　数据的转换

一、任务提出

在实际的控制过程中，经常要对不同类型的数据进行运算。数据运算指令中要求参与运算的数值为同一类型。为了实现数据处理时的数据匹配，要对数据格式进行转换。

若将 VW10 中的整数 100 和 VD100 中的实数 190.5 相加，如何操作？

二、相关新知识

转换指令的作用是对数据格式进行转换，它包括字节数与整数的互相转换、整数与双字整数的互相转换、双字整数与实数的互相转换、BCD 码与整数的互相转换、ASCII 码与十六进制数的互相转换以及编码、译码、段译码等操作。它们主要用于数据处理时的数据匹配及数据显示。

1. 数据转换指令

(1)数据转换指令格式及功能

数据转换指令格式及功能如表 5.22 所示。

表 5.22　数据转换指令

梯形图程序	语句表程序	说　明
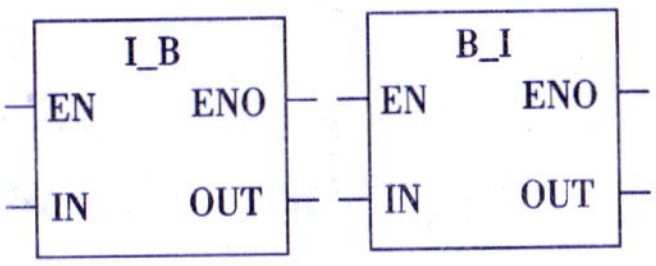	ITB IN,OUT BTI IN,OUT	整数转换成字节 字节转换成整数
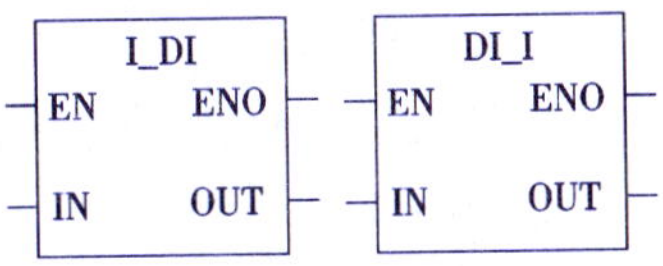	ITD IN,OUT DTI IN,OUT	整数转换成双整数 双整数转换成整数
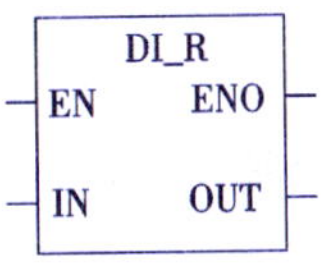	DTR IN,OUT	双字整数转换成实数
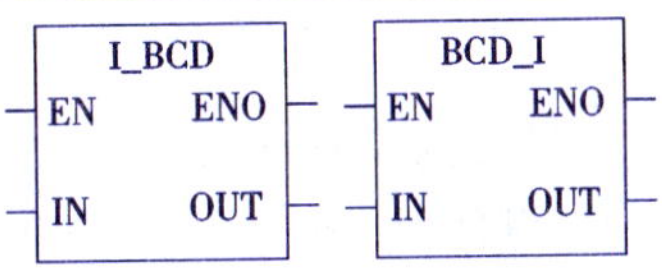	IBCD OUT BCDI OUT	整数转换成 BCD 码 BCD 码转换成整数
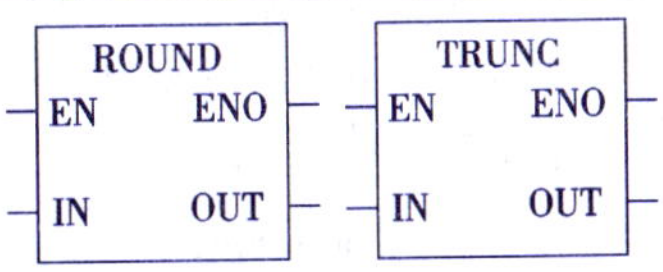	ROUND IN,OUT TRUNC IN,OUT	实数四舍五入为双整数 实数取整为双整数
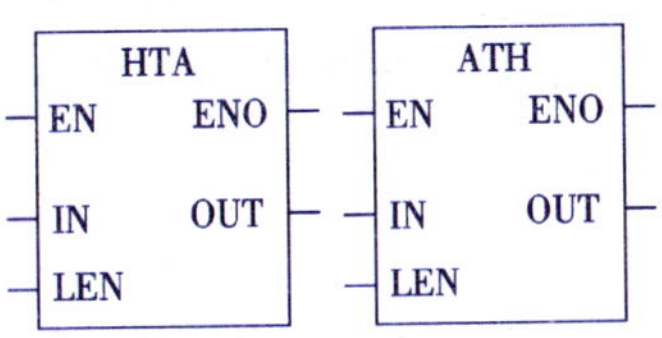	HTA IN,OUT,LEN ATH IN,OUT,LEN	ATH 指令把从 IN 字符开始、长度为 LEN 的 ASCII 码字符串转换成十六进制数,存放在从 OUT 开始的单元 HTA 指令把从 IN 开始、长度为 LEN 的十六进制数转换为 ASCII 码,存放在从 OUT 开始的单元

说明:

①操作数不能寻址一些专用的字及双字存储器,如 T、C、HC 等。OUT 不能寻址常数。

②ATH 及 HTA 指令各操作数按字节寻址,不能对一些专用字及双字存储器如 T、C、HC 等寻址,LEN 可寻址常数。

③ATH 指令中,ASCII 码字符串的最大长度为 255 个字符;HTA 指令中,可转换的十六进制数的最大个数也为 255。合法的 ASCII 码字符的十六进制值在 30 ~ 39 和 41 ~ 46之间。

(2)动手试一试

数据转换指令编程举例如表 5.23 所示。

表 5.23　数据转换指令编程举例

梯形图程序	语句表程序	说　明
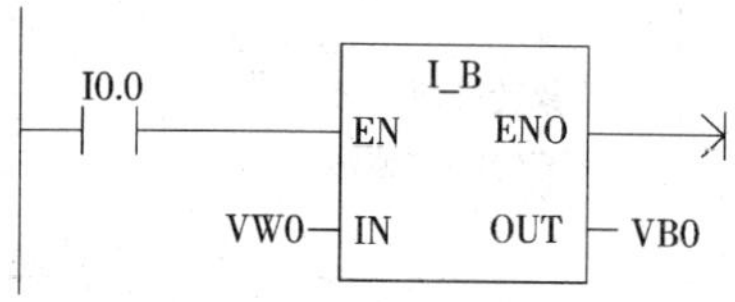	LD I0.0 ITB VW0,VB0	当输入 I0.0 为"1"时,将 VW0 中的整数转换成字节存入 VB0
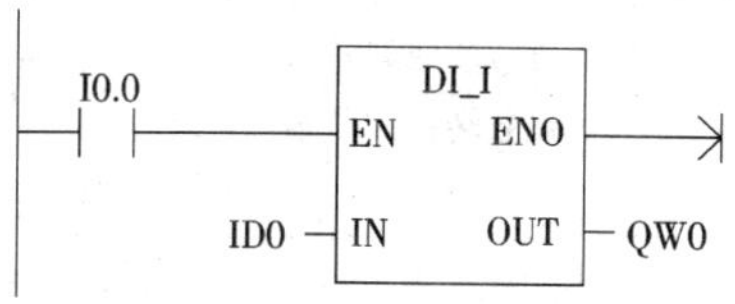	LD　I0.0 DTI　ID0, QW0	当输入 I0.0 为"1"时,将 ID0 中的双整数转换成整数存入 QW0
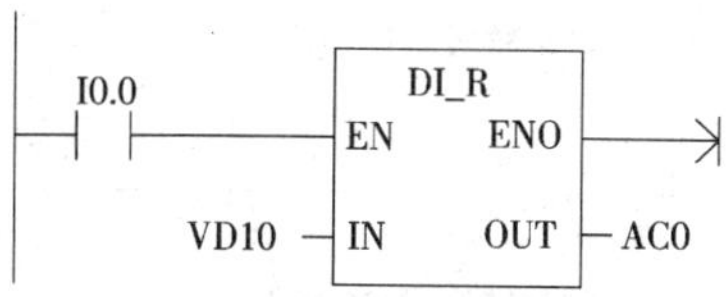	LD　I0.0 DTR　VD0, AC0	当输入 I0.0 为"1"时,将 VD0 中的双整数转换成实数存入 AC0
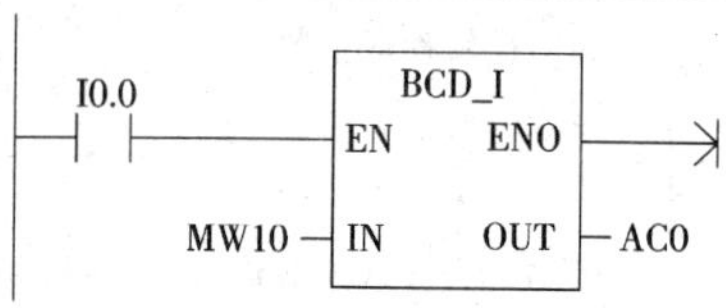	LD　　I0.0 MOVW MW10, AC0 BCDI　AC0	当输入 I0.0 为"1"时,将 MW10 中的 BCD 码转换成整数存入 AC0。输入与输出变量不同,将使用数据传送指令将输入传送至输出变量
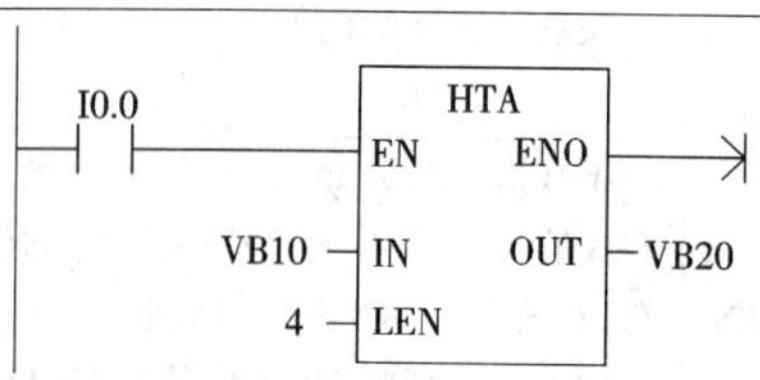	LD　I0.0 HTA　VB10, VB20, 4	当输入 I0.0 为"1"时,将 VB10 开始的 2 个十六进制数转换成 4 个 ACSII 码,存放在 VB20 开始的单元
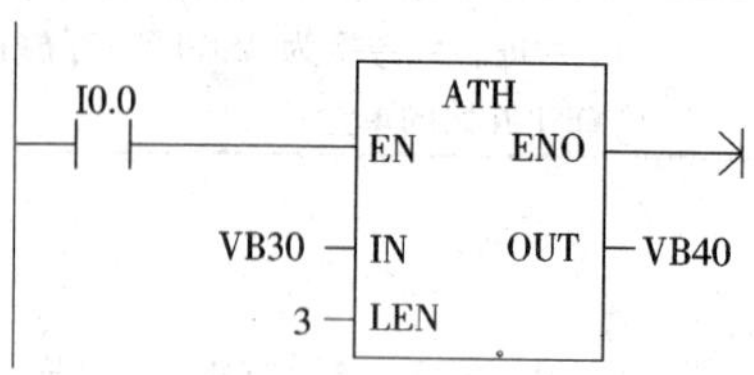	LD　I0.0 ATH　VB30, VB40, 3	当输入 I0.0 为"1"时,将 VB30 开始的 3 个 ASCII 码转换成十六制数,存放在 VB40 开始的单元 '3'　'E' 'A' 33 45 41　ATH　3E Ax VB30　　　　VB40

2.段译码、编码、译码指令

(1)段译码、编码、译码格式及功能

段译码、编码、译码指令格式及功能如表 5.24 所示。

表 5.24　段译码、编码、译码指令

梯形图程序	语句表程序	指令功能
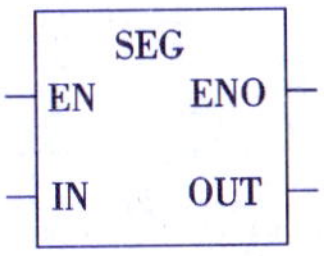	SEG IN,OUT	段译码指令:将输入字节 IN 的低 4 位有效数字值转换为 7 段显示码,并输出到字节 OUT
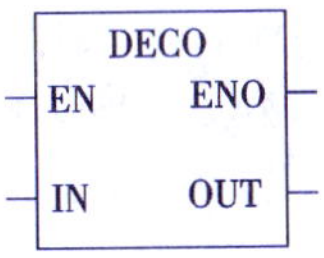	DECO IN,OUT	译码指令:根据输入字节 IN 的低 4 位所表示的位号(十进制数)将输出字 OUT 相应位置 1,其他位置 0
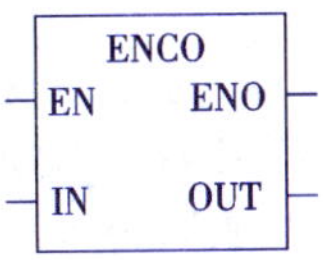	ENCO IN,OUT	编码指令:将输入字 IN 中最低有效位的位号,转换为输出字节 OUT 中的低 4 位数据

说明:

①7 段显示码的编码规则如表 5.25 所示。

表 5.25　7 段显示码的编码规则

IN	OUT	段译码显示	IN	OUT
	. gfe dcba			. gfe dcba
0	0011 1111	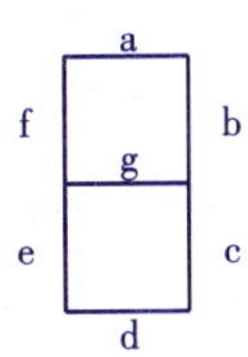	8	0111 1111
1	0000 0110		9	0110 0111
2	0101 1011		A	0111 0111
3	0100 1111		B	0111 1100
4	0110 0110		C	0011 1001
5	0110 1101		D	0101 1110
6	0111 1101		E	0111 1001
7	0000 0111		F	0111 0001

②对于段译码指令,操作数 IN、OUT 均为字节型变量,寻址范围不包括专用的字及双字存储器如 T、C、HC 等,其中 OUT 不能寻址常数。

③对于译码指令,不能寻址专用的字及双字存储器 T、C、HC 等;OUT 为字变量,不能对 HC 及常数寻址。

④对于编码指令,操作数 IN 为字变量,OUT 为字节变量,OUT 不能寻址常数及专用的字、双字存储器 T、C、HC 等。

(2)动手试一试

数据转换指令编程举例如表5.26所示。

表5.26 数据转换指令编程举例

梯形图程序	语句表程序	说 明
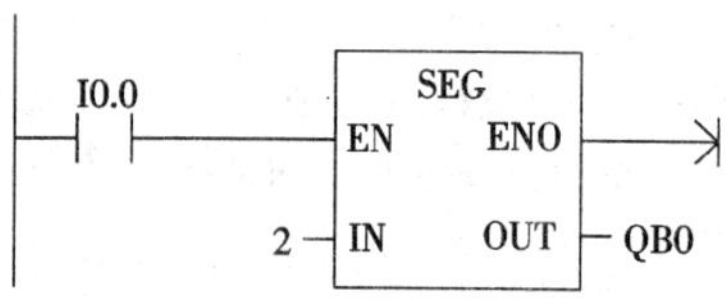	LD I0.0 SEG 2, QB0	当输入I0.0为“1”时,将输入常数“2”转换成七段显示码传送到输出变量QB0
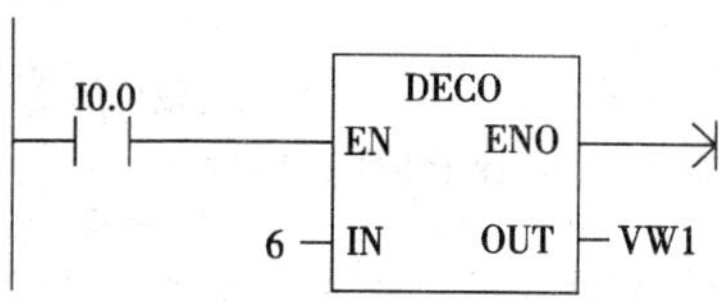	LD I0.0 DECO 6, VW1	当输入I0.0为“1”时,根据输入常数“6”,使输出字VW1的第6位置1,其他位置0
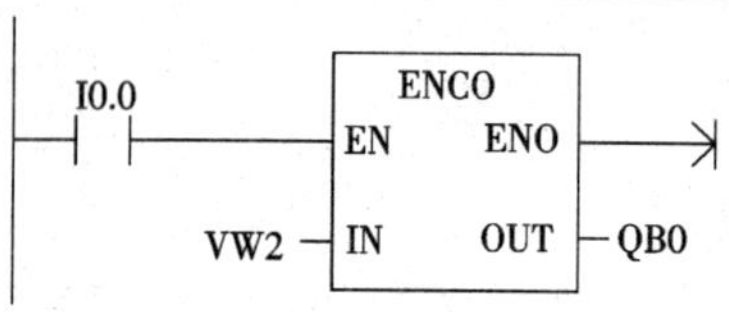	LD I0.0 ENCO VW2, QB0	当输入I0.0为“1”时,将VW2最低有效位的位号,传送到输出变量QB0

三、任务解决方案

上述任务可通过图5.17所示梯形图程序完成。

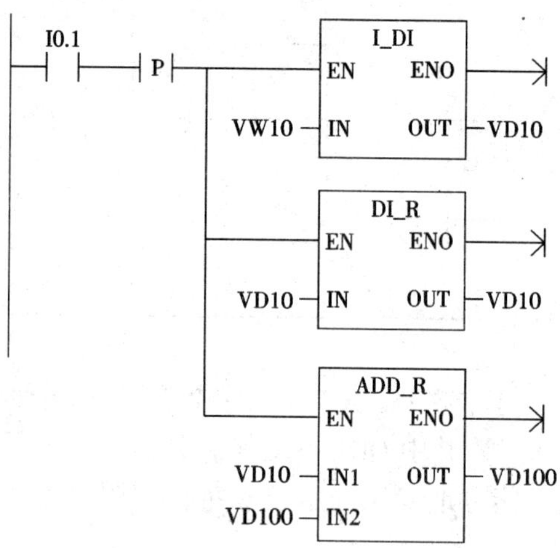

图5.17 数据转换后运算梯形图程序

动动脑吧:分析上面梯形图中每一个功能块的功能。

四、应用实例

【例 5.12】 用 6 路输入开关 K1、K2、K3、K4、K5、K6 实现优先抢答控制。主持人操纵允许抢答和抢答结束按钮。用数码管显示抢中的组号。I/O 分配如表 5.27 所示,对应的梯形图程序如图 5.18 所示。

表 5.27　I/O 分配

PLC 地址	说　明	PLC 地址	说　明
I0.0	允许抢答按钮	I1.1 ~ I1.6	K1 ~ K6
I0.1	抢答结束按钮	Q0.0 ~ Q0.7	数码管

动动脑吧:其他 5 路的抢答程序自己动手编一下。

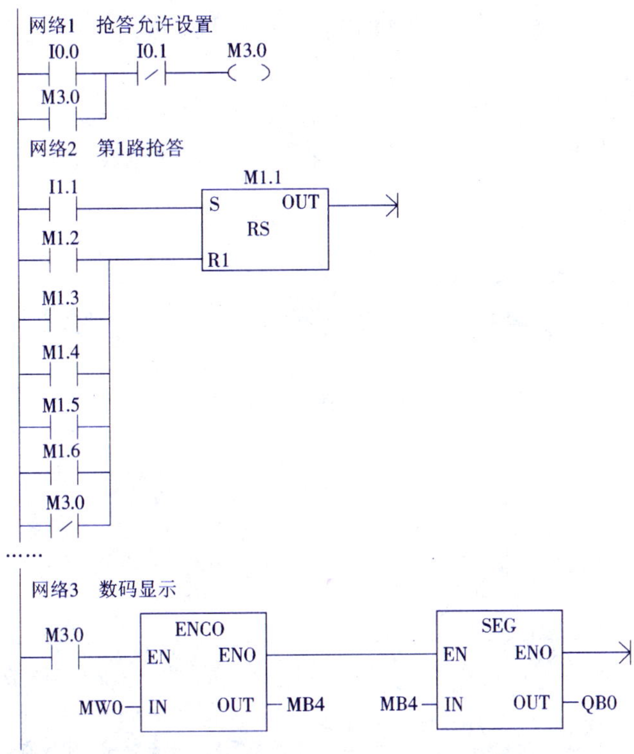

图 5.18　例 5.12 的梯形图程序

任务六 表功能指令的使用

表操作指令用于创建数据表格以及对数据表格中数据进行操作,可用于定义参数表及存储成组数据等。

表 5.28 数据表结构

字地址	数据	含义
VW200	0004	TL(最大填表数)
VW202	0003	EC(实际填表数)
VW204	1233	数据 0(d0)
VW206	2455	数据 1(d1)
VW208	3353	数据 2(d2)
VW210	xxxx	

数据表是用来存放字型数据的表格,如表5.28所示。表格的第一个字地址(首地址)为表地址,首地址中的数值是表格的最大长度(TL),即最大填表数。表格的第二个字地址中的数值是表的实际长度(EC),指定表格中的实际填表数。每次向表格中增加新数据后,EC 加 1。从第三个字地址开始,存放数据(字)。表格最多可存放 100 个数据(字),不包括指定最大填表数(TL)和实际填表数(EC)的参数。

一、任务提出

对某个模拟量采样 10 次,采样值填入表中,为后续的操作作准备,如何操作?

二、相关新知识

1.表操作指令的格式和功能

表操作指令的格式和功能如表 5.29 所示。

表 5.29 表操作指令

梯形图程序	语句表程序	指令功能
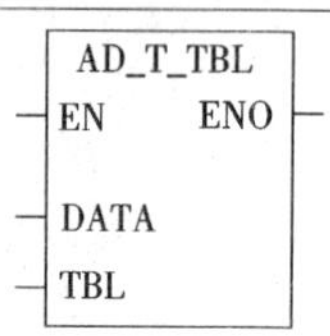	ATT DATA,TBL	填表指令:向表 TBL 中增加一个字值 DATA,新填入的数据放在表格中最后一个数据的后面,EC 的值自动加 1
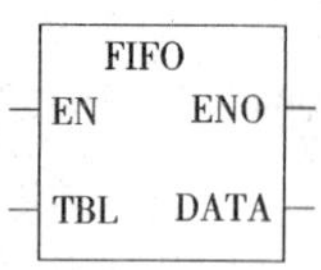	FIFO TABLE,DATA	先入先出指令:将表 TABLE 的第一个字型数据删除,并将它送到 DATA 指定的单元。表中其余的数据项都向前移动一个位置,同时实际填表数 EC 值减 1
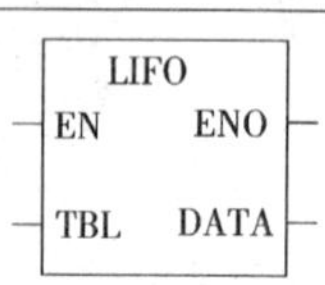	LIFO TABLE,DATA	后入先出指令:将表 TABLE 的最后一个字型数据删除,并将它送到 DATA 指定的单元。剩余数据位置保持不变,同时实际填表数 EC 值减 1

续表

梯形图程序	语句表程序	指令功能
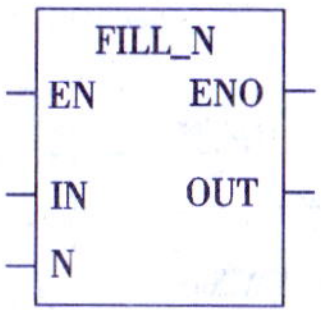	FILL IN,OUT,N	填充指令:用输入字 IN 填充从 OUT 开始的 N 个字存储单元 J(N 的范围为 1~255)
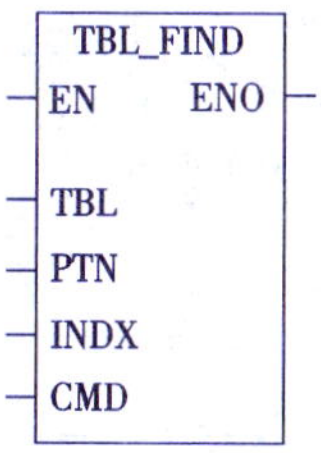	FND = TBL, PTN,INDEX	查表指令:从 INDEX 指定的数据项开始,用给定值 PTN 检索出符合条件(= , < > , < , >)的数据项 如果找到一个符合条件的数据项,则 INDEX 指明该数据项在表中的位置。如果一个也找不到,则 INDEX 的值等于数据表的长度(EC 的值)。为了搜索下一个符合的值,在再次使用该指令之前,必须先将 INDEX 加 1

说明:

①TBL 为表格的首地址(即最大填表数对应的地址),数据类型为字型,操作数可为 VW、IW、QW、MW、SW、SMW、LW、T、C、* VD、* LD 和 * AC,查表指令的 TBL 为实际填表数对应的地址。

②DATA 为数据输入端时,数据类型为整数,操作数可为 VW、IW、QW、MW、SW、SMW、LW、T、C、AIW、AC、常量、* VD、* LD 和 * AC;DATA 为数据输出端时,数据类型为整数,操作数可为 VW、IW、QW、MW、SW、SMW、LW、AC、T、C、AQW、* VD、* LD 和 * AC。

③一个表中最多可以有 100 条数据,数据编号范围 0~99。如果表出现溢出,SM1.4 为 1。读表的时候,如果读取空表,则 SM1.5 为 1。

④查表指令中的 CMD 为 1~4 的数值,分别代表 =、< >、<、>。INDX 为搜索指针,数据类型为字型,从 INDX 所指的数据编号开始查找,并将搜索到的符合条件的数据的编号放入 INDX 所指定的存储器。INDX 操作数可为 VW、IW、QW、MW、SW、SMW、LW、T、C、AC、* VD、* LD 和 * AC。将 INDX 的值设为 0,则从表格的顶端开始搜索。

2.动手试一试

表指令编程举例如表 5.30~5.32 所示。

表 5.30 表指令编程举例(1)

梯形图程序

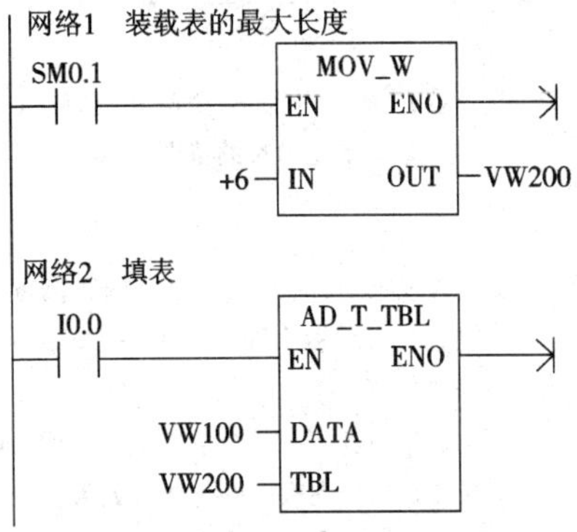

语句表程序

网络 1 装载表的最大长度
ID SM0.1
MOVW +6.VW200

网络 2 填表
LD I0.0
ATT VW100.VW200

说明：

执行 ATT 指令前			执行 ATT 指令后		
VW200	0006	TL(最大填表数)	VW200	0006	TL(最大填表数)
VW202	0002	EC(实际填表数)	VW202	0003	实际填表数变成 3
VW204	3564	数据 0	VW204	3564	数据 0
VW206	5678	数据 1	VW206	5678	数据 1
VW208	xxxx		VW208	1234	← 1234 VW100
VW210	xxxx		VW210	xxxx	
VW212	xxxx		VW212	xxxx	
VW214	xxxx		VW214	xxxx	

表 5.31 表指令编程举例(2)

梯形图程序

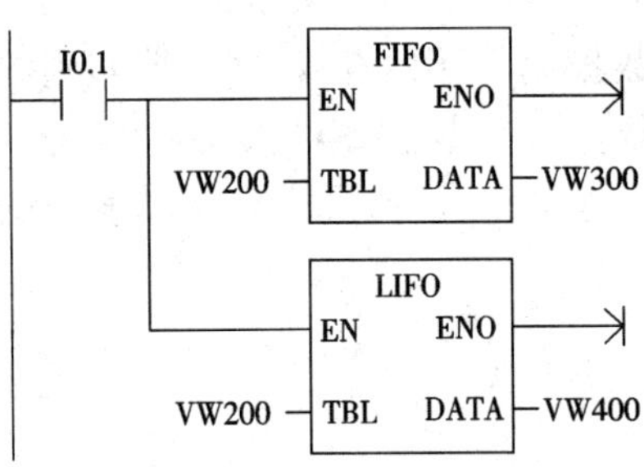

语句表程序

LD I0.1
FIFO VW200, VW300
LIFO VW200, VW400

续表

说明：

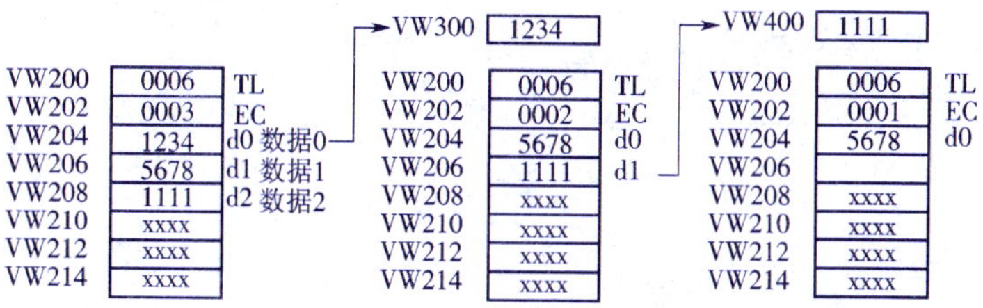

表 5.32　表指令编程举例(3)

梯形图程序	语句表程序
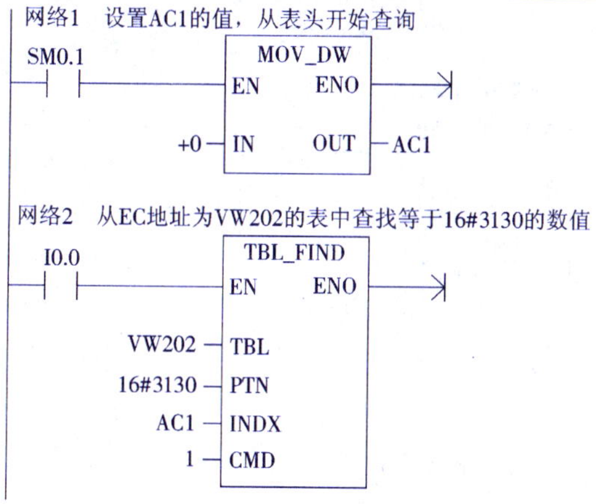	网络 1 LD　SM0.1 MOVD　+0，AC1 网络 2 LD　I0.0 FND = VW202，16 # 3130，AC1

说明：

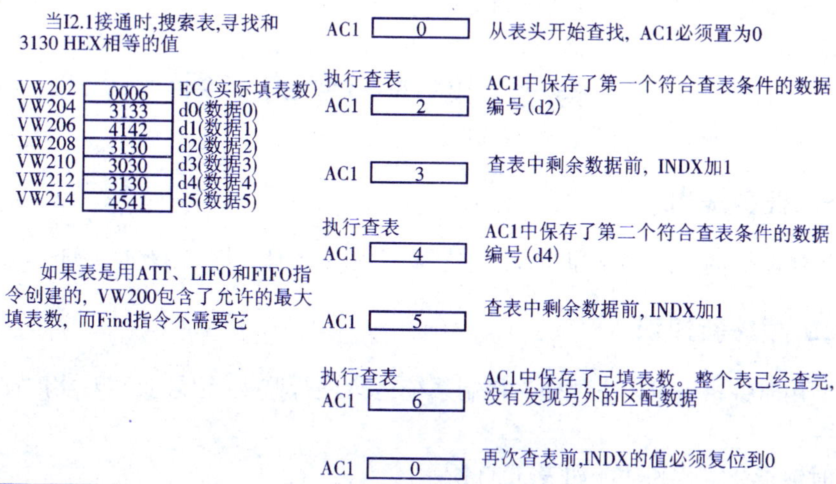

三、任务解决方案

上述任务可通过梯形图程序(图 5.19)完成。

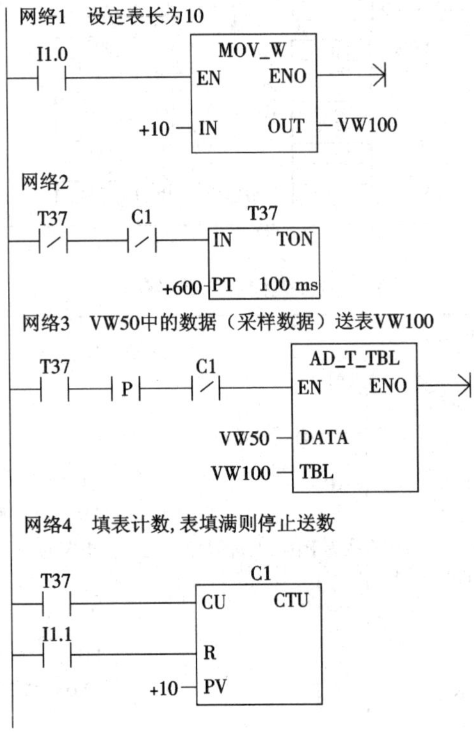

图 5.19 填表梯形图程序

动动脑吧:分析图 5.19 梯形图程序的执行过程。

任务七 时钟指令的使用

一、任务提出

控制路灯的定时接通和断开。控制要求:18:00 时开灯,6:00 时关灯。

二、相关新知识

利用时钟指令可以方便地对控制系统运行进行监视、记录及和对实时时间进行控制等。

时钟指令格式和功能如表 5.33 所示。

表 5.33　时钟指令

梯形图程序	语句表程序	指令功能
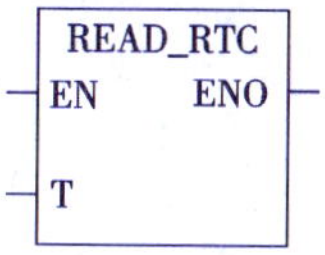	TODR　T	读系统时钟指令:从实时时钟读取当前时间和日期,并装入以 T 开始的 8 字节缓冲区
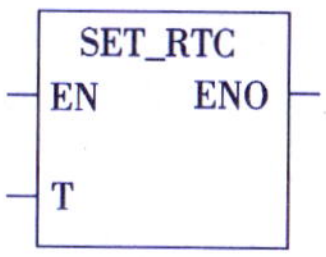	TODW　T	写系统时钟指令:以 T 开始的 8 字节时钟缓冲区的内容写入时钟

说明:

①T 缓冲区的起始单元地址,数据类型为字节型,其操作数可以是 IB、QB、VB、MB、SMB、SB、LB、* VD、* LD、* AC。

②两个时钟指令具有同样的格式,如表 5.34 所示。

表 5.34　时钟格式

T	T+1	T+2	T+3	T+4	T+5	T+6	T+7
年 00~99	月 01~12	日 01~31	小时 00~23	分钟 00~59	秒 00~59	0	星期 0~7

注:星期的取值范围为 0~7,1=星期日,7=星期六。

③S7-200 CPU 不核实日期是否正确,可能接受无效日期,比如 2 月 30 日,所以必须确保输入的日期是正确的。

④不要同时在主程序和中断程序中使用 TODR 或 TODW 指令。

⑤对于没有使用过时钟指令、长时间断电或内存丢失后的 PLC,在使用时钟指令前要通过 STEP 7 软件“PLC”菜单对 PLC 时钟进行设定,然后才能开始使用时钟指令。时钟可以设定成与 PC 系统时间一致,也可用 TODW 指令自由设定。

三、任务解决方案

上述任务可通过梯形图程序(图 5.20)完成。

四、应用实例

【例 5.13】　编写梯形图程序,要求读时钟并以 BCD 码显示秒钟。

编写梯形图程序如图 5.21 所示。

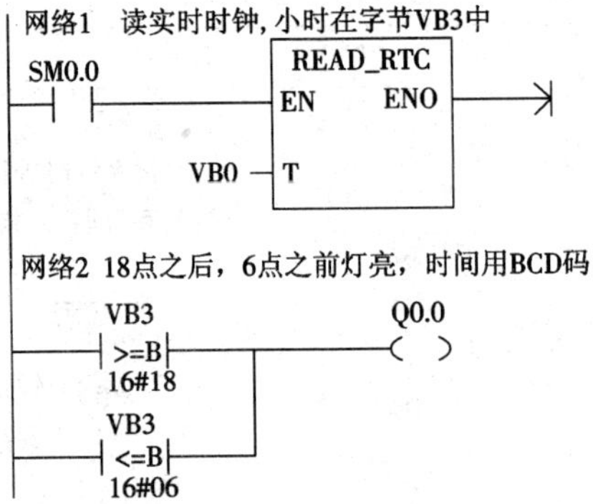

图 5.20　路灯控制梯形图程序

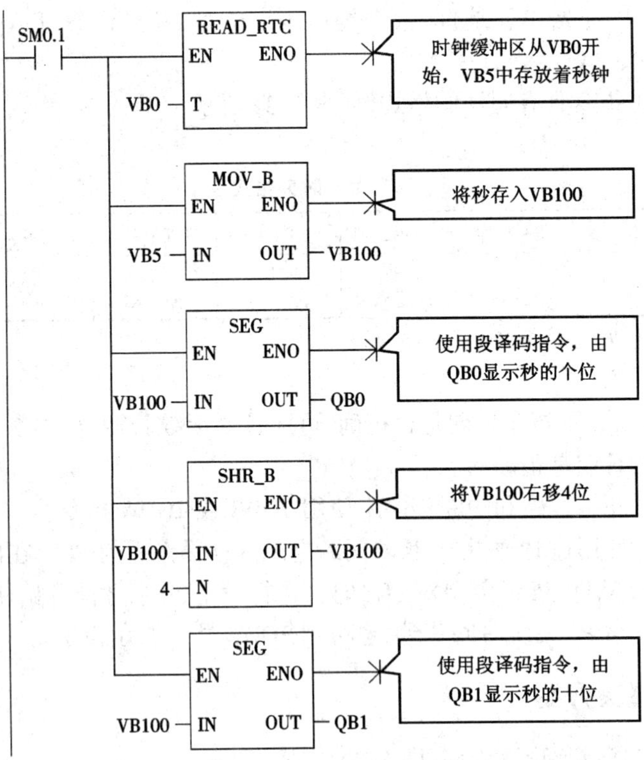

图 5.21　例 5.13 的梯形图程序

思考与练习

1.若 MD2 中的数小于 VD2 中的数，则 Q0.1 为 1，反之为 0，设计程序。

2.用 I0.0 控制 16 个彩灯循环移位，从左到右以 2 s 的速度依次 2 个为一组点亮。全部点亮后，亮 5 s，熄灭，再从左到右依次点亮。按下 I0.1 后，彩灯循环停止。

3.试设计程序：首次扫描时，给 QB0 置初值，用 I0.0 控制 8 个彩灯每隔 0.5 s 循环移位，用 I0.1 控制彩灯移位的方向，I0.2 停止移位。

4.当 I0.0 接通一次，则 VW0 的值加 1。当 VW0 = 5 时，Q0.0 接通，用 I0.1 使 Q0.0 复位和 VW0 清零。

5.求角度 70°的正弦值，并将结果存储在 VD20 中。

6.求 200 的立方根，并将结果存储在 VD20 中。

7.半径在 VW10 中，取圆周率为 3.141 6，用运算指令计算圆周长，运算结果四舍五入转换为整数，存放在 VW20 中。

8.设计程序：用时钟指令控制喷泉的定时接通和断开，喷泉 19:00 开始，喷泉时间为 10 min。

模块六 其他的特殊指令

学习目标

学习了本模块之后，你需要

- 掌握程序控制指令的格式和功能，学会用程序控制指令编写程序；
- 了解子程序的概念，掌握子程序建立和调用的方法；
- 理解中断、中断事件、中断优先级等概念，了解各类中断事件及中断优先级，掌握中断指令的格式和功能，掌握中断程序的建立方法；
- 了解高速计数器的计数方式、工作模式、控制字节、初始值和预置寄存器以及状态字节等含义，掌握高速计数器指令的格式和功能，学会使用高速计数器；
- 了解PWM和PTO的含义，了解PTO/PWM寄存器的各位的含义，掌握高速脉冲输出指令的格式和功能，能够使用PTO/PWM发生器产生需要的控制脉冲。

任务一 程序控制指令

程序控制指令的作用是控制程序的运行方向，如程序的跳转、循环等。在工程实践中常用来解决一些生产流程的选择性分支控制、并行分支控制等。

一、任务提出

设定I0.0为电动机点动/连续运行控制选择开关。当I0.0得电时，选择点动控制；当I0.0不得电时，选择连续运行控制。

二、相关新知识

1.跳转与标号指令

跳转与标号指令格式和功能如表6.1所示。

表 6.1　跳转与标号指令

梯形图程序	语句表程序	指令功能
N —(JMP)	JMP N	跳转指令:当条件满足时,跳转到同一程序的标号(N)处
N LBL	LBL N	标号指令:标记跳转目的地的位置(N)

说明:N 的取值范围是 0~255。跳转与标号指令可以在主程序、子程序或者中断服务程序中使用,且两者只能用于同一程序段中。

2.动手试一试

跳转与标号指令编程举例如表 6.2 所示。

表 6.2　跳转与标号指令编程举例

梯形图程序	语句表程序	指令功能
I0.0　20 —┤ ├—(JMP)	LD　I0.0 JMP　20	当输入 I0.0 为 1 时,跳转到标号为 20 的程序处
20 LBL	LBL　20	定义标号 20

三、任务解决方案

上述任务可通过梯形图程序(图 6.1)完成。

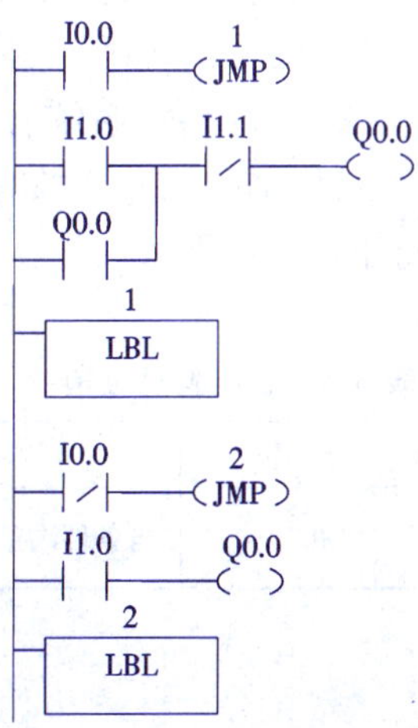

图 6.1　电动机控制方式选择程序

动动脑吧:分析程序的运行过程。

四、其他程序控制指令

1.条件结束指令与停止指令

指令格式和功能如表 6.3 所示。

表 6.3 条件结束指令与停止指令

梯形图程序	语句表程序	指令功能
—(END)	END	条件结束指令:当条件满足时,终止用户主程序的执行
—(STOP)	STOP	停止指令:立即终止程序的执行,CPU 从 RUN 到 STOP

说明:

①条件结束指令只能用在主程序,不能用在子程序和中断程序;

②如果 STOP 指令在中断程序中执行,那么该中断立即终止并且忽略所有挂起的中断,继续扫描程序的剩余部分,在本次扫描的最后完成 CPU 从 RUN 到 STOP 的转变。

2.看门狗复位指令

为监控 PLC 运行程序是否正常,PLC 系统都设置了“看门狗”(Watch dog)监控程序。开始运行用户程序时,先清“看门狗”定时器,并开始计时。当用户程序完成一个循环时,查看定时器的计时值。若超时(一般不超过 100 ms),则报警。严重超时,还可使 PLC 停止工作。用户可依报警信号采取相应的应急措施。定时器的计时值若不超时,则重复起始的过程,PLC 将正常工作。显然,有了“看门狗”监控程序,可保证 PLC 用户程序的正常运行,避免出现“死循环”而影响工作的可靠性。

看门狗复位指令(WDR)允许 S7-200 CPU 系统看门狗定时器被重新触发,这样可以在不引起看门狗错误的情况下,增加扫描允许的时间。

看门狗复位指令格式和功能如表 6.4 所示。

表 6.4 看门狗复位指令

梯形图程序	语句表程序	指令功能
—(WDR)	WDR	当条件满足时,复位看门狗定时器

3.循环控制指令

程序循环控制结构用于控制一段程序的重复执行。

循环控制指令格式和功能如表 6.5 所示。

表 6.5　循环控制指令

梯形图程序	语句表程序	指令功能
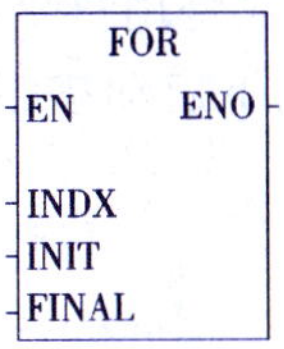	FOR INDX, INIT, FINAL	当条件满足时，循环开始，INDX 为当前计数值，INIT 为循环次数初值，FINAL 为循环计数终值。
—(NEXT)	NEXT	循环返回，循环体结束指令

说明：由 FOR 和 NEXT 指令构成程序的循环体。使能输入 EN 有效，自动将各参数复位，循环体开始执行，执行到 NEXT 指令时返回。每执行一次循环体，当前计数器 INDX 增 1，达到终值 FINAL，循环结束。FOR/NEXT 必须成对使用。循环可以嵌套，最多为 8 层。

4. 动手试一试

程序控制编程举例如表 6.6 所示。

表 6.6　程序控制指令编程举例

梯形图程序	语句表程序	指令功能
	LD　I0.0 END	当输入 I0.0 为 1 时，终止主程序的运行
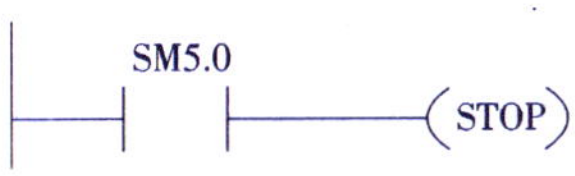	LD　I0.1 STOP	当检查到 I/O 错误时，使 CPU 强制切换到 STOP 模式
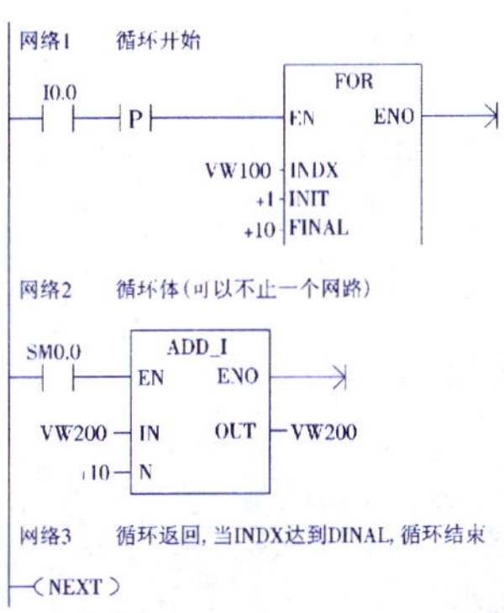	网络 1　循环开始 LD　I0.0 EU FOR　VW100, +1, +10 网络 2　循环体可以不止一个网络 LD　SM0.0 +I　+10, VW200 网络 3　循环返回，当 INDX 达到 FINAL，循环结束 NEXT	当输入 I0.0 为 1 时，将各参数复位，执行循环体，INDX 从 1 开始计数。每执行一次循环体，INDX 当前值加 1。执行到 10 次时，当前值计到 10，循环结束

动动脑吧：VW100 和 VW200 退出循环后的值是多少？

五、应用实例

【例 6.1】 有三台电动机,设置二种启停方式。手动操作方式是用每个电动机各自的启停按钮控制 M1 ~ M3 的启停状态。自动操作方式是:按下启动按钮,M1 ~ M3 每隔 5 s 依次起运;按下停止按钮,M1 ~ M3 同时停止。

I/O 分配如表 6.7 所示。

表 6.7 I/O 分配

PLC 地址	说 明	PLC 地址	说 明
I0.1	启动按钮	Q0.0	电动机 1
I0.2	停止按钮	Q0.1	电动机 2
I2.0	方式选择	Q0.2	电动机 3
I0.3	M1 启动按钮	I0.5	M2 启动按钮
I0.4	M1 停止按钮	I0.6	M2 停止按钮
I0.7	M3 启动按钮		
I1.0	M3 停止按钮		

梯形图程序如图 6.2 所示。

动动脑吧:程序是如何实现所要求的控制功能的?

【例 6.2】 使用启动按钮(I0.1)的上升沿,将不同的生产任务(10,15,20,25,30,35)分别送到各个生产线的当日产量设定值中(用 VW10,VW12,…,VW20 表示)。

分析:此程序可以由循环程序实现。梯形图程序如图 6.3 所示。

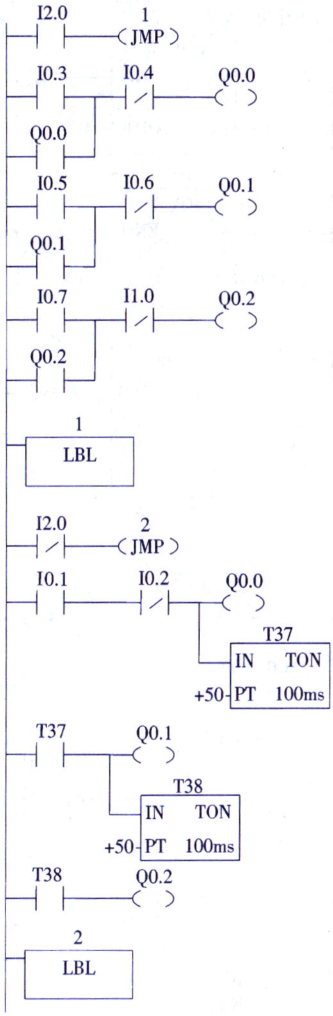

图 6.2　例 6.1 的梯形图程序

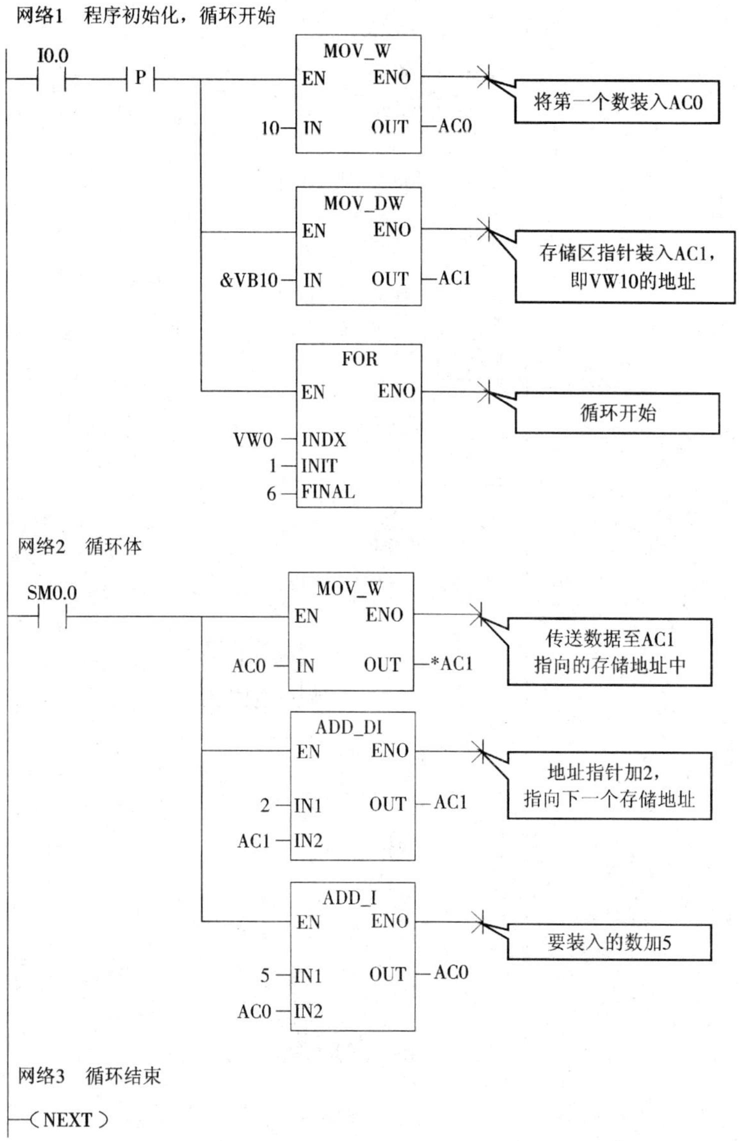

图 6.3 例 6.2 的梯形图程序

任务二 子程序的使用

将在主程序中不同位置多次使用的相同程序代码写成子程序，然后在主程序需要的地方调用子程序。子程序是应用程序中的可选组件，只有被主程序、中断服务程序或者其他子程序调用时，子程序才会执行。当希望重复执行某项功能时，子程序是非常有用的。调用子程序有如下优点。

①用子程序可以减小程序的长度。

②S7-200在每个扫描周期中处理主程序的代码,不管代码是否执行。而子程序只有在被调用时,S7-200才会处理其代码,因而用子程序可以缩短程序扫描周期。

③用子程序创建的程序代码是可传递的。具有某种独立功能的子程序,可以复制到另一个应用程序中。

子程序有子程序调用和子程序返回两大类指令,子程序可以被多次调用,也可以嵌套(最多8层),还可以递归调用自己(自己调自己),但使用递归调用要慎重。

一、任务提出

在实际的控制项目中,从模拟量输入模块中得到模块量,需要经过一定的数学运算,才能得到实际需要的模拟值。例如,由测速发电机输出的模拟电压求得被测电动机的转速。对这种需要重复进行的数学运算,可以通过建立子程序实现。

二、相关新知识

1.建立子程序的方法

建立子程序的方法有以下三种:

①从"编辑"菜单→插入(Insert)→ 子例行程序,如图6.4所示;

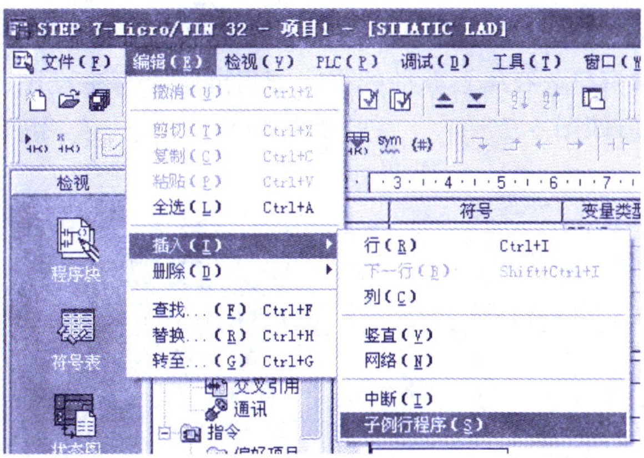

图6.4　建立子程序方法(1)

②从指令树,用鼠标右键单击"程序块"图标并从弹出菜单中选择插入(Insert)→子例行程序,如图6.5所示;

③从"程序编辑器"窗口,鼠标右键单击,从弹出快捷菜单中选择插入(Insert)→子例行程序,如图6.6所示。

选择插入子程序之后,在程序编辑器的底部会出现一个新标记,代表新的子程

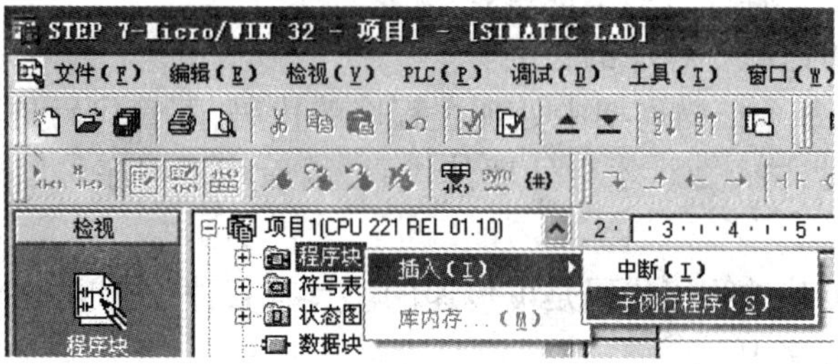

图 6.5 建立子程序方法(2)

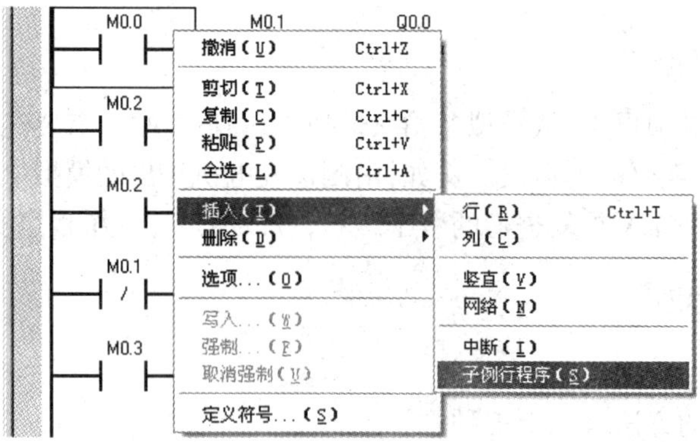

图 6.6 建立子程序方法(3)

序,子程序的编号 n 从 0 开始自动增加。程序编辑器从先前的程序编辑窗口显示更改为新子程序编辑窗口。在编程软件的程序窗口的下方有主程序(OB1)、子程序、中断服务程序的标签,如图 6.7 所示。点击子程序标签即可进入相应的子程序编辑区。

图 6.7 程序标签

2. 子程序指令

子程序指令格式及功能如表 6.8 所示。

表 6.8　子程序指令

梯形图程序	语句表程序	指令功能
SBR_0 EN	CALL SBR0	子程序调用指令:子程序的编号从 0 开始,随着子程序个数的增加自动生成,可为 0~63
—(RET)	CRET	子程序有条件返回
无	RET	子程序无条件返回,系统能够自动生成

说明:

①子程序调用指令编写在主程序中,子程序返回指令编写在子程序中。

②子程序标号 n 的范围是 0~63。

③子程序可以不带参数调用。带参数调用的子程序必须事先在局部变量表里对参数进行定义。

局部变量表中的变量有 IN、IN _ OUT、OUT 和 TEMP 四类。

- IN(输入):IN 是传入子程序的输入参数。
- IN _ OUT(输入输出):将参数的初始值传给子程序,并将子程序的执行结果返回给同一地址。
- OUT(输出):子程序的执行结果被返回给调用它的程序。被传递参数的数据类型有 BOOL、BYTE、WORD、INT、DWORD、DINT、REAL 和 STRING 共 8 种。
- TEMP:局部存储器,只能用作子程序内部的暂时存储器,不能用来传递参数。

使用程序编辑器中的局部变量表为子程序指定变量如图 6.8 所示(局部变量表最左边的一列是每个参数在局部存储器(L)中的地址)。使用局部变量增加了子程序的可移植性和再利用性。

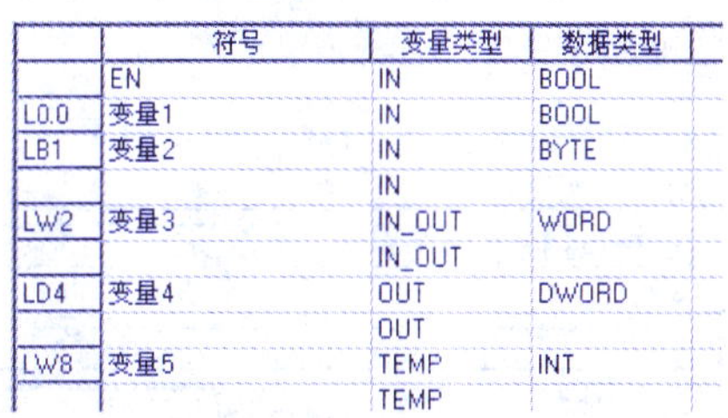

	符号	变量类型	数据类型
	EN	IN	BOOL
L0.0	变量1	IN	BOOL
LB1	变量2	IN	BYTE
		IN	
LW2	变量3	IN_OUT	WORD
		IN_OUT	
LD4	变量4	OUT	DWORD
		OUT	
LW8	变量5	TEMP	INT
		TEMP	

图 6.8　局部变量表

④在编程软件中,无条件子程序返回指令(RET)为自动默认,不需要在子程序结束时输入任何代码。执行完子程序以后,控制程序回到子程序调用前的下一条指令。子程序可嵌套,嵌套深度最多为 8 层。

3.动手试一试

子程序指令编程举例如表 6.9 所示。

表 6.9　子程序指令编程举例

梯形图程序	语句表程序	说　明
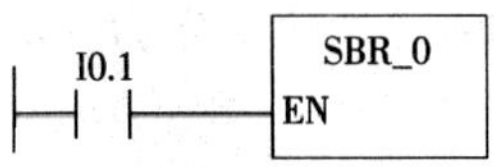 主程序 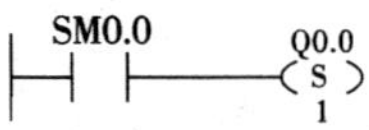 子程序 0	LD　I0.1 CALL　SBR_0 主程序 LD　SM0.0 S　Q0.0,1 子程序 0	不带参数的子程序调用。当满足条件 I0.1 闭合,则调用子程序 0

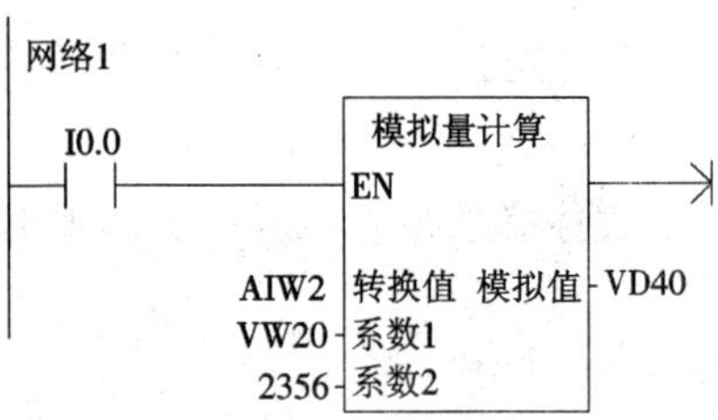

图 6.9　模拟量计算主程序

三、任务解决方案

在上述任务中,要调用带参数的子程序,在子程序的局部变量表中定义“转换值”“系数 1”和“系数 2”的输入变量(IN),“模拟值”的输出变量(OUT)和“暂存 1”的临时变量(TEMP),任务通过设置如图6.9所示主程序和图 6.10 所示子程序实现。

	符号	变量类型	数据类型	注释
	EN	IN	BOOL	
LW0	转换值	IN	INT	
LW2	系数1	IN	INT	
LD4	系数2	IN	DINT	
		IN		
		IN_OUT		
LD8	模拟值	OUT	DINT	
		OUT		
LD12	暂存1	TEMP	DINT	
		TEMP		

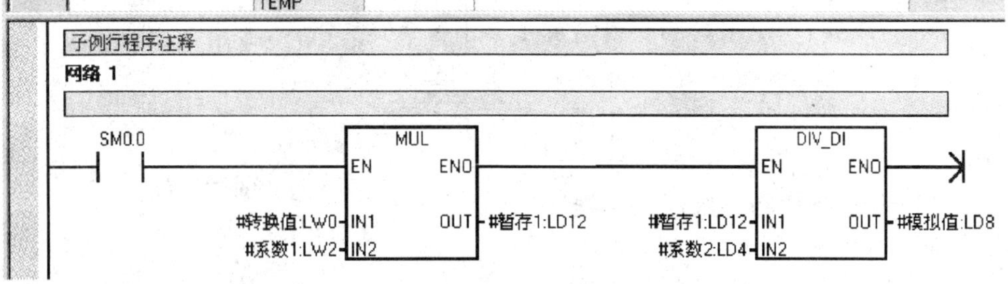

图 6.10　模拟量计算子程序

四、应用实例

【例 6.3】　编写子程序,将在主程序读取的系统时间的分钟数从 BCD 码格式转换成十进制整数格式。

主程序如图 6.11 所示。子程序如图 6.12 所示。

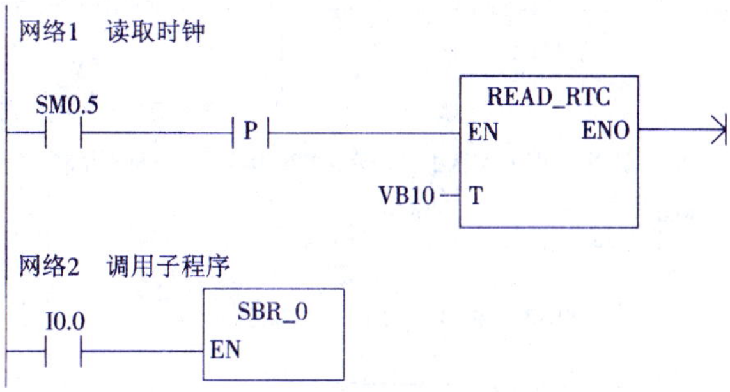

图 6.11　例 6.3 的主程序

注:对参与运算的累加器 AC 来说,参与运算的数据长度取决于使用的指令。在编程中可以灵活使用累加器以满足指令对数据长度的要求。

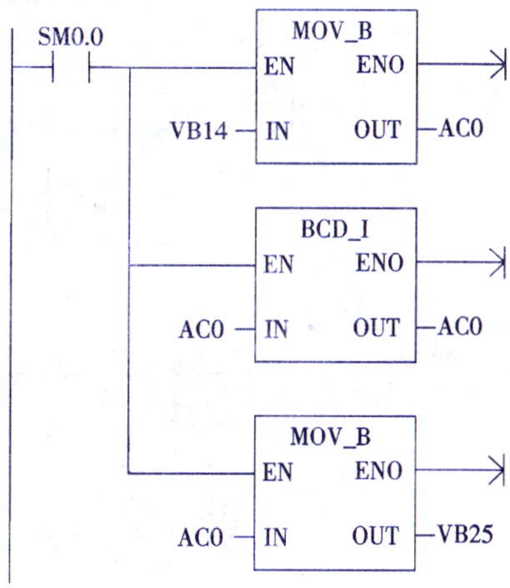

图 6.12　例 6.3 的子程序

【例 6.4】　将上题中的系统时间的秒、分钟、小时均从 BCD 格式转换成十进制整数格式。

主程序如图 6.13 所示。子程序如图 6.14 所示。

注:带参数的子程序在每次调用时可以对不同的变量、数据进行相同的运算,提高程序编辑和执行的效率,节省程序存储空间。

【例 6.5】　设计子程序,用来记录设备运行时间。

用设备启动时的 I0.0 调用子程序。主程序如图 6.15 所示(该程序只能在 STL 编程器中输入)。

在主程序调用中有四个参数:一个输入变量,三个输出变量。I1.0 用来将累计的时间清零,VB0、VB1、VD2 分别用来存放秒、分、小时。在子程序的局部变量表中参数定义如图 6.16 所示。

在子程序中,用 T40 产生周期为 1 s 的脉冲,每隔 1 s,秒计数器加 1;每隔 60 s,分计数器加 1,并将秒计数器清零;每隔 60 min,小时计数器加 1,并将分计数器清零。子程序如 6.17 所示。

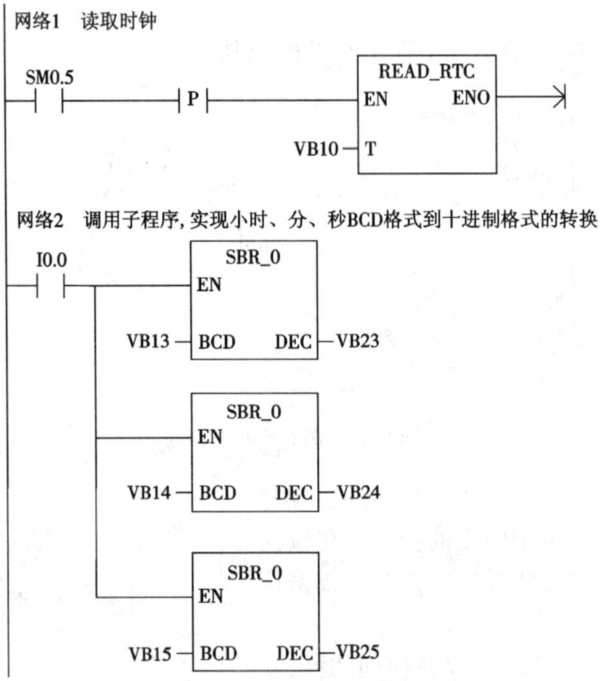

图 6.13 例 6.4 的主程序

	符号	变量类型	数据类型
	EN	IN	BOOL
LB0	BCD	IN	BYTE
		IN	
		IN_OUT	
LB1	DEC	OUT	BYTE

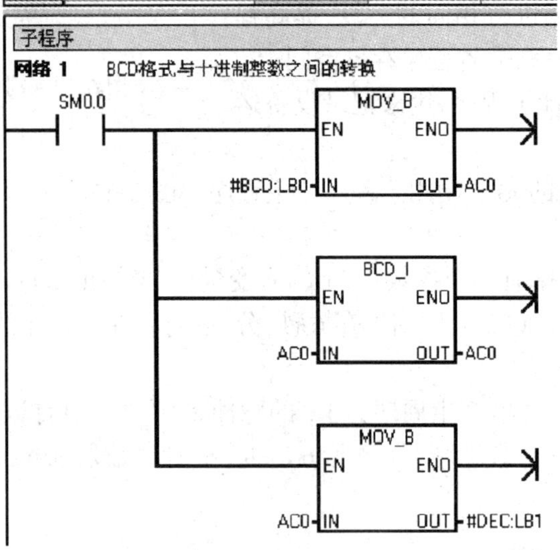

图 6.14 例 6.4 的子程序

```
网络1
LD      I0.0
O       M0.0
AN      I0.1
=       M0.0

网络2
LD      M0.0
CALL    运行时间:SBR0, I1.0, VB0, VB1, VD2
```

图 6.15 例 6.5 的主程序

	符号	变量类型	数据类型	注释
L0.0	清零	IN	BOOL	输入变量清零,用来将累计的时间清零
		IN		
		IN_OUT		
LB1	秒	OUT	BYTE	
LB2	分	OUT	BYTE	
LD3	小时	OUT	DWORD	

图 6.16 例 6.5 子程序中的局部变量表

```
网络1     给各计数器清零
LD        #清零: L0.0

FILL      0, LW1, 3


网络2     定时时间为1 s的定时器
LDN       T40
TON       T40, 10


网络3     秒计数器加1
LD        T40
INCB      #秒: LB1

网络4     每隔60 s，分计数器加1并将秒计数器清零
LDB>=     #秒: LB1, 60
INCB      #分: LB2
MOVB      0, #秒: LB1


网络5     每隔60 min，小时计数器加1，并将分计数器清零
LDB>=     #分: LB2, 60
INCD      #小时: LD3
MOVB      0, #分: LB2
```

图 6.17 例 6.5 的子程序

任务三 PLC 中断处理功能

中断是计算机在实时处理和实时控制中不可缺少的一项技术。当控制系统执行正常程序时,系统中出现了某些急需处理的异常情况或特殊请求,系统暂时中断现行

程序,转去处理紧急事件(即中断服务程序),中断服务程序处理完毕,系统自动回到原来的程序继续执行。

一、中断事件

中断事件向 CPU 发出中断请求。S7-200 有 34 个中断事件,每一个中断事件都分配一个编号用于识别,叫做中断事件号。中断事件大致可以分为三大类,即通讯中断、I/O 中断和时间中断。

1.通讯中断

PLC 的自由通讯模式下,通讯口的状态可由程序控制。用户可以通过编程设置通讯协议、波特率和奇偶校验。S7-200 系列 PLC 有 6 种通讯口中断事件。

2.I/O 中断

S7-200 对 I/O 点状态的各种变化产生中断,包括外部输入中断、高速计数器中断和脉冲串输出中断。这些事件可以对高速计数器、脉冲输出或输入的上升或下降状态作出响应。

外部输入中断是系统利用 I0.0~I0.3 的上升或下降沿产生中断,这些输入点可用于连接某些一旦发生必须引起注意的外部事件;高速计数器中断可以响应当前值等于预设值、计数方向改变、计数器外部复位等事件引起的中断,高速计数器的中断可以实时得到迅速响应,从而实现比 PLC 扫描周期还要短的控制任务;脉冲串输出中断用来响应给定数量脉冲输出完成引起的中断。脉冲串输出主要的应用是步进电动机。

3.时基中断

时基中断包括定时中断和定时器 T32/T96 中断。定时中断用来支持周期性的活动。周期时间以毫秒为单位,周期时间范围为 1~255 ms。对于定时中断 0,把周期时间值写入 SMB34;对定时中断 1,把周期时间值写入 SMB35。

当达到设定周期时间值时,定时器溢出,执行中断处理程序。通常用定时中断以固定的时间间隔去控制模拟量输入的采样或者执行一个 PID 回路。

定时器中断是利用定时器对一个指定的时间段产生中断。这类中断只能使用 1 ms 定时器 T32 和 T96。当 T32 或 T96 的当前值等于预置值时,CPU 响应定时器中断,执行中断服务程序。

二、中断优先级

在 PLC 应用系统中通常有多个中断事件。当多个中断事件同时向 CPU 申请中断时,要求 CPU 能够将全部中断事件按中断性质和轻重缓急进行排队,并依优先权高低逐个处理。

S7-200 CPU 规定的中断优先权由高到低依次是通讯中断、I/O 中断和定时中断。每类中断又有不同的优先级。

CPU 响应中断有如下三个原则。

①当不同优先级的中断源同时申请中断时，CPU 先响应优先级高的中断事件。

②在相同优先级的中断事件中，CPU 按先来先服务的原则处理中断。

③CPU 任何时刻只执行一个中断程序。当 CPU 正在处理某中断时，不会被别的中断程序甚至是更高优先级的中断程序所打断，一直执行到结束。新出现的中断事件需要排队，等待处理。

各个中断事件及优先级如表 6.10 所示。

表 6.10　中断事件及优先级

优先级分组	组内优先级	中断事件号	中断事件描述	中断事件类别
I/O 中断	0	19	PTO 0 脉冲串输出完成中断	脉冲串输出
	1	20	PTO 1 脉冲串输出完成中断	
	2	0	I0.0 上升沿中断	外部输入
	3	2	I0.1 上升沿中断	
	4	4	I0.2 上升沿中断	
	5	6	I0.3 上升沿中断	
	6	1	I0.0 下降沿中断	
	7	3	I0.1 下降沿中断	
	8	5	I0.2 下降沿中断	
	9	7	I0.3 下降沿中断	
	10	12	HSC0 当前值 = 预置值中断	高速计数器
	11	27	HSC0 计数方向改变中断	
	12	28	HSC0 外部复位中断	
	13	13	HSC1 当前值 = 预置值中断	
	14	14	HSC1 计数方向改变中断	
	15	15	HSC1 外部复位中断	
	16	16	HSC2 当前值 = 预置值中断	
	17	17	HSC2 计数方向改变中断	
	18	18	HSC2 外部复位中断	
	19	32	HSC3 当前值 = 预置值中断	
	20	29	HSC4 当前值 = 预置值中断	
	21	30	HSC4 计数方向改变中断	
	22	31	HSC4 外部复位中断	
	23	33	HSC5 当前值 = 预置值中断	

续表

优先级分组	组内优先级	中断事件号	中断事件描述	中断事件类别
通讯中断	0	8	通讯口 0:接收字符	通讯口 0
	0	9	通讯口 0:发送完成	
	0	23	通讯口 0:接收信息完成	
	1	24	通讯口 1:接收信息完成	通讯口 1
	1	25	通讯口 1:接收字符	
	1	26	通讯口 1:发送完成	
定时中断	0	10	定时中断 0	定时
	1	11	定时中断 1	
	2	21	定时器 T32 CT = PT 中断	定时器
	3	22	定时器 T96 CT = PT 中断	

三、任务提出

使用定时中断,编程完成采样工作,要求每 10 ms 采样一次。

四、相关新知识

1.建立中断程序的方法

建立中断程序和方法同建立子程序的方法完全一样。

2.中断指令

中断指令格式和功能如表 6.11 所示。

表 6.11 中断指令

梯形图程序	语句表程序	指令功能
—(ENI)	ENI	中断允许指令:全局性地允许所有被连接的中断事件
—(DISI)	DISI	禁止中断指令:全局性地禁止处理所有的中断事件

续表

梯形图程序	语句表程序	指令功能
ATCH EN ENO INT EVNT	ATCH INT,EVNT	中断连接指令:用来建立中断事件(EVNT)与中断程序(INT)之间的联系
DTCH EN ENO EVNT	DTCH EVNT	中断分离指令:用来断开中断事件(EVNT)与中断程序(INT)之间的联系
—(RETI)	CRETI	中断有条件返回:根据逻辑操作的条件,从中断程序有条件返回

说明:

①多个中断事件可以调用同一个中断程序,但一个中断事件不能调用多个中断程序。

②中断服务程序执行完毕后会自动返回。RETI 指令根据逻辑运算结果决定是否从中断程序返回。

五、任务解决方案

分析:可以使用定时中断完成每 10 ms 采样一次。查表 6.10 可知,定时中断 0 的中断事件号为 10。在主程序中将采样周期(10 ms)即定时中断的时间间隔写入定时中断 0 的特殊存储器 SMB34,中断事件 10 和 INT0 相连。在中断程序中,将模拟量输入信号读入。主程序如图 6.18 所示,中断程序如图 6.19 所示。

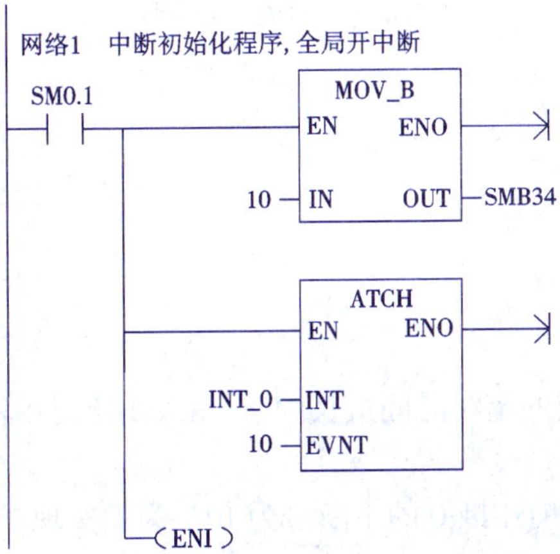

图 6.18　定时采样主程序

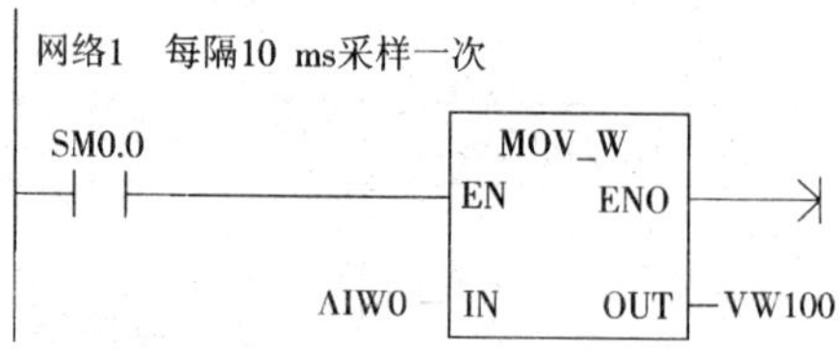

图 6.19 定时采样中断程序 0(INT _ 0)

六、应用实例

【例 6.6】 在 I0.0 的上升沿通过中断使 Q0.0 立即置位。在 I0.1 的下降沿通过中断使 Q0.0 立即复位。

查表 6.10 得知,I0.0 的上升沿中断事件号是 0,I0.1 的下降沿中断事件号是 3。其主程序、中断程序分别如图 6.20~6.22 所示。

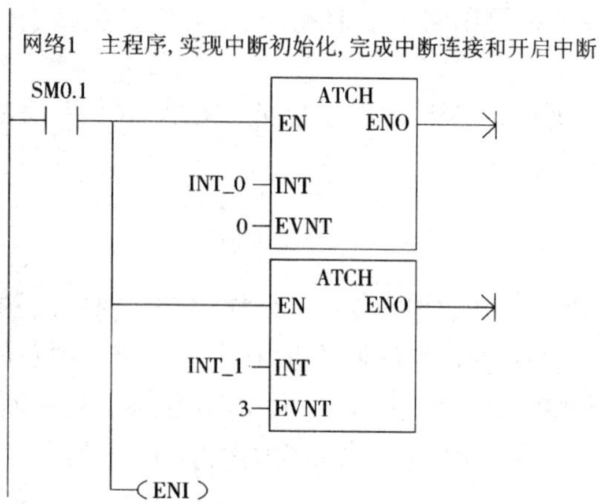

图 6.20 例 6.6 的主程序

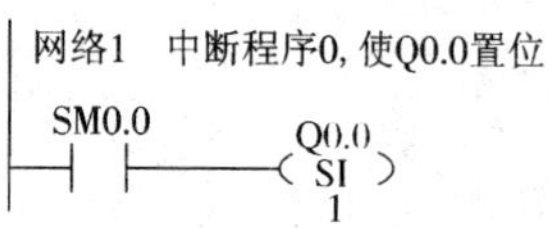

图 6.21 例 6.6 的中断程序 0(INT _ 0)

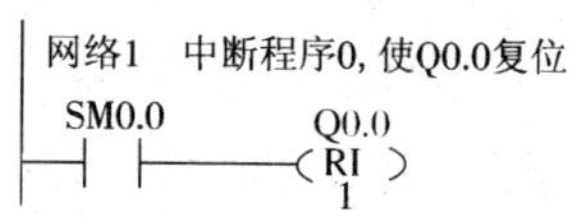

图 6.22 例 6.6 的中断程序 1(INT _ 1)

【例 6.7】定时中断的定时时间最长为 255 ms,用定时中断 0 实现周期为 2 s 的高精度定时。

查表 6.10 可知,定时中断 0 的中断号为 10。为了实现 2 s 定时,可以将定时时间间隔设为 250 ms。在定时中断 0 的中断程序中,将 VB10 加 1。当 VB10 达到 8 的时候(即中断了 8 次),对应的时间间隔为 2 s。其主程序、中断程序分别如图 6.23 和 6.24所示。

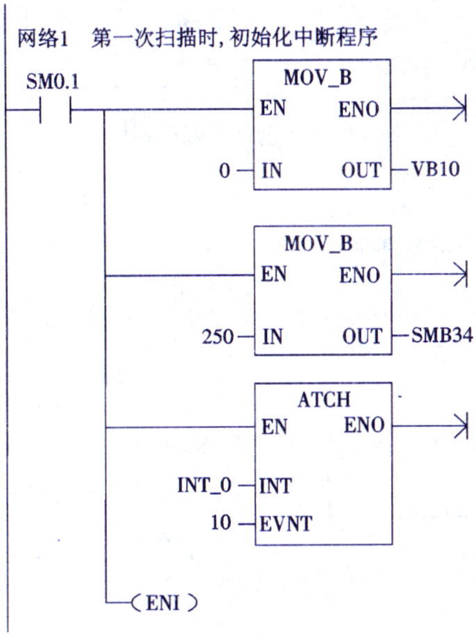

图 6.23　例 6.7 的主程序

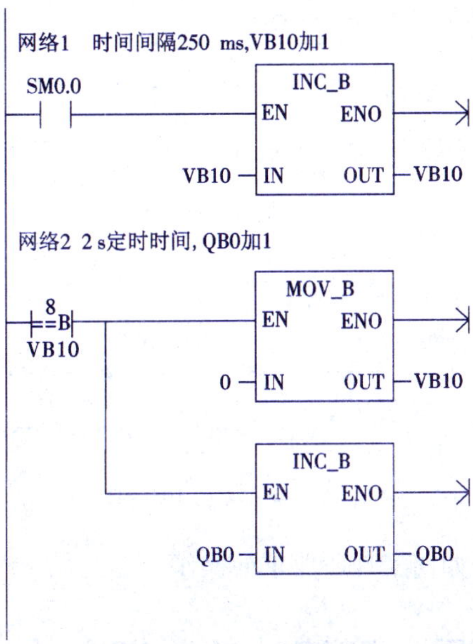

图 6.24　例 6.7 的中断程序 0(INT_0)

【例 6.8】 使用定时中断实现对 100 ms 定时周期进行计数。

其主程序、子程序和中断程序分别如图 6.25～6.27 所示。

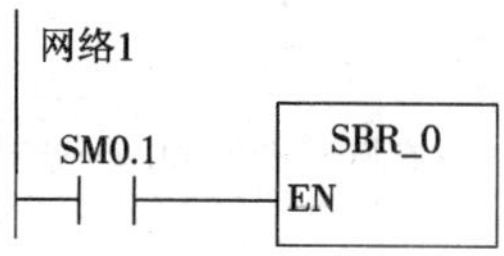

图 6.25　例 6.8 的主程序

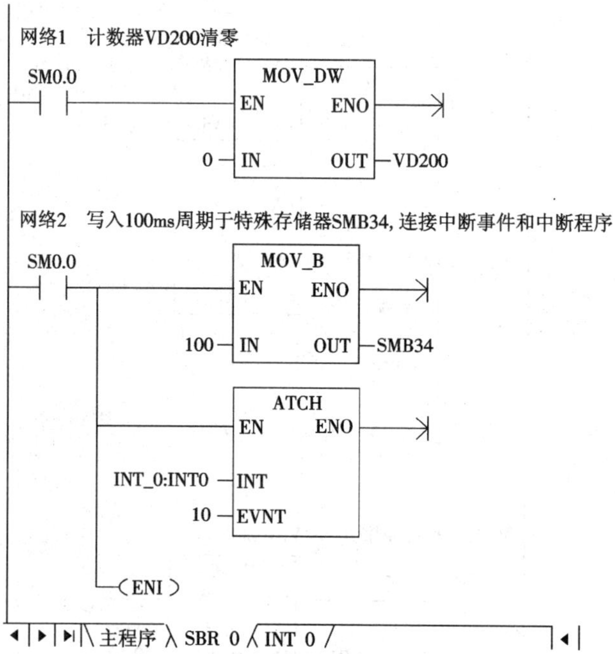

图 6.26　例 6.8 的子程序

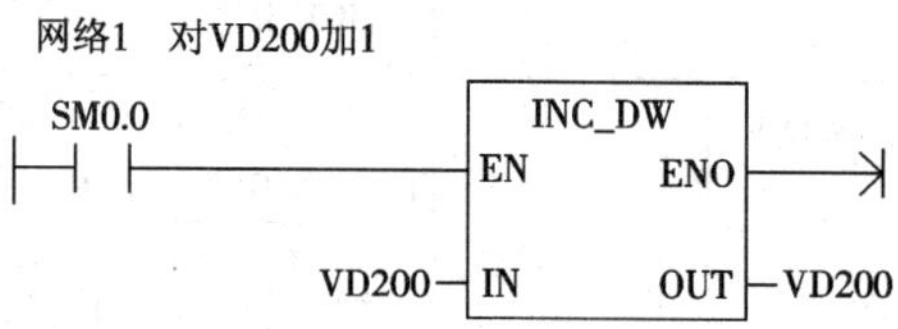

图 6.27　例 6.8 的中断程序

动动脑吧：分析程序如何实现所要求的操作。

任务四　高速计数器指令的使用

PLC 普通计数器的计数过程与扫描工作方式有关。CPU 通过每一扫描周期读取一次被测信号的方法捕捉被测信号的上升沿。被测信号的频率较高时，会丢失计数脉冲，因此普通计数器的工作频率很低，一般仅有几十赫兹。高速计数器可以对普通计数器无能为力的事件进行计数，计数频率取决于 CPU 的类型。CPU 22x 系列最高计数频率为 30 kHz，用于捕捉比 CPU 扫描速度更快的事件，并产生中断，执行中断程序，完成预定的操作。

高速计数器在现代自动控制的精确定位领域有重要的应用价值。高速计数器可连接增量旋转编码器等脉冲产生装置，用于检测位置和速度。

S7－200 系列 PLC 中有 6 个高速计数器，它们分别是 HSC0、HSC1、HSC2、HSC3、HSC4 和 HSC5。这些高速计数器可用于处理比 PLC 扫描周期还要短的高速事件。当高速计数器的当前值等于预置值时产生中断；外部复位信号有效时产生外部复位中断；计数方向改变时产生中断。通过中断服务程序实现对目标的控制。

一、高速计数器的工作模式

S7－200 CPU 高速计数器可以分别定义为如下四种计数方式：

①单相计数器，内部方向控制；

②单相计数器，外部方向控制；

③双相增/减计数器，双脉冲输入；

④A/B 相正交脉冲输入计数器。

根据每种高速计数方式的计数脉冲、复位脉冲、启动脉冲端子的不同接法，可以设定如下三种工作模式：

①无复位，无启动输入；

②有复位，无启动输入；

③有复位，有启动输入。

所以高速计数器可组成 12 种工作模式。每个高速计数器所拥有的工作模式和其占有的输入端子有关，如表 6.12 所示。

表 6.12　高速计数器的工作模式和输入端子的关系

高速计数器HSC的工作模式	功能及说明		占用的输入端子及其功能			
	高速计数器编号	HSC0	I0.0	I0.1	I0.2	×
		HSC4	I0.3	I0.4	I0.5	×
		HSC1	I0.6	I0.7	I1.0	I1.1
		HSC2	I1.2	I1.3	I1.4	I1.5
		HSC3	I0.1	×	×	×
		HSC5	I0.4	×	×	×

续表

0	单路脉冲输入的内部方向控制加减计数： 控制字 SM37.3 = 0,减计数； 控制字 SM37.3 = 1,加计数	脉冲 输入端	×	×	×
1			×	复位端	×
2			×	复位端	启动
3	单路脉冲输入的外部方向控制加/减计数： 方向控制端 = 0,减计数； 方向控制端 = 1,加计数	脉冲 输入端	方向 控制端	×	×
4				复位端	×
5				复位端	启动
6	两路脉冲输入的单相加/减计数： 加计数有脉冲输入,加计数； 减计数有脉冲输入,减计数	加计数脉 冲输入端	减计数脉 冲输入端	×	×
7				复位端	×
8				复位端	启动
9	两路脉冲输入的双相正交计数： A 相脉冲超前 B 相脉冲,加计数； A 相脉冲滞后 B 相脉冲,减计数	A 相脉冲 输入端	B 相脉冲 输入端	×	×
10				复位端	×
11				复位端	启动

注：表中"×"表示没有。

由表 6.12 可知,高速计数器的工作模式确定以后,高速计数器使用的输入端子便被指定。这些输入端子与普通数字量输入接口使用相同的地址。已定义用于高速计数器的输入点不应再用于其他的功能。如选择 HSC1 在模式 11 下工作,则必须用 I0.6 作为 A 相脉冲输入端,I0.7 作为 B 相脉冲输入端,I1.0 作为复位端,I1.1 作为启动端。

高速计数器的工作模式通过一次性地执行 HDEF(高速计数器定义)指令来选择。

二、高速计数器指令

高速计数器指令格式及功能如表 6.13 所示。

表 6.13 高速计数器指令

梯形图程序	语句表程序	指令功能
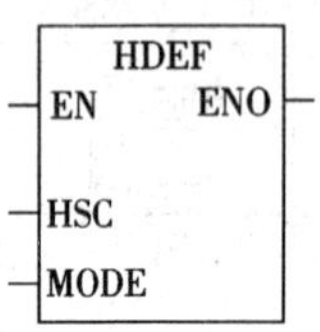	HDEF HSC,MODE	定义高速计数器指令：当使能输入有效时,为高速计数器分配一种工作模式
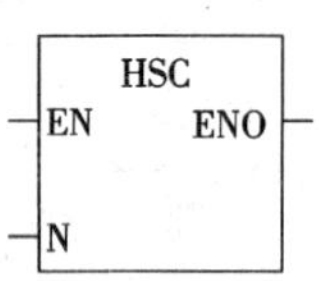	HSC N	高速计数器指令：当使能输入有效时,根据高速计数器特殊存储器位的状态及 HDEF 指令指定的工作模式,设置高速计数器并控制其工作

说明:操作数 HSC 指定高速计数器号(0～5),MODE 指定高速计数器的工作模式(0～11)。每个高速计数器只能用一条 HDEF 指令。

三、高速计数器的控制字节

每个高速计数器在 S7－200 CPU 的特殊存储器中拥有各自的控制字节。控制字节用来定义计数器的计数方式和其他一些设置,以及在用户程序中对计数器的运行进行控制。各高速计数器的控制字节的各个位的 0/1 状态具有不同的设置功能,其含义如表 6.14 所示。

表 6.14　高速计数器的控制字节含义

HSC0	HSC1	HSC2	HSC3	HSC4	HSC5	含　义
SM37.0	SM47.0	SM57.0	SM137.0	SM147.0	SM157.0	复位信号有效电平: 0＝高电平有效;1＝低电平有效
SM37.1	SM47.1	SM57.1	SM137.1	SM147.1	SM157.1	启动信号有效电平: 0＝高电平有效;1＝低电平有效
SM37.2	SM47.2	SM57.2	SM137.2	SM147.2	SM157.2	正交计数器的倍率选择: 0＝4 倍率;1＝1 倍率
SM37.3	SM47.3	SM57.3	SM137.3	SM147.3	SM157.3	计数方向控制位: 0＝减计数;1＝加计数
SM37.4	SM47.4	SM57.4	SM137.4	SM147.4	SM157.4	向 HSC 写入计数方向: 0＝不更新;1＝更新
SM37.5	SM47.5	SM57.5	SM137.5	SM147.5	SM157.5	向 HSC 写入新的预置值: 0＝不更新;1＝更新
SM37.6	SM47.6	SM57.6	SM137.6	SM147.6	SM157.6	向 HSC 写入新的初始值: 0＝不更新;1＝更新
SM37.7	SM47.7	SM57.7	SM137.7	SM147.7	SM157.7	启用 HSC: 0＝关 HSC;1＝开 HSC

四、高速计数器的数值寻址

每个高速计数器都有一个 32 位初始值和一个 32 位预置值寄存器,初始值和预设值均为有符号整数。当前值也是一个 32 位的有符号整数,高速计数器的当前值可以通过高速计数器标识符 HC 加计数器号码(0～5)寻址来读取。

初始值是高速计数器计数的起始值,预置值是高速计数器的目标值。当实际计数值等于预置值时,会产生中断事件。

要改变高速计数器的初始值和预置值,必须使控制字节(表 6.14)的第 5 位和第 6 位均为 1。在允许更新预置值和初始值的前提下,新初始值和新预置值才能写入初始值及预置值寄存器。初始值和预置值占用的特殊内部寄存器如表 6.15 所示。

表 6.15 高速计数器当前值和预置值寄存器

计数器号	HSC0	HSC1	HSC2	HSC3	HSC4	HSC5
初始值寄存器	SMD38	SMD48	SMD58	SMD138	SMD148	SMD158
预置值寄存器	SMD42	SMD52	SMD62	SMD142	SMD152	SMD162
当前值	HC0	HC1	HC2	HC3	HC4	HC5

五、高速计数器的状态字节

每个高速计数器都有一个状态字节，标示当前的计数方向、当前值是否等于预置值、当前值是否大于预置值。PLC 通过监控高速计数器状态字节产生中断，用于完成用户希望的重要操作。状态字节只在中断程序中有效。各高速计数器的状态字节描述如表 6.16 所示。

表 6.16 高速计数器的状态字节

HSC0	HSC1	HSC2	HSC3	HSC4	HSC5	含 义
SM36.0	SM46.0	SM56.0	SM136.0	SM146.0	SM156.0	未用
SM36.1	SM46.1	SM56.1	SM136.1	SM146.1	SM156.1	
SM36.2	SM46.2	SM56.2	SM136.2	SM146.2	SM156.2	
SM36.3	SM46.3	SM56.3	SM136.3	SM146.3	SM156.3	
SM36.4	SM46.4	SM56.4	SM136.4	SM146.4	SM156.4	
SM36.5	SM46.5	SM56.5	SM136.5	SM146.5	SM156.5	当前计数方向状态位： 0 = 减计数;1 = 加计数
SM36.6	SM46.6	SM56.6	SM136.6	SM146.6	SM156.6	当前值等于预置值状态位： 0 = 不等; 1 = 相等
SM36.7	SM46.7	SM56.7	SM136.7	SM146.7	SM156.7	当前值大于预置值状态位： 0 = 小于或等于;1 = 大于

六、高速计数器编程

使用高速计数器须完成以下工作：

①根据选定的计数器工作模式，设置相应的控制字节；

②使用 HDEF 命令定义计数器号；

③设置计数方向(可选)；

④设置初始值(可选)；

⑤设置预置值(可选)；

⑥指定并使能中断服务程序(可选)；

⑦执行 HSC 指令，激活高速计数器。

若在计数器运行中改变设置须执行下列工作：

①根据需要来设置控制字节；

②设置计数方向(可选)；

③设置初始值(可选)；

④设置预置值(可选)；

⑤执行 HSC 指令，使 CPU 确认。

七、应用实例

【例 6.9】 设置一个两相正交 4 倍率高速计数器。

分析：设置主程序调用子程序，子程序实现对高速计数器的设置(允许计数，更新当前值，更新预置值，更新计数方向为加计数，正交计数设为 4 倍率，复位和启动设置为高电平有效；定义 HSC1 位工作模式 11；当前值 SMD48 清零，预置值 SMD52 设为 1 000；设置当前值等于预设值中断，全局开中断)。

在中断子程序中改写高速计数器的初始值。与此对应的梯形图主程序如图6.28 所示，子程序如图 6.29 所示，中断子程序如图 6.30 所示。

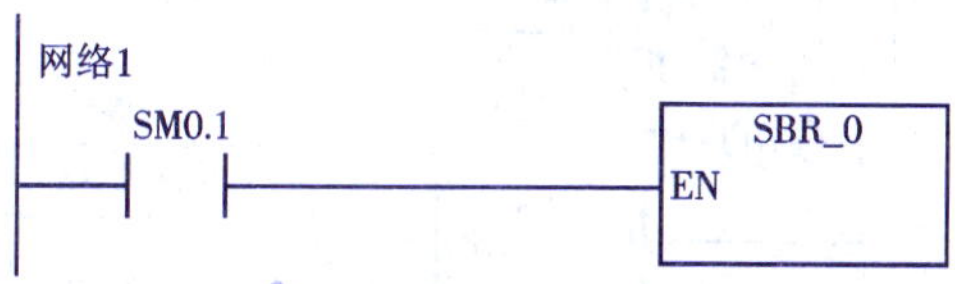

图 6.28　例 6.9 的主程序

【例 6.10】 假设某单向旋转机械上连接了一个 A/B 两相正交脉冲增量旋转编码器，计数脉冲的个数就代表了旋转轴的位置。编码器旋转一圈产生 10 个 A/B 相脉冲和一个复位脉冲(C 相或 Z 相)，需要在第 5 个和第 8 个脉冲所代表的位置之间接通 Q0.0，其余位置断开 Q0.0。

分析：利用 HSC0 的当前值(CV)等于预置值(PV)时产生中断，可以比较容易地实现要求的功能。A 相接入 I0.0，B 相接入 I0.1，复位脉冲(C 相或 Z 相)接入 I0.2，查表 6.14 确定 HSC0 的控制字节 SM37 应为 2 # 10100100 = 16 # A4。

主程序：第一个扫描周期，一次性调用 HSC0 初始化子程序 SBR _ 0，如图 6.31 所示。

子程序：初始化 HSC0 为模式 10，设预置值为 5，并连接中断事件 12(CV = PV)到 INT _ 0，如图 6.32 所示。

中断程序：根据计数值置位 Q0.0，并重设预置值，如图 6.33 所示。

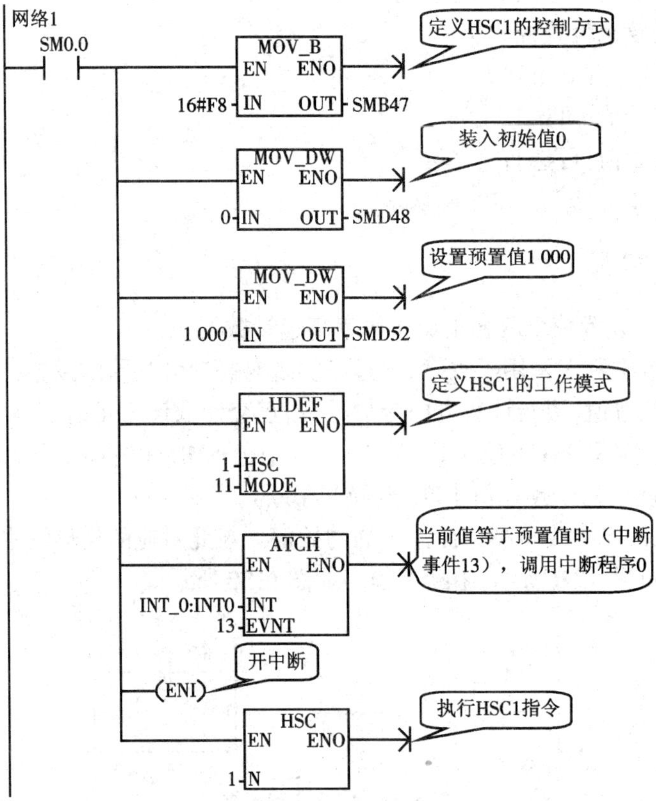

图 6.29　例 6.9 的子程序

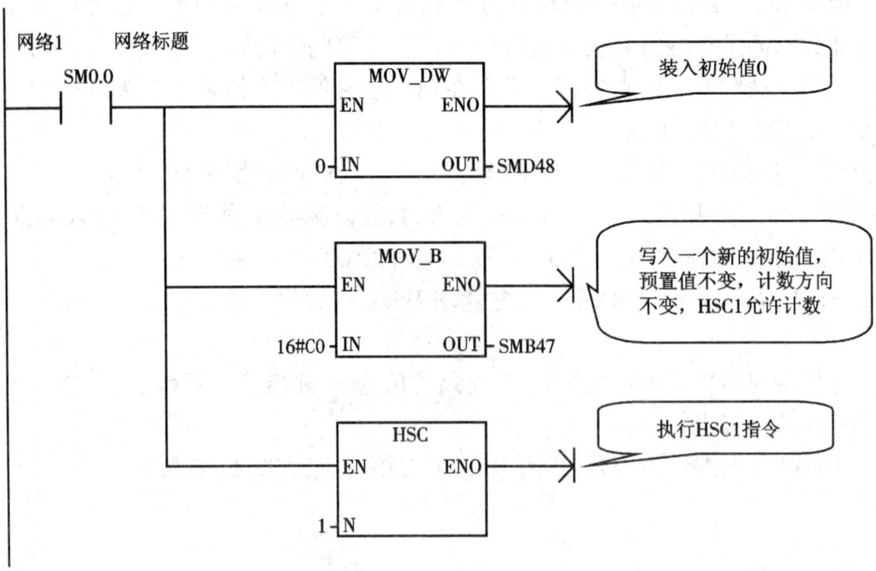

图 6.30　例 6.9 的中断子程序

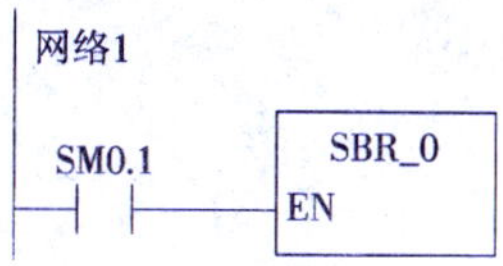

图 6.31　例 6.10 的主程序

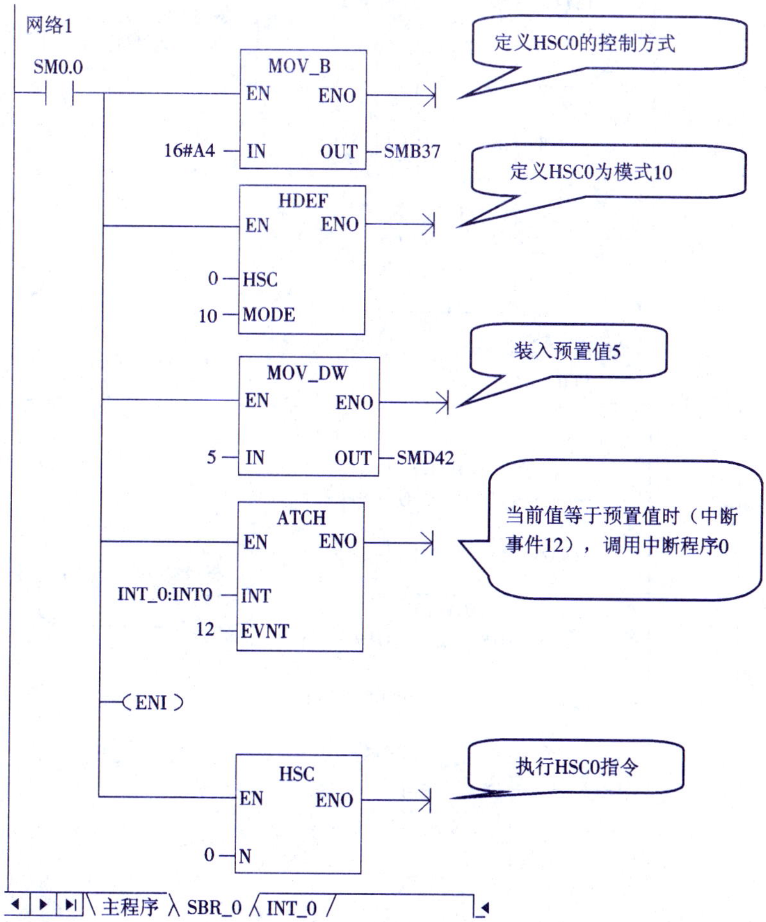

图 6.32　例 6.10 的子程序

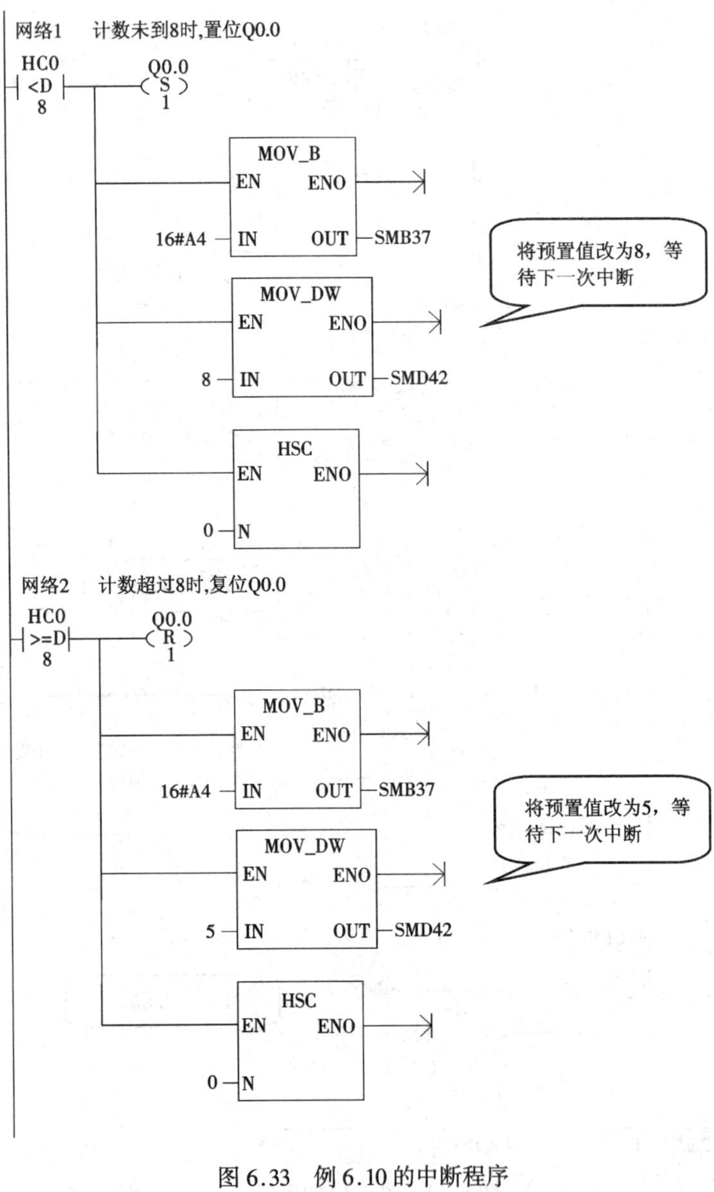

图 6.33 例 6.10 的中断程序

任务五 高速输出指令的应用

S7-200 CPU 22x 系列 PLC 设有高速脉冲输出，输出频率可达 20 kHz，新型的 CPU 224 XP 的高速脉冲输出频率可以达到 100 kHz。高速脉冲输出有脉冲串输出 PTO（输出一个频率可调、占空比为 50% 的脉冲）和脉宽调制输出 PWM（输出一个周期一定，占空比可调的脉冲）两种形式。

每个CPU有两个PTO/PWM发生器。一个发生器分配给输出端Q0.0，另一个分配给输出端Q0.1，用来驱动诸如步进电动机等负载，实现速度和位置的开环控制。当Q0.0或Q0.1设定为PTO或PWM功能时，其他操作均失效。不使用PTO/PWM发生器时，Q0.0或Q0.1作为普通输出端子使用。通常在启动PTO或PWM操作之前，用复位R指令将Q0.0或Q0.1清零。

注：只有晶体管输出类型的CPU能够支持调整脉冲输出功能。

一、脉宽调制输出（PWM）

PWM功能可输出周期一定、占空比可调的高速脉冲串，其时间基准可以是微秒或毫秒，周期变化范围为10～65 535 μs或2～65 535 ms，脉宽的变化范围为0～65 535 μs或0～65 535 ms。

当指定的脉冲宽度大于周期值时，占空比为100%，输出连续接通；当脉冲宽度为0时，占空比为0%，输出断开。如果指定的周期小于两个时间单位，周期被默认为两个时间单位。可以用以下两种办法改变PWM波形的特性。

1.同步更新

如果不要求改变时间基准，即可以进行同步更新。同步更新时，波形的变化发生在两个周期的交界处，可以平滑过渡。

2.异步更新

如果需要改变时间基准，则应使用异步更新。异步更新瞬时关闭PTO/PWM发生器，与PWM的输出波形不同步，可能引起被控设备的抖动。为此通常不使用异步更新，而是选择一个适用于所有周期时间的时间基准，使用同步PWM更新。

PWM输出的更新方式由控制字节中的SM67.4或SM77.4位指定，执行PLS指令使改变生效。如果改变了时间基准，不管PWM更新方式位的状态如何，都会产生一个异步更新。

二、脉冲串输出（PTO）

PTO功能可输出一定脉冲个数和占空比为50%的方波脉冲。输出脉冲的个数在1～4 294 967 295范围内可调；输出脉冲的周期以微秒或毫秒为增量单位，变化范围分别是10～65 535微秒或2～65 535毫秒。

如果周期小于两个时间单位，周期被默认为两个时间单位。如果指定的脉冲数为0，则脉冲数默认为1。

PTO功能允许多个脉冲串排队输出，从而形成流水线。流水线分为单段流水线和多段流水线。

单段流水线是指流水线中每次只能存储一个脉冲串的控制参数。初始PTO段一旦启动，必须按照对第二个波形的要求立即刷新特殊存储器，并再次执行PLS指令。在第一个脉冲串完成后,第二个脉冲串输出立即开始,重复这一步骤可以实现多个脉冲串的输出。单段流水线中的各段脉冲串可以采用不同的时间基准,但有可能造成脉冲串之间的不平稳过渡。输出多段高速脉冲时,编程复杂。

多段流水线是指在变量存储区 V 建立一个包络表(包络表 Profile 是一个预先定义的横坐标为位置、纵坐标为速度的曲线,是描述运动图形的)。包络表存放每个脉冲串的参数。执行 PLS 指令时,S7 - 200 系列 PLC 自动按包络表中的顺序及参数进行脉冲串输出。包络表中每段脉冲串的参数占用 8 个字节,由一个 16 位周期值(2 字节)、一个 16 位周期增量值 Δ(2 字节)和一个 32 位脉冲计数值(4 字节)组成。包络表的格式如表 6.17 所示。

表 6.17 包络表的格式

从包络表起始地址的字节偏移	段	说明
VB_n		总段数(1~255);数值 0 产生非致命错误,无 PTO 输出
VB_{n+1}	段 1	初始周期(2~65 535 个时基单位)
VB_{n+3}		每个脉冲的周期增量 Δ(符号整数:-32 768~32 767 个时基单位)
VB_{n+5}		脉冲数(1~4 294 967 295)
VB_{n+9}	段 2	初始周期(2~65 535 个时基单位)
VB_{n+11}		每个脉冲的周期增量 Δ(符号整数:-32 768~32 767 个时基单位)
VB_{n+13}		脉冲数(1~4 294 967 295)
VB_{n+17}	段 3	初始周期(2~65 535 个时基单位)
VB_{n+19}		每个脉冲的周期增量值 Δ(符号整数:-32 768~32 767 个时基单位)
VB_{n+21}		脉冲数(1~4 294 967 295)

注:周期增量值 Δ 为整数微秒或毫秒。

多段流水线的特点是编程简单,能够通过指定脉冲的数量自动增加或减少周期。周期增量值 Δ 为正值会增加周期;周期增量值 Δ 为负值会减少周期;若 Δ 为零,则周期不变。在包络表中的所有的脉冲串必须采用同一时基。在多段流水线执行时,包络表的各段参数不能改变。多段流水线常用于步进电动机控制。

使用 STEP 7 Micro/WIN 中的位控向导可以方便地设置 PTO/PWM 输出功能,使 PTO/PWM 的编程自动实现,大大减轻了用户编程负担。

三、PTO/PWM 寄存器

Q0.0 和 Q0.1 输出端子的高速输出功能通过对 PTO/PWM 寄存器的不同设置实现。PTO/PWM 寄存器由 SM66~SM85 特殊存储器组成。它们的作用是监视和控制脉冲输出(PTO)和脉宽调制(PWM)功能。各寄存器和位值的意义如表 6.18 所示。

表 6.18　PTO/PWM 寄存器和位值的意义

寄存器名称	Q0.0	Q0.1	说　明
脉冲串输出状态寄存器	SM66.4	SM76.4	PTO 包络由于增量计算错误异常终止:0 = 无错;1 = 异常终止
	SM66.5	SM76.5	PTO 包络由于用户命令异常终止:0 = 无错;1 = 异常终止
	SM66.6	SM76.6	PTO 流水线溢出:0 = 无溢出;1 = 溢出
	SM66.7	SM76.7	PTO 空闲:0 = 运行中;1 = PTO 空闲
PTO/PWM 输出控制寄存器	SM67.0	SM77.0	PTO/PWM 刷新周期值:0 = 不刷新;1 = 刷新
	SM67.1	SM77.1	PWM 刷新脉冲宽度值:0 = 不刷新;1 = 刷新
	SM67.2	SM77.2	PTO 刷新脉冲计数值:0 = 不刷新;1 = 刷新
	SM67.3	SM77.3	PTO/PWM 时基选择:0 = 1 μs;1 = 1 ms
	SM67.4	SM77.4	PWM 更新方法:0 = 异步更新;1 = 同步更新
	SM67.5	SM77.5	PTO 操作:0 = 单段操作;1 = 多段操作
	SM67.6	SM77.6	PTO/PWM 模式选择:0 = 选择 PTO;1 = 选择 PWM
	SM67.7	SM77.7	PTO/PWM 允许:0 = 禁止;1 = 允许
周期值设定寄存器	SMW68	SMW78	PTO/PWM 周期时间值(范围:2～65 535)
脉宽值设定寄存器	SMW70	SMW80	PWM 脉冲宽度值(范围:0～65 535)
脉冲计数值设定寄存器	SMD72	SMD82	PTO 脉冲计数值(范围:1～4 294 967 295)
多段 PTO 操作寄存器	SMB166	SMB176	段号,多段流水线 PTO 运行中的段的编号(仅用于多段 PTO 操作)
	SMW168	SMW178	包络表起始位置用距离 V0 的字节偏移量表示(仅用于多段 PTO 操作)

四、高速脉冲输出指令

高速脉冲输出指令格式及功能如表 6.19 所示。

表 6.19　高速脉冲输出指令

梯形图程序	语句表程序	指令功能
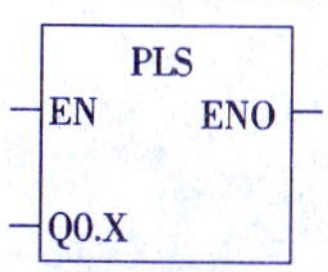	PLS　X	当使能输入有效时,PLC 检测程序设置的特殊功能寄存器位,激活由控制位定义的脉冲操作,从 Q0.X 输出高速脉冲

说明:

①高速脉冲串输出 PTO 和脉宽调制输出 PWM 都由 PLS 指令激活;

②操作数 X 指定脉冲输出端子,0 为 Q0.0 输出,1 为 Q0.1 输出;

③高速脉冲串输出 PTO 可采用中断方式进行控制,而脉宽调制输出 PWM 只能由指令 PLS 激活。

五、应用实例

【例 6.11】 脉宽调制输出 PWM。

假定 PLC 运行后,通过 Q0.1 连续输出周期为 10 000 ms、脉冲宽度为 5 000 ms 的脉宽调制输出波形,并利用 I0.1 上升沿中断实现脉宽的更新(每中断一次,脉冲宽度增加 10 ms)。

分析:通过调用子程序设置 PWM 操作,通过中断程序改变脉宽。对应的梯形图主程序如图 6.34 所示,子程序 0 如图 6.35 所示,中断程序 0 如图 6.36 所示。

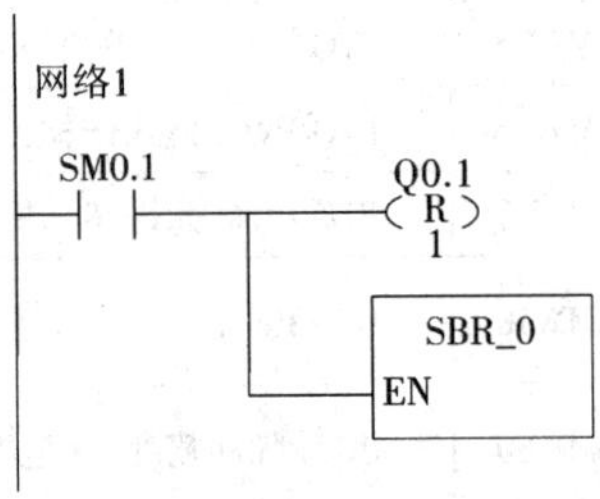

图 6.34　例 6.11 的主程序

【例 6.12】 脉冲串输出 PTO。

假定脉冲串通过 Q0.0 输出。脉冲串输出时,先输出 4 个脉冲周期为 500 ms 的脉冲串后,自动更新为输出 4 个脉冲为 1 000 ms 的脉冲串,然后再输出 4 个脉冲周期为 500 ms 的脉冲串,不断循环输出。使用 I0.0 上升沿启动脉冲串输出,使用 I0.1 上升沿停止脉冲串输出。

分析:通过 I0.0 上升沿调用子程序设置 PTO 操作;通过脉冲串输出完成调用中断程序来改变脉冲周期;通过 I0.1 上升沿禁止中断,停止脉冲串输出。PTO 输出结果如图 6.37 所示。对应的梯形图主程序如图 6.38 所示,子程序 0 如图 6.39 所示,中断程序 0 如图 6.40 所示。

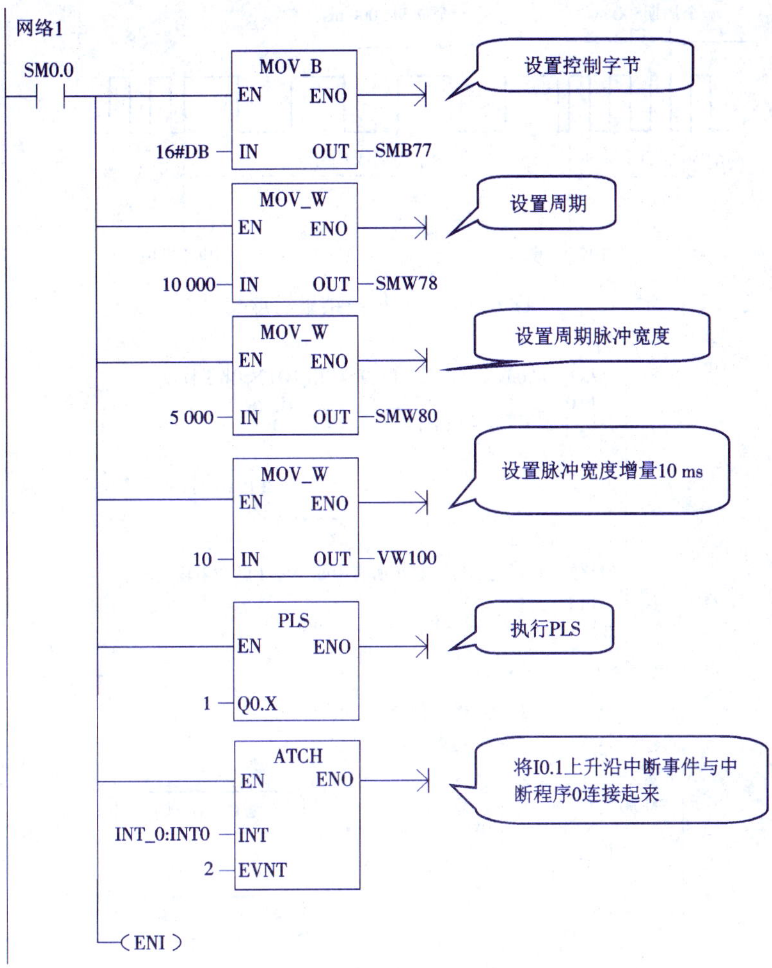

图 6.35　例 6.11 的子程序 0

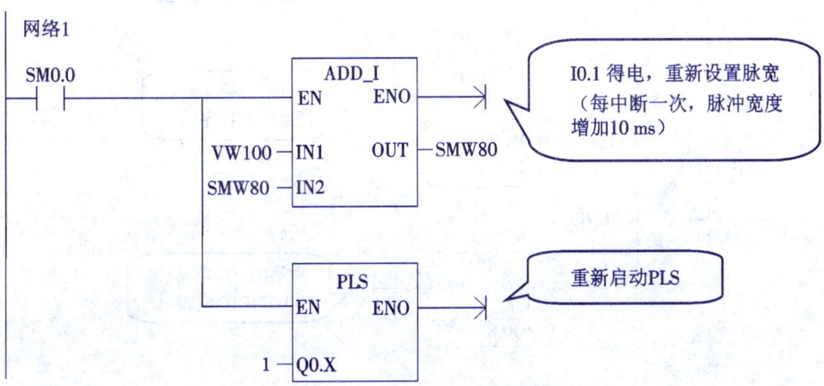

图 6.36　例 6.11 的中断程序 0

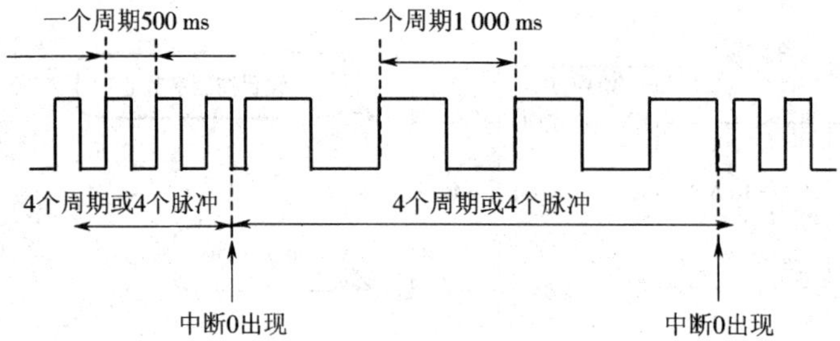

图 6.37　PTO 输出结果示意

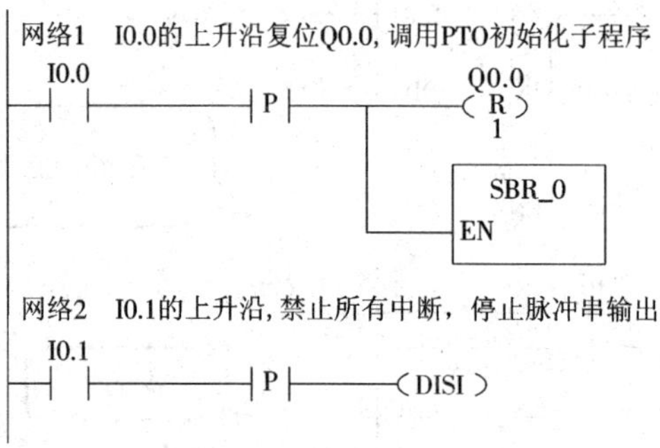

图 6.38　例 6.12 的主程序

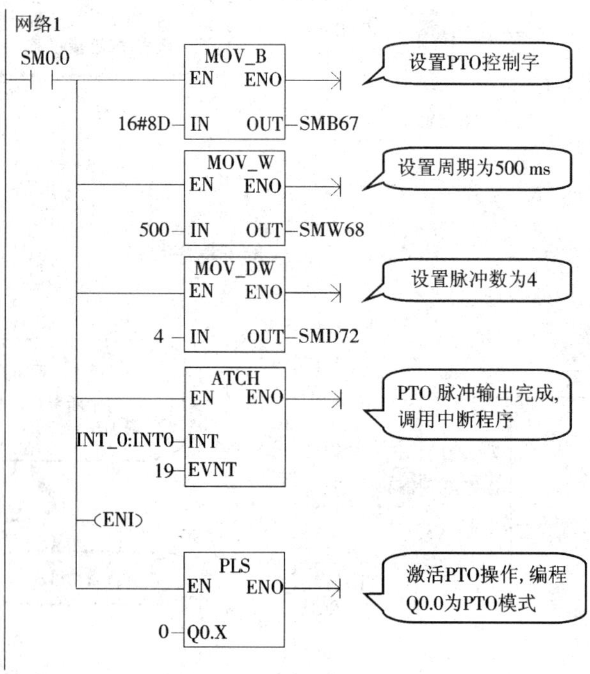

图 6.39　例 6.12 的子程序 0

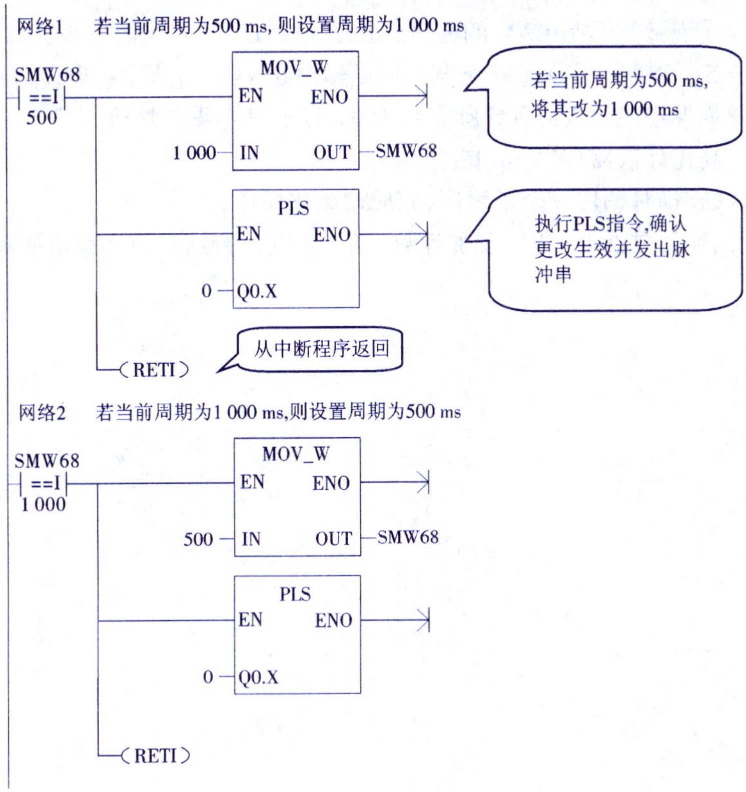

图 6.40　例 6.12 的中断程序 0

思考与练习

1. 用循环指令求从 VW0 开始存放的 10 个数的平均值，结果存于 VW0。

2. 当 I0.1 为 ON 时，定时器 T39 开始定时，产生 1 s 的脉冲。调用子程序，在子程序中将模拟量 AIW0 的值送入 VW20，设计主程序和子程序。

3. 首次扫描时给 QB0 置初值，用 T32 设置 1 s 的定时中断，控制 8 个彩灯循环左移。

4. 编写程序完成数据采集任务，要求每 100 ms 采集一个数。

5. 编写一个输入/输出中断程序，要求实现：

(1)从 0 到 255 的计数；

(2)当输入端 I0.0 为上升沿时，执行中断程序 0，程序采用加计数；

(3)当输入端 I0.0 为下降沿时，执行中断程序 1，程序采用减计数；

(4)计数脉冲为 SM0.5。

6.编写实现脉宽调制 PWM 的程序。要求从 PLC 的 Q0.1 输出高速脉冲,脉宽的初始值为 0.5 s,周期固定为 5 s,脉宽每周期递增 0.5 s。当脉宽达到设定的 4.5 s 时,脉宽改为每周期递减 0.5 s,直到脉宽减为 0。以上过程重复执行。

7.编写高速计数器程序,要求:

(1)首次扫描时调用一个子程序,完成初始化操作;

(2)用高速计数器 HSC1 实现加计数,当计数值 = 200 时,将当前值清零。

模块七　PLC 模拟量处理及 PID 控制

学习目标

学习了本模块之后，你需要

- 了解各种模拟量输入输出模块；
- 掌握模拟量的输入及输出，能用模拟量输入输出模块组成 PLC 模拟量控制系统，并根据工艺要求设置模块参数，编写控制程序；
- 掌握 PID 调节指令的格式及功能，会编写 PID 参数表初始化程序。

在工业控制中，某些输入量（如压力、温度、流量、转速等）是模拟量，某些执行机构（如电动调节阀、变频器等）要求 PLC 输出模拟信号。

模拟量首先被传感器和变送器转换为标准量程的电流或电压，例如直流 4～20 mA，1～5 V 或 0～10 V 等。PLC 用 A/D 转换器将它们转换成数字量。带正负号的电流或电压在 A/D 转换后用二进制补码表示。D/A 转换器将 PLC 的数字输出量转换为模拟电压或电流，再去控制执行机构。模拟量 I/O 模块的主要任务就是实现 A/D 转换（模拟量输入）和 D/A 转换（模拟量输出）。

S7－200 CPU 单元可以扩展 A/D、D/A 模块，从而可实现模拟量的输入和输出。

任务一　PLC 模拟量控制及应用

与 S7－22X CPU 配套的 A/D、D/A 模块有 EM 231（4 路 12 位模拟量输入）、EM 232（2 路 12 位模拟量输出）、EM 235（4 路 12 位模拟量输入/1 路 12 位模拟量输出）。

一、模拟量输入

1. 模拟量输入（AI）寻址

通过 A/D 模块，S7－200 CPU 可以将外部的模拟量（电流或电压）转换成一个字长（16 位）的数字量。可以用区域标识符（AI）、数据长度（W）和模拟通道的起始地址读取这些量，其格式为：AIW[起始字节地址]。

因为模拟输入量为一个字长，且从偶数字节开始存放，所以必须从偶数字节地址读取这些值，如 AIW0、AIW2、AIW4 等。模拟量输入值为只读数据。

2.模拟量输入模块的配置和校准

使用 EM 231 和 EM 235 输入模拟量时，首先要进行模块的配置和校准。通过调整模块中的 DIP 开关，可以设定输入模拟量的种类（电流、电压）以及模拟量的输入范围、极性，如图 7.1、7.2 所示。

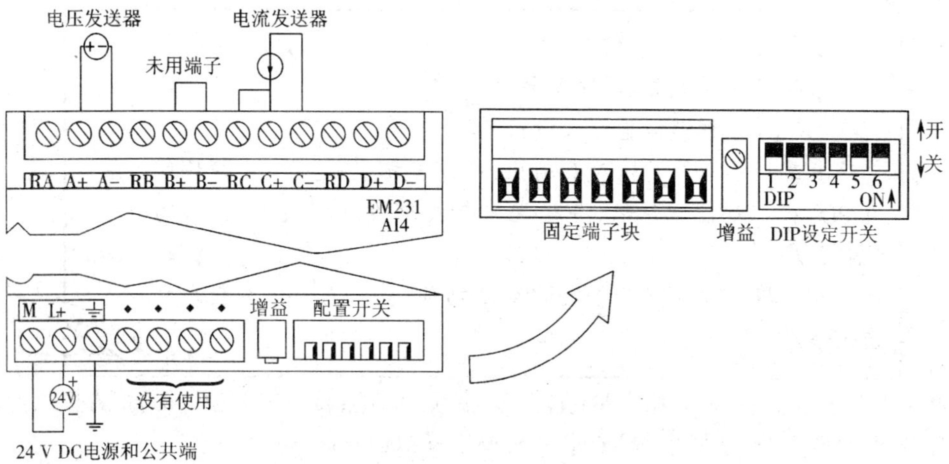

图 7.1　EM231 模拟量输入模块端子及 DIP 开关示意

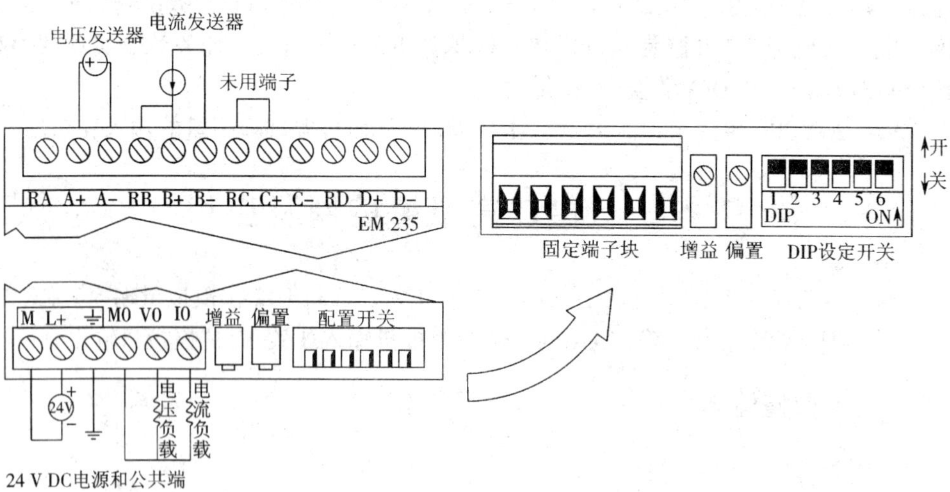

图 7.2　EM235 输入输出混合模块端子、DIP 设置开关及校准电位器示意

设定模拟量输入类型后，需要进行模块的校准，此操作需通过调整模块中的“增益调整”电位器实现。

校准调节影响所有的输入通道。即使在校准以后，如果模拟量多路转换器之前的输入电路元件值发生变化，从不同通道读入同一个输入信号，其信号值也会有微小的不同。校准输入的步骤如下：

①切断模块电源，用 DIP 开关选择需要的输入范围；

②接通 CPU 和模块电源，使模块稳定 15 min；

③用一个变送器、一个电压源或电流源，将零值信号加到模块的一个输入端；

④读取该输入通道在 CPU 中的测量值；

⑤调节模块上的 OFFSET(偏置)电位器，直到读数为零或需要的数字值；

⑥将一个满刻度模拟量信号接到某一个输入端子，读出 A/D 转换后的值；

⑦调节模块上的 GAIN(增益)电位器，直到读数为 32 000 或需要的数字值；

⑧必要时重复上述校准偏置和增益的过程。

3. 输入模拟量的读取

每个模拟量占用一个字长(16 位)，其中数据占 12 位。依据输入模拟量的极性，数据字格式有所不同。其格式如图 7.3 所示。

MSB　　　　LSB

15	14	13	12	11	10	9	8	7	6	5	4	3	2	1	0
0	12 位数据值												0	0	0

(a)单极性

MSB　　　　LSB

15	14	13	12	11	10	9	8	7	6	5	4	3	2	1	0
12 位数据值												0	0	0	0

(b)双极性

图 7.3　模拟量输入数据格式

模拟量转换为数字量的 12 位读数是左对齐的。对单极性格式，最高位为符号位，最低 3 位是测量精度位，即 A/D 转换是以 8 为单位进行的；对双极性格式，最低 4 位为转换精度位，即 A/D 转换是以 16 为单位进行的。

在读取模拟量时，利用数据传送指令 MOV _ W，可以从指定的模拟量输入通道将其读取到内存中，然后根据极性，利用移位指令或整数除法指令将其规格化，以便于处理数据值部分。

二、模拟量输出

1. 模拟量输出(AQ)寻址

通过 D/A 模块，S7 - 200 CPU 把一个字长(16 位)的数字量按比例转换成电流或电压。用区域标识符(AQ)、数据长度(W)和模拟通道的起始地址存储这些量。其格式为：AQW[起始字节地址]。

因为模拟输出量为一个字长，且从偶数字节开始，所以必须从偶数字节地址存储这些值，如 AQW0、AQW2、AQW4 等。模拟量输出值是只写数据，用户不能读取。

2.模拟量的输出

模拟量的输出范围为 - 10 ~ 10 V 和 0 ~ 20 mA(由接线方式决定),对应的数字量分别为 - 32 000 ~ 32 000 和 0 ~ 32 000(图 7.4)。

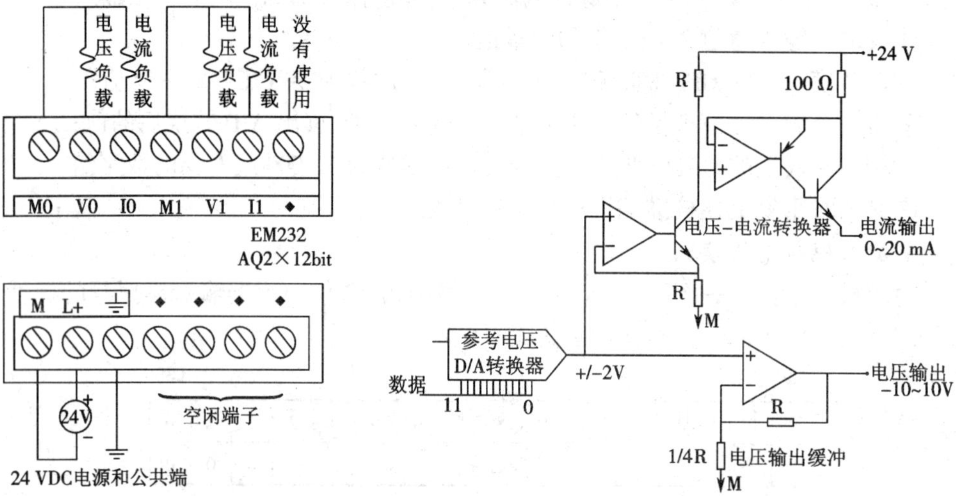

(a) EM 232模块接线端子　　(b) EM 232输出回路

图 7.4 EM232 模拟量输出模块外部接线及内部结构

每个模拟量占用一个字长(16 位)。依据输出模拟量的类型,其数据字格式有所不同,如图 7.5 所示。

MSB　　LSB

15	14	13	12	11	10	9	8	7	6	5	4	3	2	1	0
0	11 位数据值											0	0	0	0

(a)电流输出

MSB　　LSB

15	14	13	12	11	10	9	8	7	6	5	4	3	2	1	0
12 位数据值												0	0	0	0

(b)电压输出

图 7.5 模拟量输出数据格式

模拟量数据输出值是左对齐的,最高有效位是符号位,0 表示正值。最低 4 位是 4 个连续的 0,在转换为模拟量输出值时将自动屏蔽,不会影响输出信号值。

在输出模拟量时,首先根据电流输出方式或电压输出方式,利用移位指令或整数乘法指令对数据值部分进行处理,然后利用数据传送指令 MOV _ W,将其从指定的模拟量输出通道输出。

三、模拟量数据的处理

1.模拟量输入信号的整定

通过模拟量输入模块转换后的数字信号直接存储在 S7－200 系列 PLC 的模拟量输入存储器 AIW 中。这种数字量与被转换的结果之间有一定的函数对应关系，但在数值上并不相等，必须经过某种转换才能使用。这种将模拟量输入模块转换后的数字信号在 PLC 内部按一定函数关系进行转换的过程称为模拟量输入信号的整定。模拟量输入信号的整定通常需要考虑以下问题。

(1)模拟量输入值的数字量表示方法

模拟量输入值的数字量表示方法即模拟量输入模块数据的位数是多少？是否从数据字的第 0 位开始？若不是，应进行移位操作使数据的最低位排列在数据字的第 0 位上，以保证数据的准确性。如 EM231 模拟量输入模块，在单极性信号输入时，模拟量的数据值是从第 3 位开始的，因此数据整定的任务是把该数据字右移 3 位。

(2)模拟量输入值的数字量表示范围

该范围由模拟量输入模块的转换精度决定。如果输入量的范围大于模块可能表示的范围，可以使输入量的范围限定在模块表示的范围内。

(3)系统偏移量的消除

系统偏移量是指在无模拟量信号输入情况下由测量元件的测量误差及模拟量输入模块的转换死区所引起的、具有一定数值的转换结果。消除这一偏移量的方法是在硬件方面进行调整(如调整 EM235 中偏置电位器)或使用 PLC 的运算指令消除。

(4)过程量的最大变化范围

过程量的最大变化范围与转换后的数字量最大变化范围应有一一对应的关系，这样就可以使转换后的数字量精确地反映过程量的变化。如用 0～0FH 反映 0～10 V 的电压与 0～FFH 反映 0～10 V 的电压相比较，后者的灵敏度或精确度显然要比前者高得多。

(5)标准化问题

从模拟量输入模块采集到的过程量都是实际的工程量，其幅度、范围和测量单位都不同，在 PLC 内部进行数据运算之前，必须将这些值转换为无量纲的标准格式。

(6)数字量滤波问题

电压、电流等模拟量常常会因为现场干扰而产生较大波动。这种波动经 A/D 转换后亦反映在 PLC 的数字量输入端。若仅用瞬时采样值进行控制计算，将会产生较大误差，因此有必要进行滤波。

工程上的数字滤波方法有平均值滤波、去极值平均滤波以及惯性滤波法等。算术平均值滤波的效果与采样次数有关，采样次数越多效果越好。但这种滤波方法对于强干扰的抑制作用不大，而去极值平均滤波方法则可有效地消除明显的干扰信号。消除的方法是对多次采样值进行累加后，然后从累加和中减去最大值和最小值，再进行平均值滤波。惯性滤波的方法就是逐次修正,它类似于较大惯性的低通滤波功能。这些方法可同时使用,效果更好。

2.模拟量输出信号的整定

在 PLC 内部进行模拟量输入信号处理时,通常把模拟量输入模块转换后的数字量转换为标准工程量,经过工程实际需要的运算处理后,可得出上下限报警信号及控制信息。报警信息经过逻辑控制程序可直接通过 PLC 的数字量输出点输出,而控制信息需要暂存到模拟量存储器 AQWx 中,经模拟量输出模块转换为连续的电压或电流信号输出到控制系统的执行部件,以便进行调节。模拟量输出信号的整定就是要将 PLC 的运算结果按照一定的函数关系转换为模拟量输出寄存器中的数字值,以备模拟量输出模块转换为现场需要的输出电压或电流。

已知在某温度控制系统中由 PLC 控制温度的升降。当 PLC 的模拟量输出模块输出 10 V 电压时,要求系统温度达到 500 ℃,现 PLC 运算结果为 200 ℃,则应向模拟量输出存储器 AQWx 写入的数字量为多少? 这就是一个模拟量输出信号的整定问题。

显然,解决这一问题的关键是要了解模拟量输出模块中的数字量与模拟量之间的对应关系,这一关系通常为线性关系。如 EM232 模拟量输出模块输出的 0 ~ 10 V 电压信号对应的内部数字量为 0 ~ 32 000。上述运算结果 200 ℃所对应的数字量可用简单的算术运算程序得出。

四、模拟量输入输出举例

【例 7.1】 从模拟量输入通道 AIW2 读取由测速发电机输出的模拟电压(0 ~ 10 V),并将其存入 VW100 中。梯形图程序如图 7.6 所示。

EM231 的 DIP 开关中 SW1、SW2、SW3 分别设置为 ON、OFF、ON,设定的量程为单极性 0 ~ 10 V,输入数据范围为 0 ~ 32 000,数据格式参见前文所述。

利用实验板上的电位器可以输入 0 ~ 10 V 电压,可以用“图状态”方式观察 VW100 中数据的变化。

【例 7.2】 从模拟量输出通道 AQW0 输出 10 V 电压,控制恒温箱加热板。EM 232 的输出电压范围是 - 10 ~ 10 V,数据范围为 - 32 000 ~ 32 000,相应的数据值为 - 2 000 ~ 2 000。梯形图程序如图 7.7 所示。

从 M0、V0 之间取输出电压,可以用万用表进行测量,如图 7.4 所示。

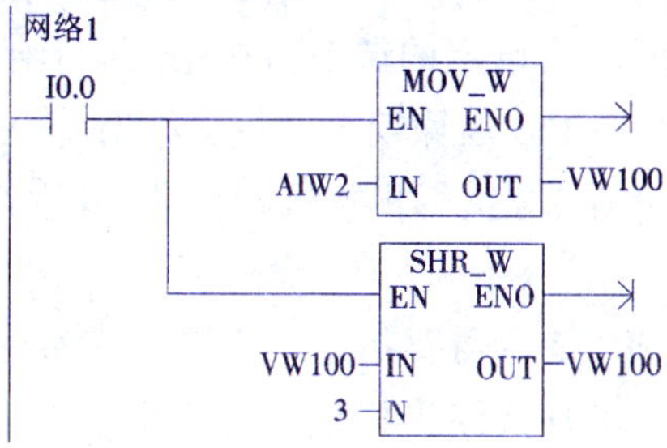

图 7.6　例 7.1 梯形图程序

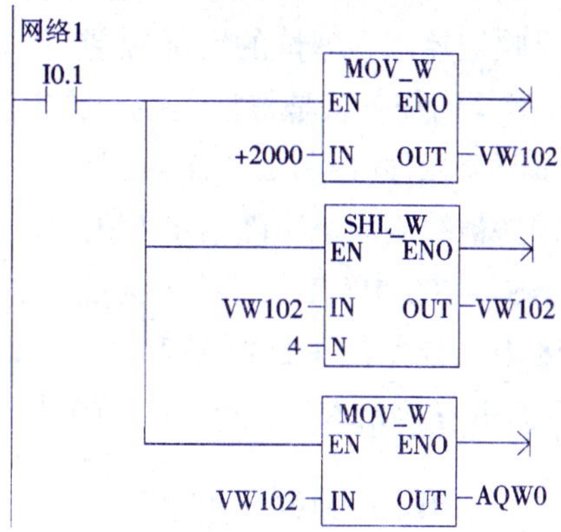

图 7.7　例 7.2 梯形图程序

任务二　PID 控制及应用

在工业生产中,常需要用闭环控制方式实现温度、压力、流量等连续变化的模拟量控制。无论使用模拟控制器的模拟控制系统,还是使用计算机(包括 PLC)的数字控制系统,PID 控制都得到了广泛的应用。

过程控制系统在对模拟量进行采样的基础上,一般还对采样值进行 PID(比例 + 积分 + 微分)运算,并根据运算结果,形成对模拟量的控制作用。控制结构如图 7.8 所示。

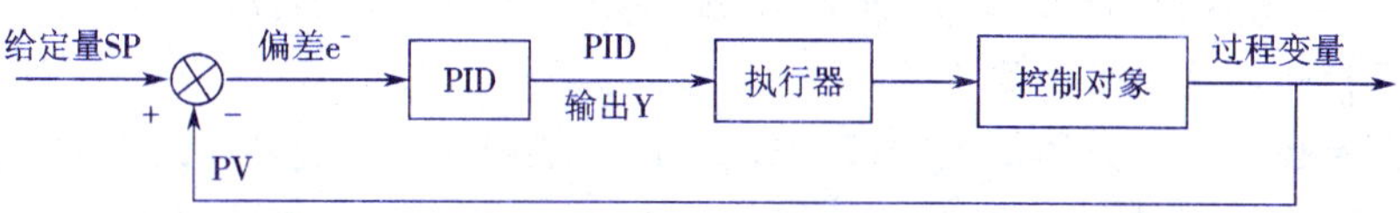

图 7.8　PID 控制系统结构

PID 运算中的积分作用可以消除系统的静态误差,提高精度,加强对系统参数变化的适应能力;微分作用可以克服惯性滞后,提高抗干扰能力和系统的稳定性,可改善系统动态响应速度;比例作用可对偏差作出及时响应。因此,对于速度、位置等快过程及温度、化工合成等慢过程,PID 控制都具有良好的实际效果。若能将三种作用的强度适当的配合,可以使 PID 回路快速、平稳、准确地运行,从而获得满意的控制效果。

PID 的三种作用是相互独立、互不影响的。改变一个参数,仅影响一种调节作用,而不影响其他调节作用。

S7 - 200 CPU 提供了 8 个回路的 PID 功能,用于实现需要按照 PID 控制规律进行自动调节的控制任务，如温度、压力和流量控制等。PID 功能一般需要模拟量输入，以反映被控制物理量的实际数值，称为反馈；而用户设定的调节目标值，即为给定。PID 运算的任务就是根据反馈与给定的差值，按照 PID 运算规律计算出结果，输出到固态开关元件（控制加热棒）或者变频器（驱动水泵）等执行机构进行调节，以达到自动维持被控制的量跟随给定变化的目的。

S7－200 中 PID 功能的核心是 PID 指令。PID 指令需要指定一个以 V 为变量存储区地址开始的 PID 回路表以及 PID 回路号。PID 回路表提供了给定和反馈以及 PID 参数等数据入口。PID 运算的结果也在回路表输出。

一、PID 控制器的优点

PID 控制器是应用最广的闭环控制器，有人估计现在使用的有 90% 以上的闭环控制器是 PID 控制器。这是因为 PID 控制具有以下的优点。

1. 不需要被控对象的数学模型

自动控制理论中的分析和设计方法主要是建立在被控对象的线性定常数数学模型的基础上的。这种模型忽略了实际系统中的非线性和时变性，与实际系统有较大的差距。对于许多工业控制对象，根本就无法建立较为准确的数学模型，因此自动控制理论中的设计方法很难用于大多数控制系统。对于这一类系统，使用 PID 控制可以得到比较满意的效果。

2. 结构简单，容易实现

PID 控制器的结构典型，程序设计简单，计算工作量较小，各参数有明确的物理意义，参数调整方便，容易实现多回路控制、串级控制等复杂的控制。

3. 有较强的灵活性和适应性

根据被控对象的具体情况，可以采用 PID 控制器的多种变种和改进的控制方式，例如 PI、PD、被控量微分 PID、积分分离 PID 等，但比例控制一般是不可少的。随着智能控制技术的发展，PID 控制与神经网络控制等现代控制方法结合，可以实现 PID 控制器的参数自整定，使 PID 控制器具有经久不衰的生命力。

4. 使用方便

现在已有很多 PLC 厂家提供具有 PID 控制功能的产品，如 PID 控制模块、PID 控制系统功能块等。它们的使用简单方便，只需要设置一些参数即可。STEP 7－Micro/MIN 的 PID 指令向导使 PID 指令的应用更加简单方便。

二、PID 调节指令格式及功能

PID 调节指令格式及功能如表 7.1 所示。

表 7.1　PID 调节指令

梯形图程序	语句表程序	指令功能
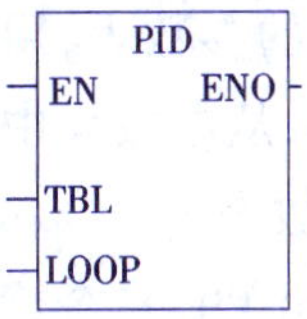	PID TBL,LOOP	当使能端 EN 为 1 时,PID 调节指令对 TBL 为起始地址的 PID 参数表中的数据进行 PID 运算

说明:

①LOOP 为 PID 调节回路号,可在 0～7 范围选取。为保证控制系统的每一条控制回路都能得到正常调节,必须为调节回路号 LOOP 赋不同的值,否则系统将不能正常工作。

②TBL 为与 LOOP 相对应的 PID 参数表的起始地址。它由 36 个字节组成,存储着 9 个参数。其格式及含义如表 7.2 所示。

③CPU 212 和 CPU 214 无此指令。

三、PID 回路表的格式及初始化

1.PID 回路表

PLC 在执行 PID 调节指令时,须对算法中的 9 个参数进行运算,为此 S7－200 的 PID 指令使用一个存储回路参数的回路表,PID 回路表的格式及含义如表 7.2 所示。

表 7.2　PID 回路表

偏移地址(VB)	变量名	数据格式	输入输出类型	取值范围
T＋0	反馈量(PVn)	双字实数	输入	应在 0.0～1.0 之间
T＋4	给定值(SPn)	双字实数	输入	应在 0.0～1.0 之间
T＋8	输出值(Mn)	双字实数	输入输出	应在 0.0～1.0 之间
T＋12	增益(KC)	双字实数	输入	比例常数,可正可负
T＋16	采样时间(TS)	双字实数	输入	单位为 s,必须为正数
T＋20	积分时间(TI)	双字实数	输入	单位为 min,必须为正数
T＋24	微分时间(TD)	双字实数	输入	单位为 min,必须为正数
T＋28	积分和(YX)或积分项前值(MX)	双字实数	输入输出	应在 0.0～1.0 之间
T＋32	反馈量前值(PVn－1)	双字实数	输入输出	最后一次执行 PID 指令的过程变量值

说明：

①PLC 可同时对多个生产过程(回路)实行闭环控制。由于每个生产过程的具体情况不同,PID 算法的参数亦不同。因此,需建立每个控制过程的参数表,用于存放控制算法的参数和过程中的其他数据。当需要执行 PID 运算时,从参数表中把过程数据送至 PID 工作台,待运算完毕后,将有关数据结果再送至参数表。

②表中反馈量 PVn 和给定值 SPn 为 PID 算法的输入,只可由 PID 指令读取并不可更改。通常反馈量来自模拟量输入模块,给定量来自人机对话设备,如 TD200、触摸屏、组态软件监控系统等。

③表中回路输出值 Mn 由 PID 指令计算得出,仅当 PID 指令完全执行完毕才予以更新。该值还需用户按工程量标定通过编程转换为 16 位数字值,送往 PLC 的模拟量输出寄存器 AQWx。

④表中增益(KC)、采样时间(TS)、积分时间(TI)和微分时间(TD)是由用户事先写入的值,通常也可通过人机对话设备(如 TD200、触摸屏、组态软件监控系统)输入。

⑤表中积分和 YX 由 PID 运算结果更新,且此更新值用作下一次 PID 运算的输入值。积分和的调整值必须是 0.0~1.0 之间的实数。

2.PID 回路表初始化

为执行 PID 指令,要对 PID 回路表进行初始化处理,即将 PID 回路表中有关参数(给定值 SPn、增益 KC、采样时间 TS、积分时间 TI、微分时间 TD)按照地址偏移量写入到变量寄存器 V 中。一般是调用一个子程序,在子程序中对 PID 回路表进行初始化处理。在采用人机界面的系统中,初始化参数通过人机界面直接输入。

四、PID 向导的应用

STEP 7 - Micro/WIN 提供了 PID Wizard(PID 指令向导),可以帮助用户方便地生成一个闭环控制过程的 PID 算法。用户只要在向导的指导下填写相应的参数,就可以方便快捷地完成 PID 运算的自动编程。用户只要在应用程序中调用 PID 向导生成的子程序,就可以完成 PID 控制任务。向导最多允许配置 8 个 PID 回路。

PID 向导既可生成模拟量输出的 PID 控制算法,也支持开关量输出;既支持连续自动调节,也支持手动参与控制,并能实现手动到自动的无扰切换。除此之外,它还支持 PID 反作用调节。

PID 功能块只接受 0.0~1.0 之间的实数作为反馈、给定与控制输出的有效数值。如果是直接使用 PID 功能块编程,必须保证数据在这个范围之内,否则会出错。其他如增益、采样时间、积分时间和微分时间都是实数。但 PID 向导已经把外围实际的物理量与 PID 功能块需要的输入输出数据之间进行了转换,不再需要用户自己编程进行输入输出的转换与标准化处理。

点击编程软件指令树中的"\向导\PID"图标或执行菜单命令"工具"→"指令向导",在出现的对话框中,设置 PID 回路的编号,设定值的范围、增益、采样周期、积分时间、微分时间,设置输入输出量是单极性还是双极性以及它们的变化范围,还可以设置是否使用报警功能以及占用的 V 存储区地址。

完成向导的设置工作后,会自动生成子程序 PIDx _ INIT(x 为 0~7)和中断程序 PID _ EXE。

完成了向导配置后,会自动生成一个 PID 向导符号表,在这个符号表中可以找到 P(比例)、I(积分)、D(微分)等参数的地址。利用这些参数地址用户可以方便地在 Micro/WIN 中使用程序、状态表或从 HMI 上修改 PID 参数值进行编程调试。

S7-200 CPU 和 Micro/WIN 已经有了 PID 自整定功能。用户可以使用用户程序或 PID 调节控制面板来启动自整定功能,使用这些整定值可以使控制系统得到最优化的 PID 参数,达到最佳的控制效果。若要使用 PID 自整定功能,必须用 PID 向导完成编程任务。

五、应用实例

【例 7.3】 有一个通过变频器驱动的水泵供水的恒压供水水箱如图 7.9 所示,维持水位在满水位的 70%。开机后,手动控制电动机,水位上升到 70% 时,转换到 PID 自动调节。

分析:过程变量 PVn 为水箱的水位,由水位检测计提供,经 A/D 转换送入 PLC;控制信号由 PLC 执行 PID 指令后,以单极性信号经 D/A 转换后送出,从而控制变频器控制电动机转速。

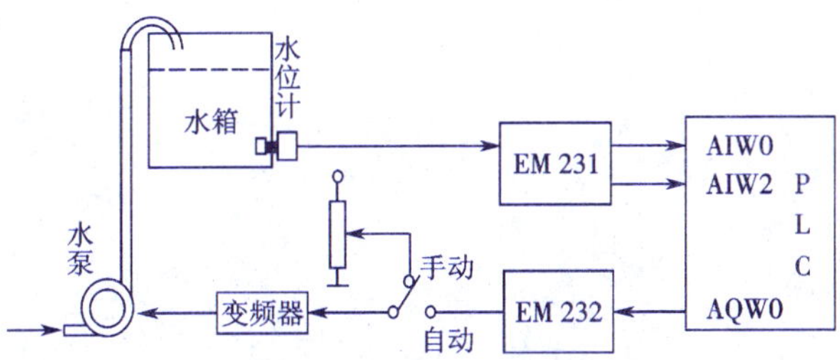

图 7.9　供水水箱示意

PID 回路参数表如表 7.3 所示。

表 7.3 PID 回路参数表

地 址	参 数	数 值
VD100	过程变量当前值 PVn	水位检测计提供的模拟量经 A/D 转换后的标准化数值
VD104	给定值 SPn	0.7
VD108	输出值 Mn	PID 回路的输出值(标准化数值)
VD112	增益 KC	0.3
VD116	采样时间 TS	0.1
VD120	积分时间 TI	0.3
VD124	微分时间 TD	0(关闭微分作用)
VD128	上一次的积分值 MX	根据 PID 运算结果更新
VD132	上一次的过程变量 PVn-1	最近一次的 PID 的变量值

I0.0 连接手动/自动切换开关,模拟量输入 AIW0,模拟量输出 AQW0。

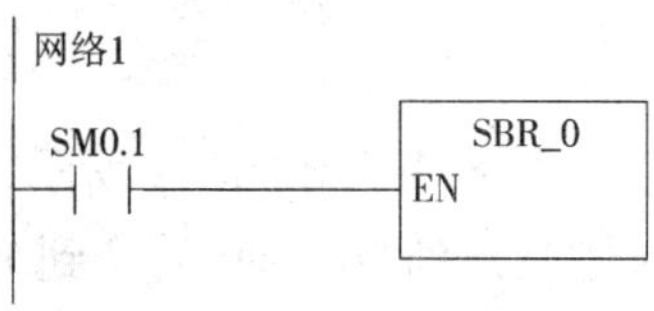

图 7.10 例 7.3 的主程序

程序由主程序(图 7.10)、子程序(图 7.11)和中断程序(图 7.12)构成。主程序用来调用初始化子程序;子程序用来建立 PID 回路初始化参数表和设置中断,采用定时中断(查表 6.10 可知中断事件号为 10)来定时采样,设置定时时间和采样时间为 100 ms,并写入 SMB34;中断程序用于执行 PID 运算,I0.0 = 1 时,执行 PID 运算。标准化时采用单极性(取值范围为 0 ~ 32 000)。

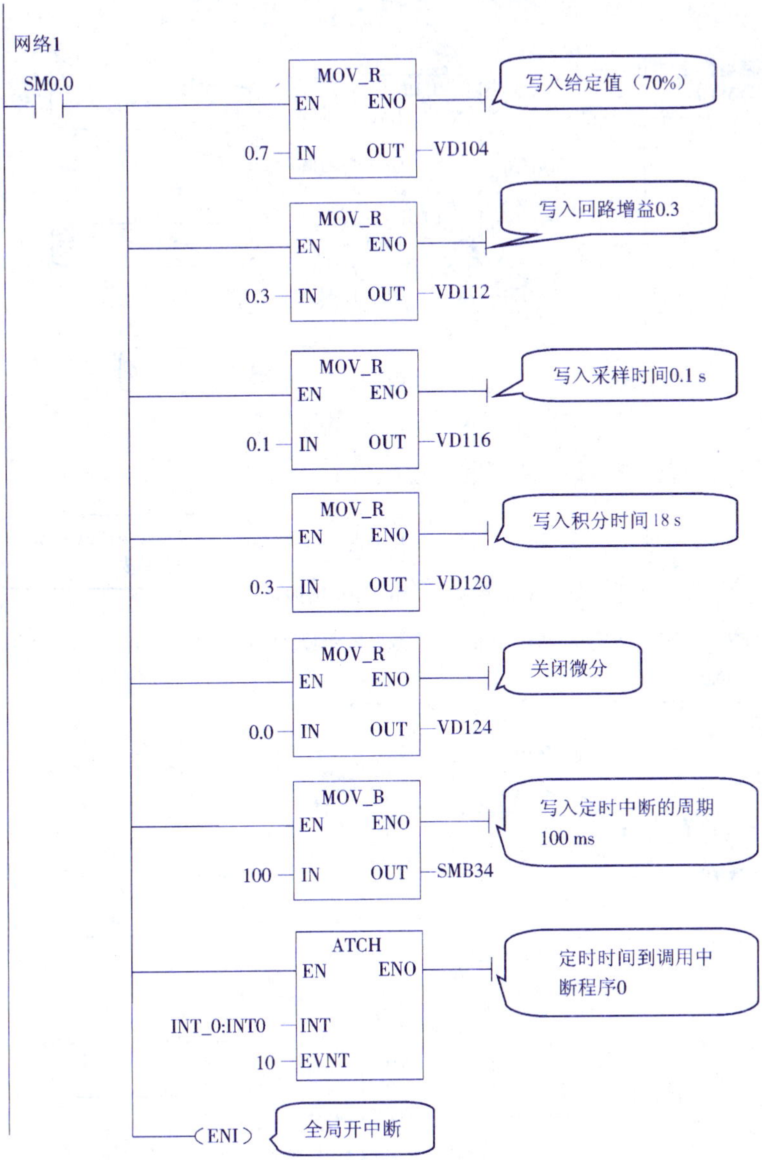

图 7.11　例 7.3 的子程序

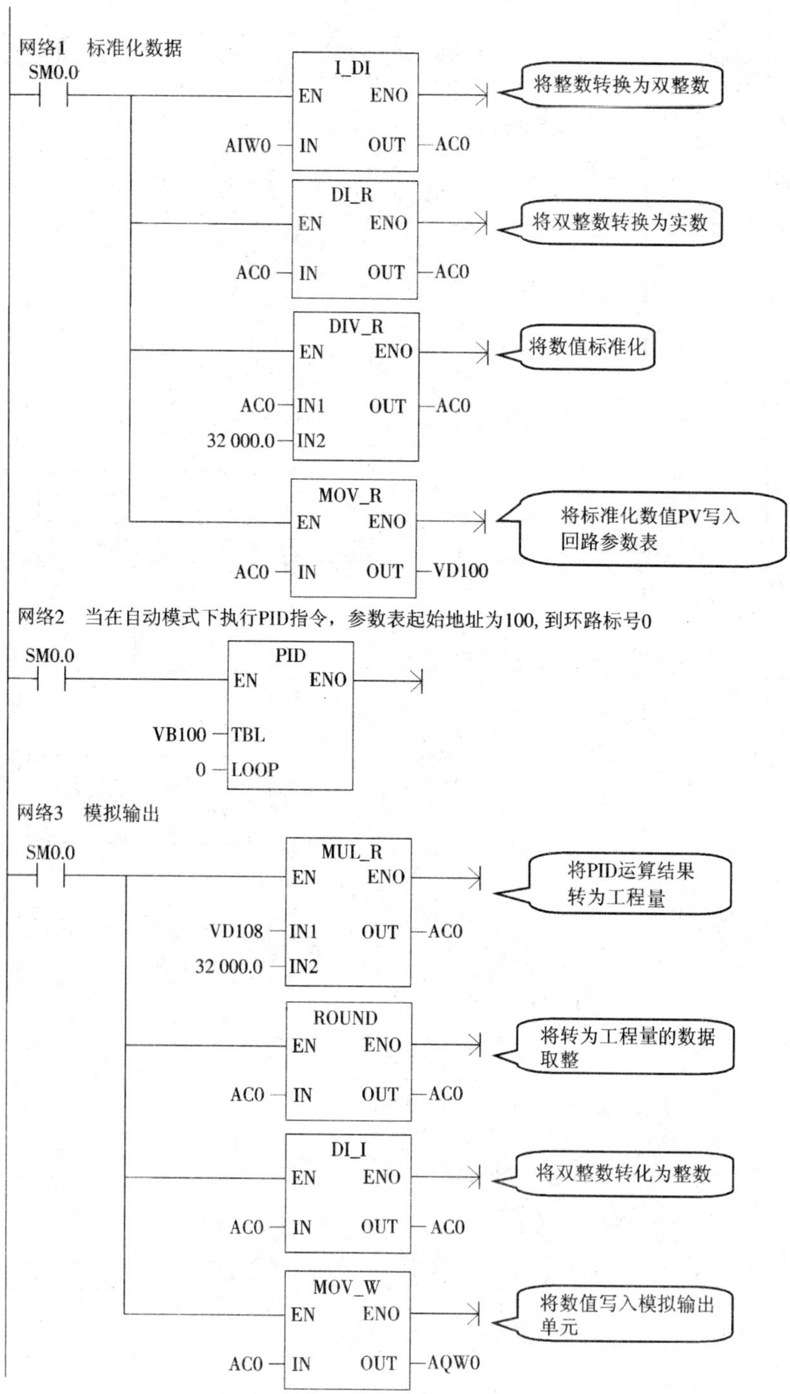

图 7.12 例 7.3 的中断程序

思考与练习

1.模拟量输入输出模块的作用是什么?

2.与 S7-200 CPU 配套的模拟量输入输出模块有哪些?

3.模拟量输入模块在使用时应考虑哪些因素?

4.模拟量的输入输出信号为什么需要整定?

5.PID 控制为什么会得到广泛应用?

6.PID 中的积分部分有什么作用?

7.PID 中的微分部分有什么作用?

8.PID 回路表有何作用?

模块八　S7－200 的网络

学习目标

学习了本模块之后，你需要

- 了解 S7－200 系列 PLC 的通讯方式；
- 了解 S7－200 系列 PLC 支持的通讯协议，了解通讯协议的含义及实现方法；
- 掌握编程计算机与 PLC 的通讯连接方式及设置方法；
- 掌握 S7－200 CPU 的网络读写指令的格式、功能及其编程；
- 理解 S7－200 系列 PLC 自由端口通讯协议的含义，掌握使用自由端口通讯的编程。

把 PLC 与 PLC、PLC 与计算机、PLC 与人机界面或 PLC 与智能设备通过信道连接起来实现通讯，以构成功能更强、性能更好、信息流畅的控制系统，用以实现信息交换，满足工厂自动化系统发展的需要。网络中的各 PLC 和远程 I/O 模块按功能分布在生产现场进行分散控制，然后用网络连接起来，构成集中管理的分布式网络系统。PLC 通讯的根本目的是与通讯对象交换数据，增强 PLC 的控制功能，实现被控制系统的自动化、远程化、信息化及智能化。

西门子公司提出的全集成化(TIA)系统核心内容包括组态和编程的集成、数据管理的集成以及通讯的集成。通讯网络是这个系统中的关键组件。在 PLC 组成的控制系统中，一般由 PLC 作为下位机，完成数据采集、状态判别、输出控制等，上位机(微型计算机、工业控制机)完成数据采集信息的存储、分析处理、人机界面的交互以及打印输出，以实现对系统的实时监控。这种监控系统充分利用了微型机和 PLC 各自的特点，实现了优势互补。其中的技术关键是实现 PLC 与计算机的通讯。

任务一　认识 S7－200 的通讯方式和通讯协议

强大而灵活的通讯能力是 S7－200 系统的一个重要特点。通过各种通讯方式，S7－200 可与西门子 SIMATIC 家族的其他成员(如 S7－300 和 S7－400 等系列 PLC、各种西门子 HMI(人机操作界面)产品及其他如 LOGO！智能控制模块、SIMAMICS 驱动装置等)紧密地联系起来。

一、任务提出

S7－200 系列 PLC 可与哪些设备进行通讯？

S7－200 系列 PLC 的通讯方式有哪些？

S7－200 系列 PLC 的通讯口支持哪些通讯协议？

二、相关新知识

1.S7－200 CPU 的通讯

S7－200 系统主要可以实现以下通讯：

①安装了编程软件 Micro/WIN 的编程电脑可以对 PLC 编程；

②可以连接其他 S7－200 CPU 的通讯口组成网络；

③可以与 S7－300/400 的 MPI 通讯口通讯；

④可以连接西门子的人机界面(HMI)设备(如 TD200、TP170 micro、TP170、TP270 等)；

⑤可以通过 OPC Server(PC Access V1.0)进行数据发布；

⑥可以连接其他串行通讯设备；

⑦可以与第三方 HMI 通讯。

2.S7－200 系列 PLC 的通讯方式

要对 S7－200 CPU 进行实际的编程和调试，需要在运行编程软件的计算机和 S7－200 CPU之间建立通讯连接。S7－200 系列 PLC 的通讯端口是符合欧洲标准 EN 50170 中 PROFIBUS 标准的 RS－485 兼容 9 针 D 型连接器。S7－200 CPU 上的二个通讯口基本一样，没有什么区别。它们可以各自在不同模式、不同通讯速率下工作；它们的口地址甚至也可相同。分别连接到 PLC 上两个通讯口上的设备，不属于同一个网络。S7－200 CPU 不能充当网桥的作用。

PC 机的标准串口为 RS－232。西门子公司提供的 PC/PPI 电缆带有 RS－232/RS－485 电平转换器，因此在不增加任何硬件的情况下，可以很方便地将 PLC 和 PC 机互联。

在 PLC 上的通讯口不够的情况下，不能通过扩展得到与 PLC 通讯口功能完全一样的通讯口，可以考虑选择具有更多通讯口的 PLC 。

常用的编程通讯方式有以下三种：

①PC/PPI 电缆(USB/PPI 电缆)连接 PG/PC 的 USB 端口和 PLC 通讯口；

②PC/PPI 电缆(RS－232/PPI 电缆)连接 PG/PC 的串行通讯口(COM 口)和 PLC 通讯口；

③CP(通讯处理卡)安装在 PG/PC 上，通过 MPI 电缆连接 PLC 通讯口。

3.S7－200 系列 PLC 支持的通讯协议

S7－200 支持多种通讯协议，主要有以下几种。

(1)点对点接口协议(PPI)

PPI是西门子专门为S7-200系列PLC开发的通讯协议,是S7-200 CPU最基本的通讯方式,是S7-200 CPU默认的通讯方式。

PPI是主/从协议。S7-200系列PLC既可做主站又可做从站,通讯速率为9.6、19.2和187.5 kbps。这个协议支持一主机多从机连接和多主机多从机连接方式。

这个协议中,主站向从站发送申请,从站进行响应。从站不主动发信息,总是等待主站的要求,并且根据地址信息对要求作出响应。

如果在程序中允许PPI主站模式,一些S7-200 CPU在RUN模式下可以作为主站。一旦允许主站模式,就可以利用网络读写指令读写其他PLC。当S7-200 CPU作为PPI主站时,它还可以作为从站响应来自其他主站的申请。任何一个从站允许有多少个主站与其通讯,PPI没有限制,但在网络中最多只能有32个主站。

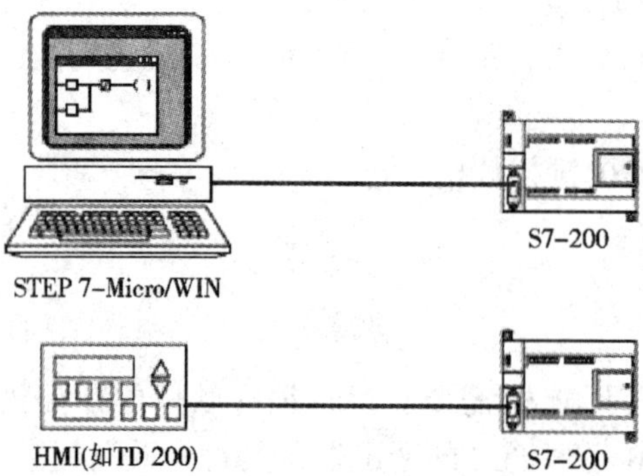

图8.1　单主站的PPI网络

单主站的PPI网络如图8.1所示。用PPI协议进行通讯的网络中,用一根PC/PPI电缆将计算机与PLC连接。PLC之间则通过网络连接器连接,也可将人机界面(HMI)设备(如TD200、TP或OP)与PLC相连。PC机或HMI设备是主站。

在这两个网络中,S7-200 CPU是从站,响应来自主站的要求。

多主站的PPI网络如图8.2所示。PC和HMI可以对任意S7-200 CPU从站读写数据,PLC和HMI共享网络。

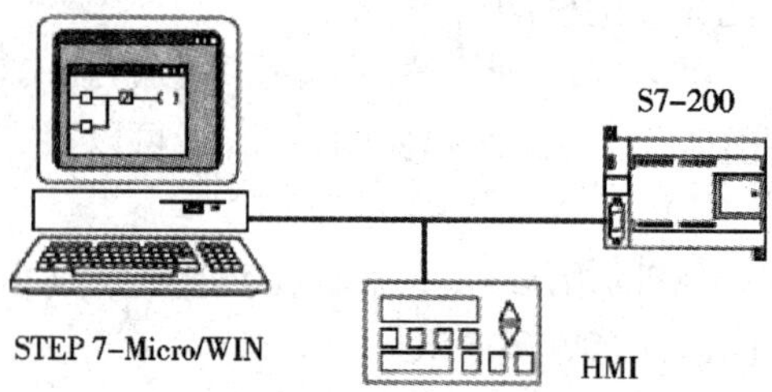

图8.2　多主站的PPI网络

复杂的PPI网络如图8.3所示。它是一个带点对点通讯的多主站网络,PC和HMI通过网络读写S7-200 CPU,同时S7-200 CPU之间使用网络读写指令相互读写数据(点对点通讯)。

(2)多点接口协议(MPI)

MPI是在西门子公司的PLC、操作员界面和编程器上的集成通讯接口,用于建立

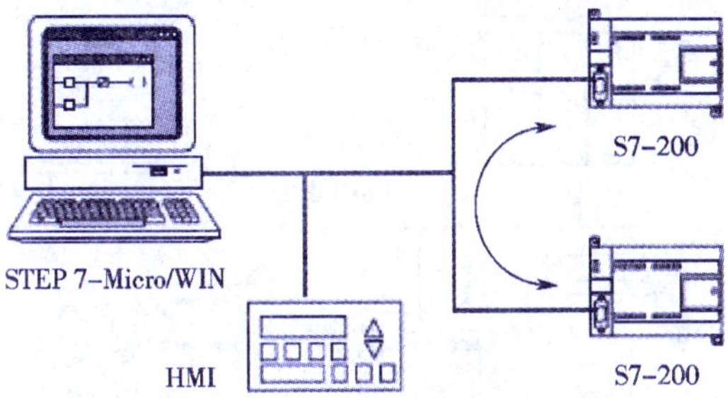

图 8.3　复杂的 PPI 网络

小型的通讯网络，是一种比较简单的通讯方式。MPI 协议可以是主/主协议或主/从协议。协议如何操作取决于设备类型。在计算机或编程设备中插入一块 MPI（多点接口）卡或 CP（通讯处理）卡。由于该卡本身具有 RS－232/RS－485 信号电平转换器，因此可以将计算机或编程设备直接通过 RS－485 电缆与 S7－200 系列 PLC 相连。S7－200系列 PLC 只能做从站。多点网络如图 8.4 所示。

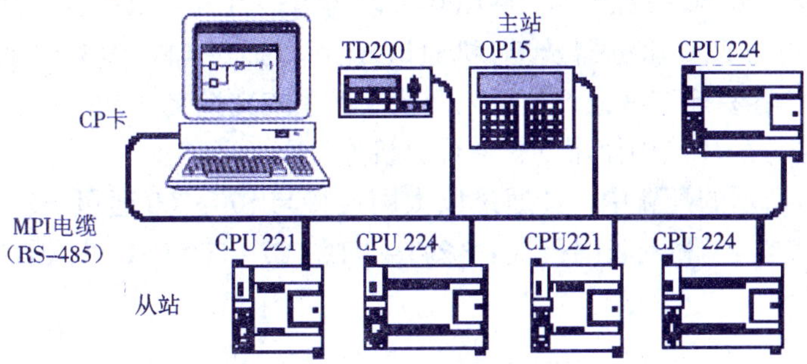

图 8.4　多点网络

MPI 协议可用于 S7－300 和 S7－400 与 S7－200 之间的通讯；S7－300 和 S7－400 PLC 可以用 XGET 和 XPUT 指令读写 S7-200 的数据。要得到更多关于这些指令的信息，可参阅有关 S7－300 和 S7－400 的资料。

（3）Profibus 协议

Profibus－DP 现场总线是一种开放式现场总线系统，符合欧洲标准和国际标准。Profibus 协议是用于分布式 I/O 设备（远程 I/O）的高速通讯，可以使用不同厂家的 PROFIBUS 设备。许多厂家生产类型众多的 PROFIBUS 设备，如简单的输入输出模块、电动机控制器和 PLC 等。S7－200 系列 PLC 通过 EM277 Profibus－DP 扩展模块可以方便地与 Profibus 现场总线进行连接。EM 277 Profibus －DP 模块端口可运行于 9 600 bps 到 12 Mbps 之间的任何 Profibus 波特率，进而实现低档设备的网络运行。

有 PC 和 HMI 设备的 Profibus 网络如图 8.5 所示。S7－300 做 Profibus 的主站，S7－200 是从站，HMI 通过 EM277 监控 S7－200，PC 通过 EM277 对 S7－200 进行编程。

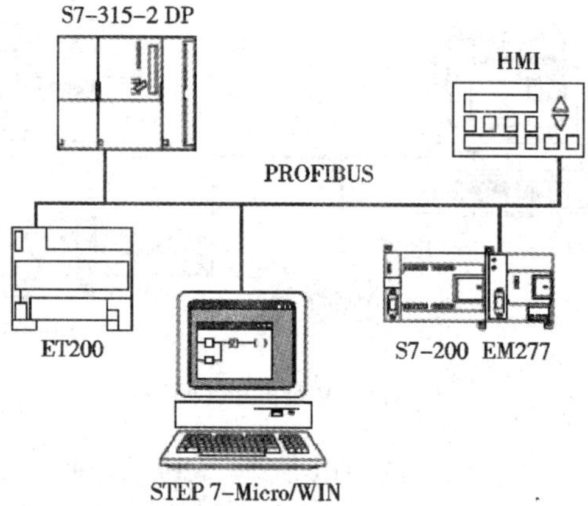

图 8.5 Profibus 网络

(4)TCP/IP 协议

通过 CP－243－1 IT 通讯处理器,可以将 S7－200 系统连接到工业以太网(IE)中。通过工业以太网,一台 S7－200 CPU 可以与另一台 S7－200、S7－300 或 S7－400 CPU 通讯,也可与 OPC 服务器及 PC 机通讯,还可以通过 CP－243－1 IT 通讯处理器的 IT 功能非常容易地与其他计算机以及控制器系统交换文件,可以在全球范围内将控制器和当今办公环境中使用的普通计算机连接。

在图 8.6 所示的配置中,PC 通过以太网连接与 S7－200 通讯。S7－200 带有以太网模块 CP 243－1 和互联网模块 CP 243－1 IT。S7－200 CPU 可以通过以太网连接交换数据。

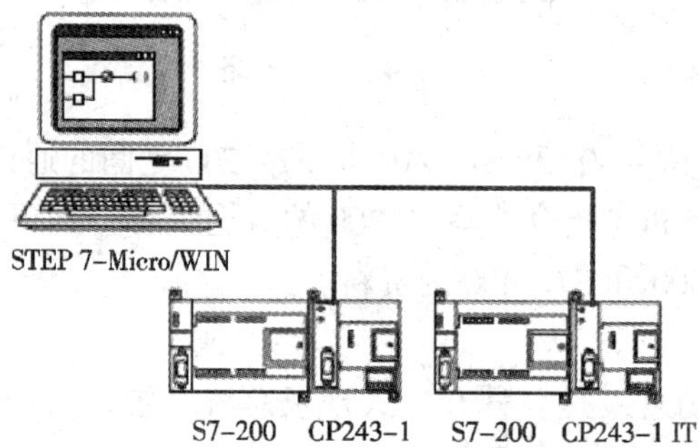

图 8.6 工业以太网

(5)用户自定义协议(自由口通讯模式)

第三方设备大部分支持 RS－485 串口通讯,S7－200 CPU 可以通过选择自由口通讯模式控制串口通讯。自由口通讯模式使 S7－200 可以与许多通讯协议公司的其他设备和控制器通讯,通过使用接收中断、发送中断、字符中断、发送指令(XMT)和接收指令(RCV),可以为所有的通讯活动编程。通讯速率从 1.2 kbps 到 9.6 kbps、19.2

kbps 或 115.2 kbps。通讯协议应符合通讯对象的要求或者由用户决定。

4.用户在设计网络时应当考虑的因素

S7-200系统手册上给出的通讯口的通讯距离是一个网段(50 m),这是在符合规范网络条件下能够保证的通讯距离。凡超出50 m的距离,应当加中继器。加一个中继器可以延长通讯网络50 m。如果加一对中继器,并且它们之间没有S7-200 CPU站存在(可以有EM277),则中继器之间的距离可以达到1 000 m。符合上述要求就可以做到非常可靠的通讯。

实际上,有用户做到了超过50 m距离而不加中继器的通讯。西门子不能保证这样的通讯一定成功。S7-200 CPU上的通讯口在电气上是RS-485口。RS-485支持的距离是1 000 m 。为保证足够的传输速率,建议使用西门子公司制造的网络电缆和网络连接器(插头),如图8.7所示。

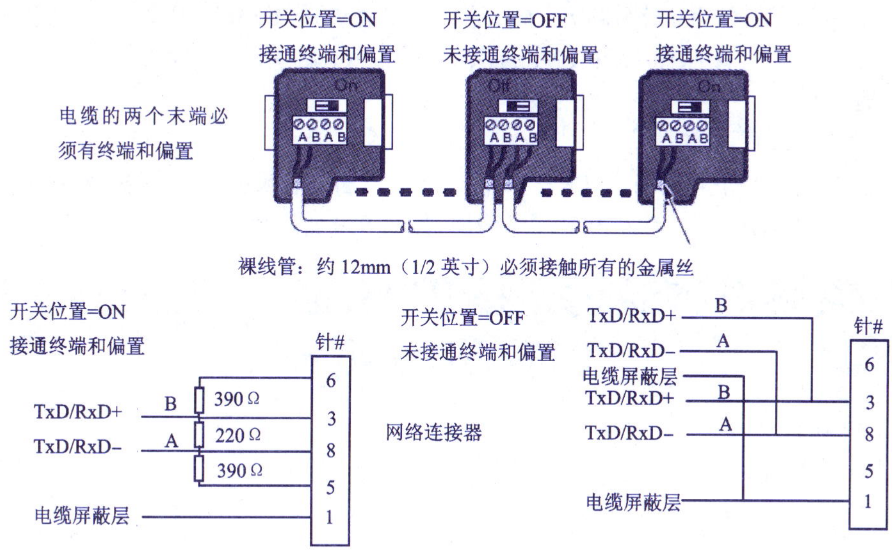

图8.7 网络连接器

安装合适的浪涌抑制器,可以避免雷击浪涌。应避免将低压信号线和通讯电缆与交流导线和高能量、快速开关的直流导线布置在同一线槽中。要成对使用导线,用中性线或公共线与能量线或信号线配对。

S7-200 CPU上的通讯口是非隔离的,需要注意保证网络上的各通讯口电位相等。具有不同参考电位的互联设备有可能导致不希望的电流流过连接电缆,这种不希望的电流有可能导致通讯错误或者设备损坏。如果想使网络隔离,应考虑使用RS-485中继器或者EM277。信号传输条件(网络硬件如电缆、连接器,以及外部的电磁环境)对通讯成功与否的影响很大。

为保证足够的传输距离和传输速率,建议使用西门子公司制造的网络电缆和网络连接器。

带中继器的网络如图 8.8 所示。

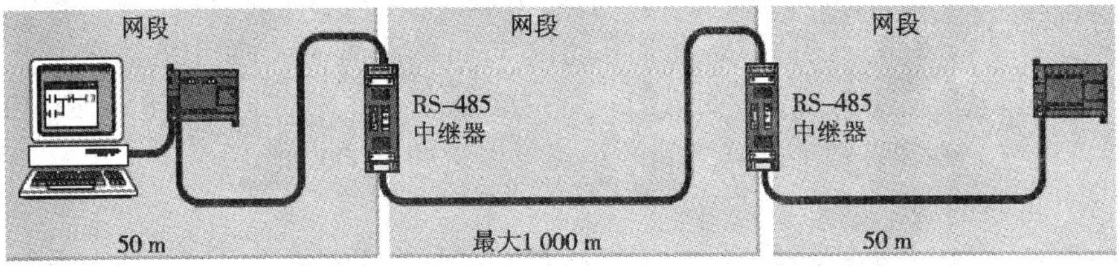

图 8.8 带中继器的网络

5.编程计算机与 PLC 的通讯

最简单的编程通讯配置为:带串行通讯口(RS-232C 即 COM 口,或 USB 口)的 PG/PC,并已正确安装了 STEP 7-Micro/WIN 的有效版本;RS-232C/PPI 电缆(PC/PPI),连接计算机的 COM 口和 PLC 通讯口;USB/PPI 电缆,连接计算机的 USB 口和 PLC 通讯口。

(1)通讯设置

①在 PG/PC 机上运行 STEP 7-Micro/Win 软件,用鼠标单击浏览条上的通讯(Communications)图标打开通讯属性对话框,如图 8.9 所示。

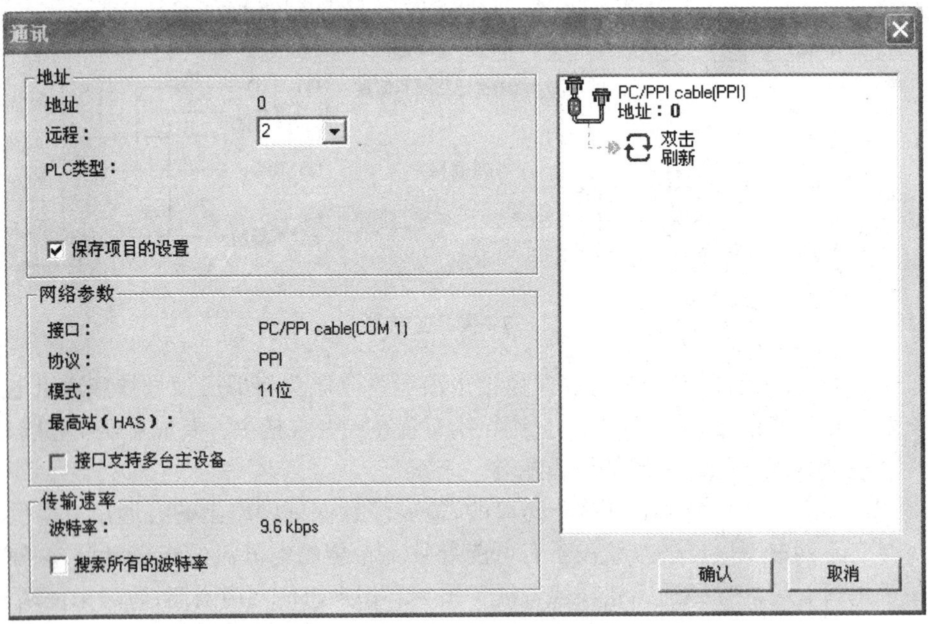

图 8.9 通讯属性设置

窗口左侧显示本地编程计算机的网络通讯地址是 0,默认的远程(就是与计算机连接的 PLC 通讯口)端口地址为 2。窗口右侧显示编程计算机通过 PC/PPI 电缆与 PLC 通讯。

②双击 PC/PPI 电缆图标,出现图8.10所示的设置 PG/PC 接口对话框。单击窗口属性(Properties)按钮,可查看、设置 PC/PPI 电缆连接参数。

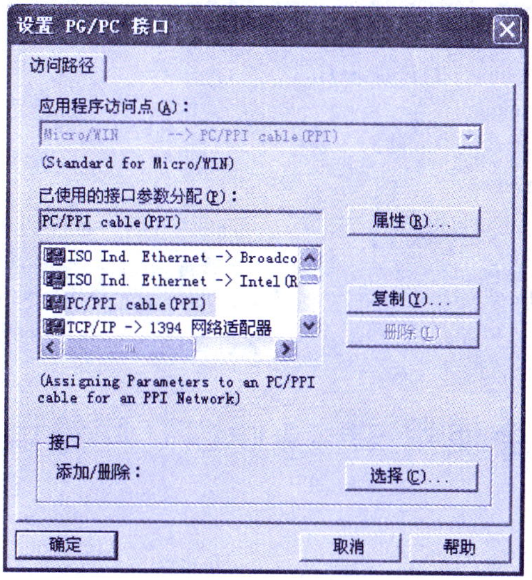

图 8.10　设置 PG/PC 接口

③在 PPI 选项卡中查看设备网络相关参数,如图 8.11 所示。

④在本地连接(Local Connection)选项卡中,在下拉选择框中选择实际连接的编程计算机的 COM 口,如图 8.12 所示。单击“确认”按钮,回到“通讯”窗口。

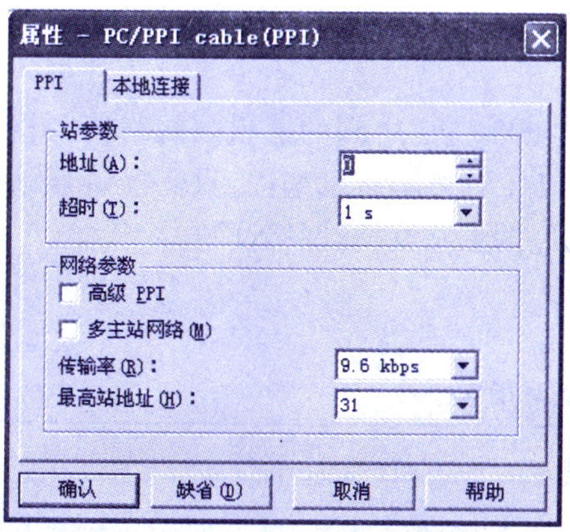

图 8.11　PC/PPI 属性

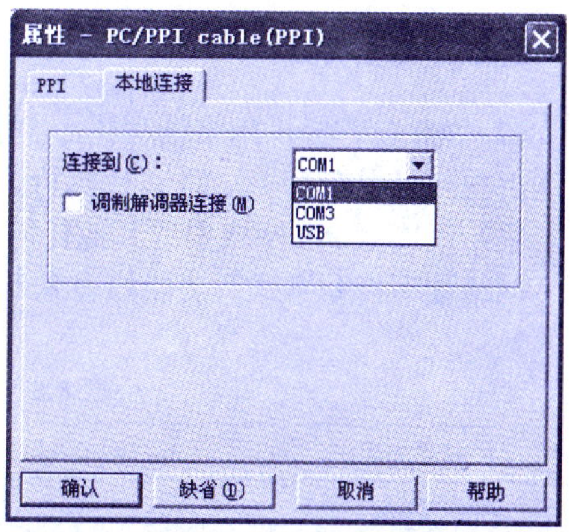

图 8.12　本地连接属性

⑤鼠标双击图 8.9 通讯窗口右侧刷新(Refresh)图标,执行刷新命令将显示通讯设备上连接的设备,如图 8.13 所示。

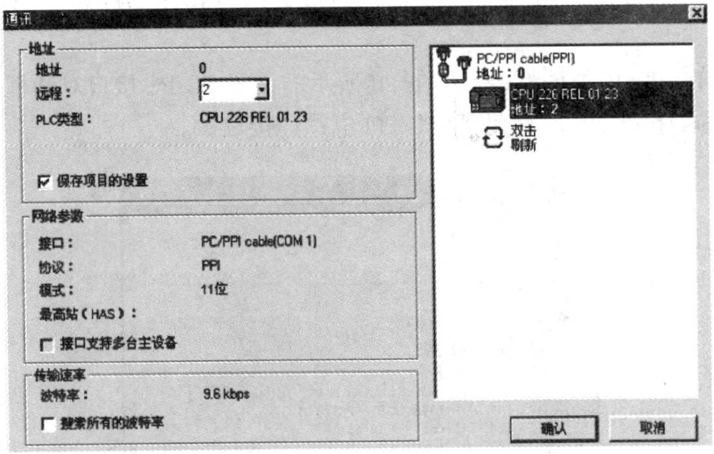

图 8.13　通讯属性

任务二　学会使用 S7 – 200 CPU 网络读写指令编程

一、任务提出

将 CPU 226 和 CPU 224 连成一个网络，其中 CPU 226 是主站，CPU 224 为从站。要求把 CPU 226 内 V 存储器保存的时钟信息用网络读写指令写入 CPU 224 的 V 存储区，把 CPU 224 内 V 存储区保存的时钟信息读取到 CPU 226 的 V 存储区。在两个 PLC 中，分别编程把对方实时时钟的秒信息以 BCD 格式传送到自身开关量输出字节 QB0 显示。

二、相关新知识

S7 – 200 CPU 提供网络读写指令，用于 S7-200 CPU 之间的通讯。网络读写指令只能由在网络中充当主站的 PLC 执行，从站 PLC 不必作通讯编程，只需准备通讯数据。主站可以对 PPI 网络中的其他任何 PLC(包括主站)进行网络读写。

网络读写指令格式及功能如表 8.1 所示。

表 8.1　网络读写指令

梯形图程序	语句表程序	指令功能
NETR EN　ENO TBL PORT	NETR TBL，PORT	网络读指令：通过指定的通讯口从其他 PLC 中指定地址的数据区读取最多 16 字节的信息，存入本 CPU 中指定地址的数据区

续表

梯形图程序	语句表程序	指令功能
NETW EN　ENO TBL PORT	NETW TBL,PORT	网络写指令:通过指定的通讯口把本 PLC 中指定地址的数据区内容写到其他 PLC 中指定地址的数据区内,最多可写入 16 个字节

说明:

①TBL 指定被读/写的网络通讯数据表,寻址的寄存器为 VB、MB、* VD、* AC;

②PORT 指定通讯端口 0 或 1;

③可以使用编程软件 STEP 7－Micro/Win 中的网络读写向导生成网络读写程序;

④同一个 PLC 的用户程序中可以有任意条网络读写指令,但同一时刻只能有最多 8 条网络读指令或写指令激活;

⑤在 SIMATIC S7 的网络中,S7－200 CPU 被默认为 PPI 从站。要执行网络读写指令,必须用程序把 PLC 设置为 PPI 主站模式。

通过设置 SMB30 或 SMB130 低两位,使其取值 2＃10,将 PLC 的通讯端口 0 或通讯端口 1 设定工作于 PPI 主站模式,就可以执行网络读写指令。S7－200 CPU 特殊寄存器字节 SMB30(Port0,端口 0)或 SM130(Port1,端口 1)中各位的定义如表 8.2 所示。

表 8.2　特殊寄存器 SMB30/SMB130 各位定义

Msb　7　　　　Lsb　0

p	p	d	b	b	b	m	m

pp:奇偶校验选择(00:无奇偶校验;01:偶校验;10:无奇偶校验;11:奇校验)

bbb:波特率(000:38 400 波特;001:19 200 波特;010:9 600 波特;011:4 800 波特;100:2 400 波特;101:1 200 波特;110:600 波特;111:300 波特)

mm:协议选择(00:点对点接口协议(PPI 从机模式);01:自由端口协议;10:PPI/主机模式;11:保留(默认为 PPI/从机模式))

d:每个字符的数据位(0:8 位/字符;1:7 位/字符)

⑥NETR 和 NETW 所用的 TBL 参数定义如表 8.3 所示。

表 8.3 TBL 参数定义

<table>
<tr><th>字节</th><th colspan="5">Bit 7 Bit 0</th></tr>
<tr><td>0</td><td>D</td><td>A</td><td>E</td><td>0</td><td>错误代码</td></tr>
<tr><td>1</td><td colspan="5">远程站地址:被访问 PLC 的地址</td></tr>
<tr><td>2</td><td colspan="5" rowspan="4">远程站的数据指针:被访问数据的间接指针(I、Q、M、V)</td></tr>
<tr><td>3</td></tr>
<tr><td>4</td></tr>
<tr><td>5</td></tr>
<tr><td>6</td><td colspan="5">信息字节总数:远程站的被访问数据的字节数</td></tr>
<tr><td>7</td><td colspan="5">信息字节 0</td></tr>
<tr><td>8</td><td colspan="5">信息字节 1</td></tr>
<tr><td>⋮</td><td colspan="5">⋮</td></tr>
<tr><td>22</td><td colspan="5">信息字节 15</td></tr>
</table>

说明:

D 表示操作完成状态:0 = 未完成;1 = 完成。

A 表示操作是否有效:0 = 无效;1 = 有效。

E 表示错误信息:0 = 无错;1 = 有错。

字节 7 ~ 22,对 NETR 指令。执行指令后,从远程站读到的数据放在这个数据区;对 NETW 指令,执行指令前,要发送到远程站的数据放在这个数据区。

第一个字节后 4 位组成的错误代码含义如表 8.4 所示。

表 8.4 错误代码

错误代码	表示意义
0	没有错误
1	远程站响应超时
2	接收错误:奇偶校验错,响应时帧或校验错
3	离线错误:相同的站地址或无效的硬件引发冲突
4	队伍溢出错误:同时激活超过 8 条网络读写指令
5	通讯协议错误:没有使用 PPI 协议而调用网络读写
6	非法参数:TBL 表中包含非法名无效的值
7	远程站正在忙
8	第 7 层错误:违反应用协议
9	信息错误:数据地址或长度错误
A ~ F	保留(未用)

三、任务解决方案

在组成 PPI 网络时，将 CPU 226 的 Port1 和 CPU 224 的 Port0 用网络连接器与 PROFIBUS 电缆连接起来，分别设置 CPU 226 和 CPU 224 的系统块，设置它们的 PPI 网络地址。CPU 226 的两个通讯口地址设为 2，CPU 224 的地址设为 3。CPU 226/ CPU 224 的两个通讯口可以各自定义功能。在此网络中，Port1 用于 PPI 网络通讯，Port0 用于 STEP 7－Micro/Win 监控。

向特殊寄存器 SMB30（Port0，端口 0）或 SMB130（Port1，端口 1）中写入数值 2（二进制 10），就可以将通讯口设置为 PPI 主站模式。PPI 通讯速率在“系统块”中设置。

CPU 226 数据缓冲区的设置如表 8.5 所示。

表 8.5　CPU 226 的缓冲区

发送缓冲区		接收缓冲区	
VB200	网络指令执行状态	VB300	网络指令执行状态
VB201	3，S7－224 CPU 地址	VB301	3，S7－224 CPU 地址
VB202	&VB400，S7－224 CPU 接收缓冲区地址	VB302	&VB300，S7－224 CPU 发送缓冲区地址
VB206	8（字节数）	VB306	8（字节数）
VB207	PLC 226 时钟信息：“年”	VB307	PLC 224 时钟信息：“年”
VB208	“月”	VB308	“月”
VB209	“日”	VB309	“日”
VB210	“时”	VB310	“时”
VB211	“分”	VB311	“分”
VB212	“秒”	VB312	“秒”
VB213	“0”	VB313	“0”
VB214	“星期”	VB314	“星期”

CPU 224 数据缓冲区的设置如表 8.6 所示。

表 8.6　CPU 224 的缓冲区

发送缓冲区		接收缓冲区	
VB300	PLC 224 时钟信息：“年”	VB400	PLC 224 时钟信息：“年”
VB301	“月”	VB401	“月”
VB302	“日”	VB402	“日”
VB303	“时”	VB403	“时”
VB304	“分”	VB404	“分”

续表

发送缓冲区		接收缓冲区	
VB305	“秒”	VB405	“秒”
VB306	“0”	VB406	“0”
VB307	“星期”	VB407	“星期”

1.CPU 226 主站编程

程序由主程序和子程序 SBR_0 组成。

主程序主要用来调用初始化子程序,读取本 PLC 的实时时钟信息,执行网络读写指令。程序如图 8.14 所示。

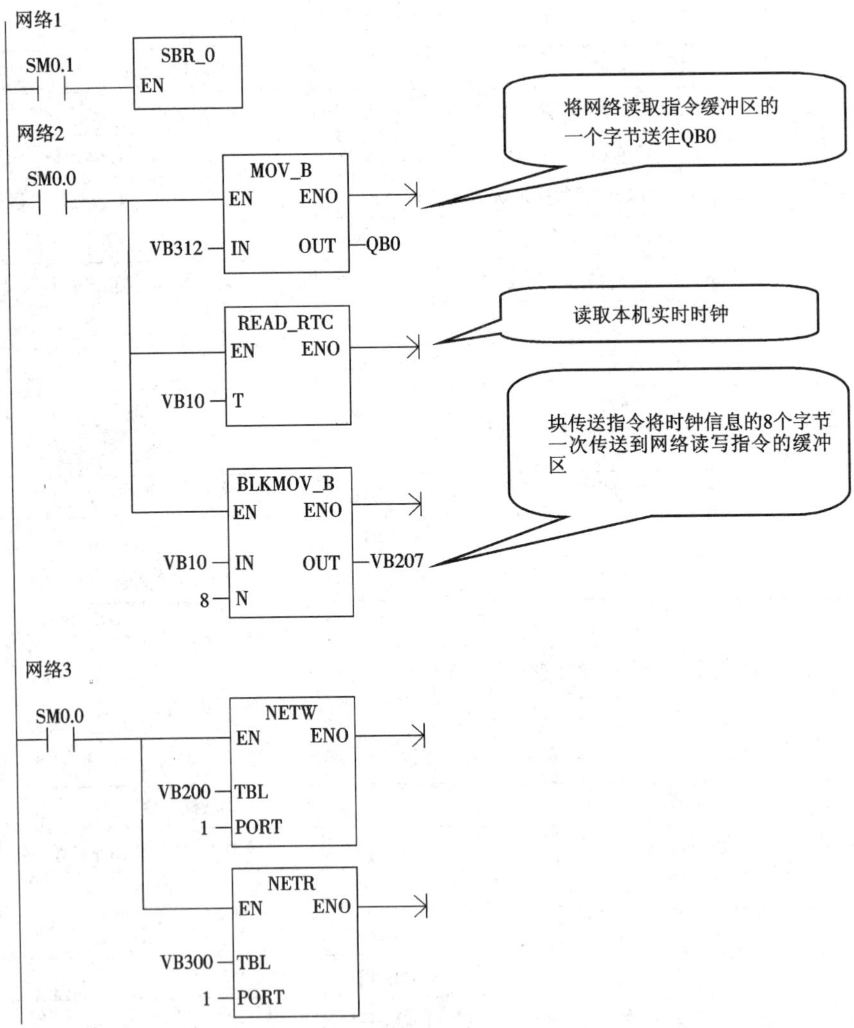

图 8.14 CPU 226 主站主程序

CPU 226 的子程序用来初始化通讯口，为网络读写指令准备数据缓冲区。程序如图 8.15 所示。

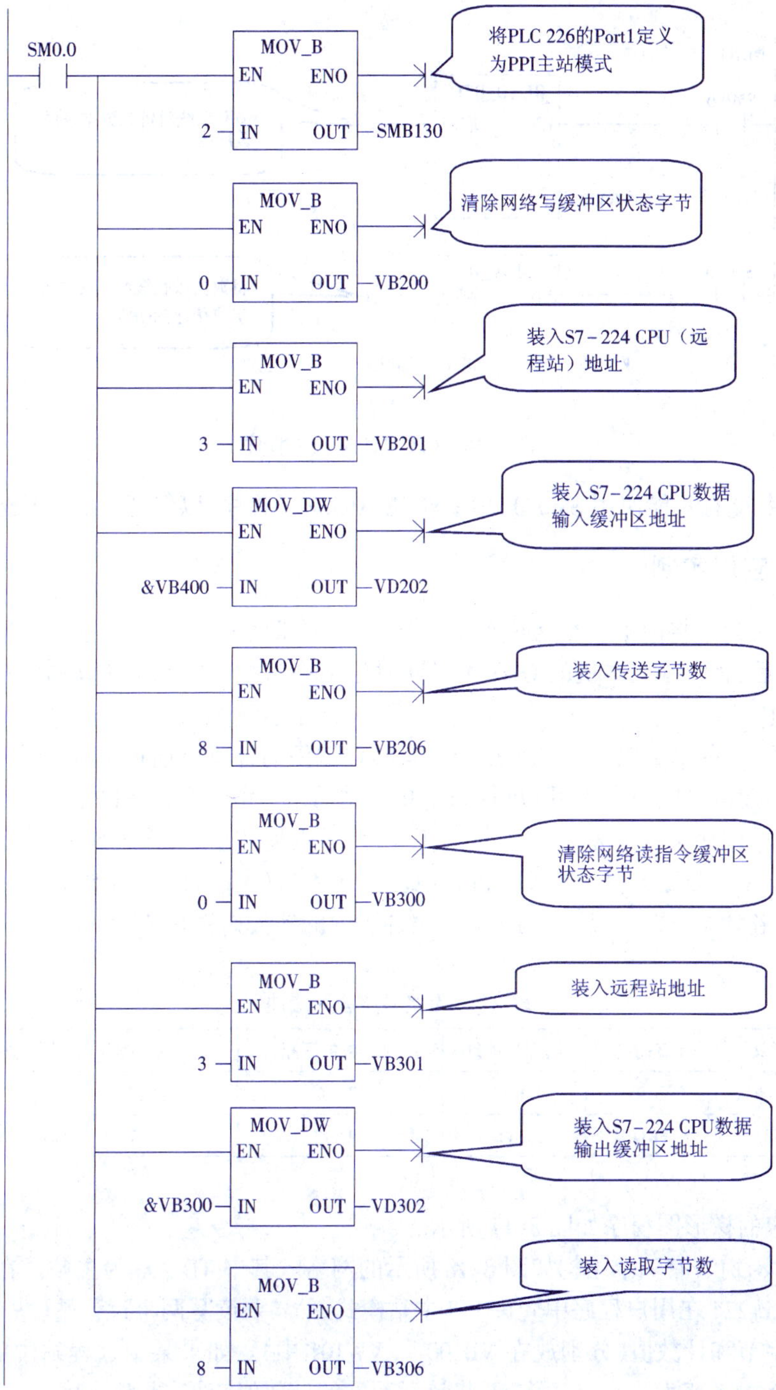

图 8.15　CPU 226 主站子程序

2.CPU 224 从站编程

CPU 224 从站的主程序如图 8.16 所示。

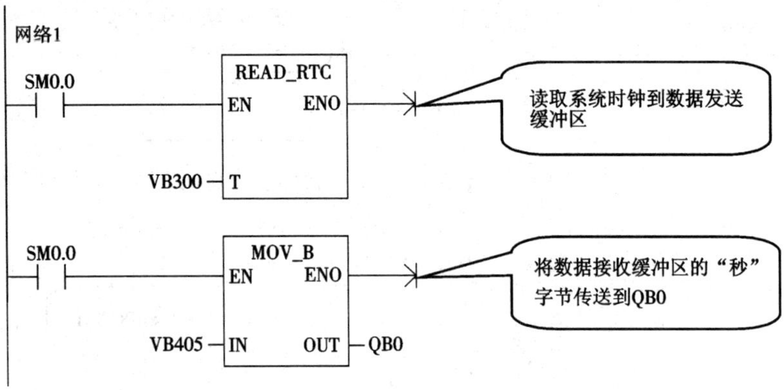

图 8.16 CPU 224 从站主程序

说明:能且只能使用 SM0.0 调用 NETR/NETW 子程序,以保证它的正常运行。

四、应用实例

【例 8.1】 将两个 CPU 226 连成一个网络,要求 A 机用网络读指令读取 B 机的 IB0 的值后,将它写入本机的 QB0,A 机同时用网络写指令将它的 IB0 的值写入 B 机的 QB0 中。

分析:两台 S7－200 系统 PLC 与装有编程软件的计算机通过 RS－485 通讯接口和网络连接器组成一个使用 PPI 协议的单主站通讯网络。在这一网络通讯过程中,A 机是主动的,设置成主站,需要设计通讯程序;B 机是被动的,设置成从站,不需要编写通讯程序。假定编程用的计算机站地址为 0,A 机(主站)的网络地址是 2,B 机(从站)的网络地址是 3。对应的网络读写缓冲区内的地址如表 8.7 所示。

表 8.7 A 机网络读写缓冲区

字节意义	状态字节	远程站地址	远程站数据区指针	读写的数据长度	数据字节
NETR 缓冲区	VB100	VB101	VD102	VB106	VB107
NETW 缓冲区	VB110	VB111	VD112	VB116	VB117

对应的梯形图程序如图 8.17 所示。

【例 8.2】 有一个结构如图 8.18 所示的网络。其中 TD 200 为主站。在 RUN 模式下,CPU 224 在用户程序中允许 PPI 主站模式,站 4 要读写两个远程站(站 2 和站 3)的状态字节和计数值(分别放在 VB100 和 VW101 中)。如果某个远程站中的计数值达到 200,站 4 将发生一定动作,并将该远程站的计数值清零,重新计数。

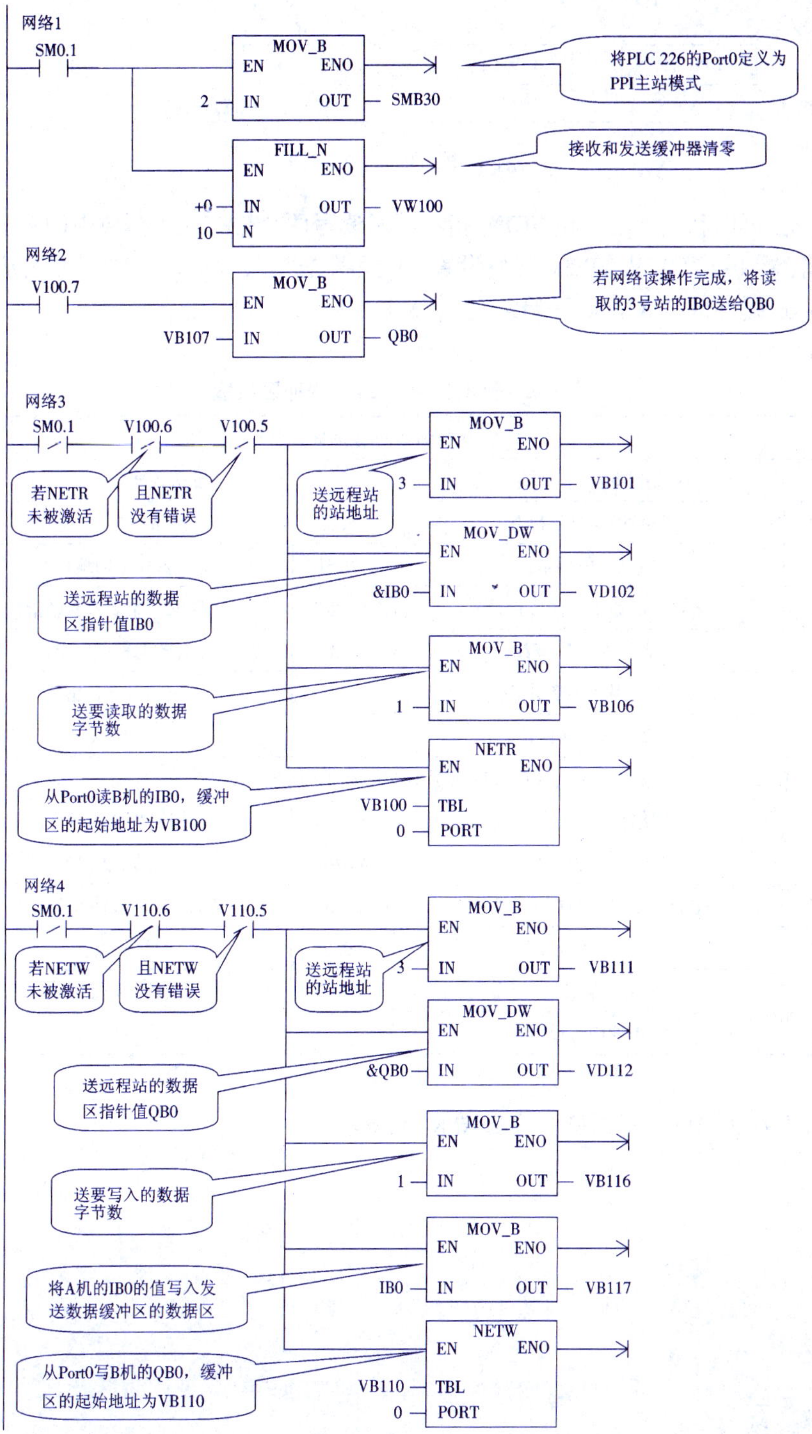
网络1
SM0.1
MOV_B
EN ENO
2 IN OUT SMB30
将PLC 226的Port0定义为PPI主站模式
FILL_N
EN ENO
+0 IN OUT VW100
10 N
接收和发送缓冲器清零
网络2
V100.7
MOV_B
EN ENO
VB107 IN OUT QB0
若网络读操作完成，将读取的3号站的IB0送给QB0
网络3
SM0.1 V100.6 V100.5
若NETR未被激活
且NETR没有错误
MOV_B
EN ENO
3 IN OUT VB101
送远程站的站地址
MOV_DW
EN ENO
&IB0 IN OUT VD102
送远程站的数据区指针值IB0
MOV_B
EN ENO
1 IN OUT VB106
送要读取的数据字节数
NETR
EN ENO
VB100 TBL
0 PORT
从Port0读B机的IB0，缓冲区的起始地址为VB100
网络4
SM0.1 V110.6 V110.5
若NETW未被激活
且NETW没有错误
MOV_B
EN ENO
3 IN OUT VB111
送远程站的站地址
MOV_DW
EN ENO
&QB0 IN OUT VD112
送远程站的数据区指针值QB0
MOV_B
EN ENO
1 IN OUT VB116
送要写入的数据字节数
MOV_B
EN ENO
IB0 IN OUT VB117
将A机的IB0的值写入发送数据缓冲区的数据区
NETW
EN ENO
VB110 TBL
0 PORT
从Port0写B机的QB0，缓冲区的起始地址为VB110

图 8.17　例 8.1 的程序

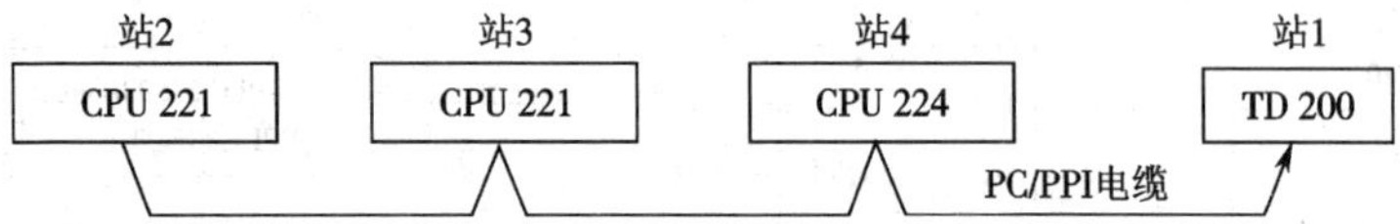

图 8.18 例 8.2 的网络

分析:可以利用 NETR 和 NETW 指令不断读写两个 CPU 221 模块中的数据。CPU 224 通讯端口号为 0,从 VB200 开始设置接收和发送至缓冲区。接收缓冲区从 VB200 开始,发送缓冲区从 VB250 开始,内容如表 8.8 所示。

表 8.8 例 8.2 CPU 224 的缓冲区设置

CPU 224 对于站 2 的缓冲区设置			
接收缓冲区		发送缓冲区	
VB200	网络指令执行状态	VB250	网络指令执行状态
VB201	2(站 2 的地址)	VB251	2(站 2 的地址)
VD202	&VB100(站 2 数据区指针)	VB252	&VB101(站 2 数据区指针)
VB206	3(数据长度字节数)	VB256	2(数据长度字节数)
VB207	VB100 的内容(控制字节)	VB257	0(将计数值清零)
VW208	VW101 的内容(计数值)		
CPU 224 对于站 3 的缓冲区设置			
VB210	网络指令执行状态	VB260	网络指令执行状态
VB211	3(站 3 的地址)	VB261	2(站 2 的地址)
VD212	&VB100(站 3 数据区指针)	VB262	&VB101(站 2 数据区指针)
VB216	3(数据长度字节数)	VB266	2(数据长度字节数)
VB217	VB100 的内容(控制字节)	VB267	0(将计数值清零)
VW218	VW101 的内容(计数值)		

对于站 2 的读写梯形图程序如图 8.19 所示。

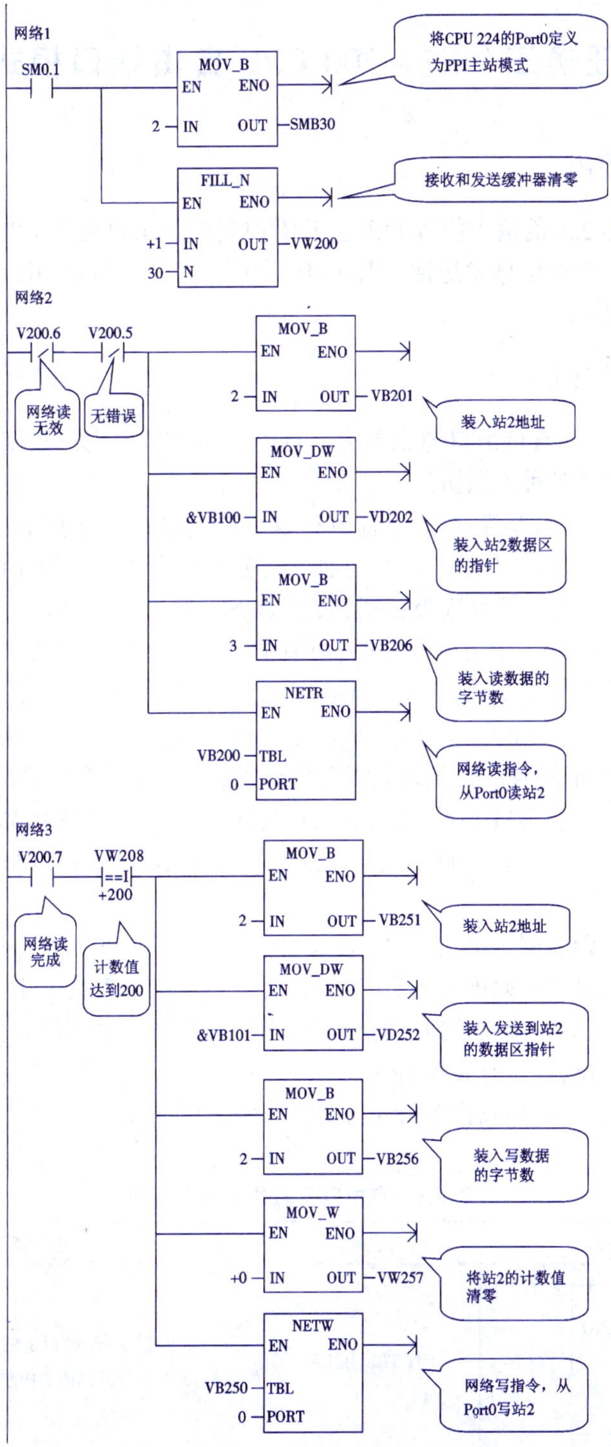

图8.19　例8.2的梯形图程序

任务三　S7－200 CPU 自由端口模式

一、任务提出

用本地 CPU 224 的输入信号 I0.0 上升沿控制接收来自远程 CPU 224 的 20 个字符，接收完成后，又将信息发送回远程 CPU。当发送任务完成后用本地 CPU 的输出信号 Q0.1 进行提示。

二、相关新知识

S7－200 CPU 拥有自由口通讯能力。自由口通讯可由用户控制串行通讯接口，实现用户自定义的各种通讯协议。

只有 PLC 处于 RUN 模式时，才能进行自由端口通讯。处于自由口通讯模式时，通讯功能完全由用户程序控制，所有的通讯任务必须由用户编程完成。处于自由端口通讯模式时，不能与可编程设备通讯，比如编程器、计算机等。若要修改 PLC 程序，则需使 PLC 处于 STOP 方式。此时，所有的自由口通讯被禁止，通讯协议自动切换到 PPI 通讯模式。可以用反映 PLC 模块上工作方式的特殊存储器位 SM0.7 控制自由口方式的进入。当 SM0.7 为 1 时，PLC 处于 RUN 模式，可选择自由口通讯。

通讯所使用的波特率、奇偶校验以及数据位数等由特殊存储器位 SMB30（对应端口 0）和 SMB130（对应端口 1）设定。比如：通过设置 SMB30 或 SMB130 低两位，使其取值 2＃01，可以将通讯口设为自由端口模式。在对 SMB30 或 SMB130 赋值之后，通讯模式就被确定。

要发送数据则使用 XMT 指令，要接收数据可在相应的中断程序中直接从特殊存储区中的 SMB2（自由口通讯模式下的接收寄存器）读取。若是采用有奇偶校验的自由口通讯模式，还需在接收数据之前检查特殊存储区中的 SM3.0（自由口通讯模式奇偶校验错误标识位，置位时表示出错）。

自由口通讯发送/接收指令格式与功能如表 8.9 所示。

表 8.9　自由口通讯发送/接收指令

梯形图程序	语句表程序	指令功能
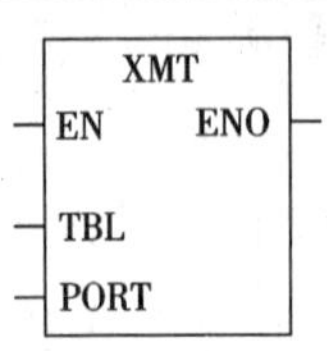	XMT TBL，PORT	发送数据指令：通过指定的通讯端口（PORT），发送存储在数据区（TBL）中的信息

续表

梯形图程序	语句表程序	指令功能
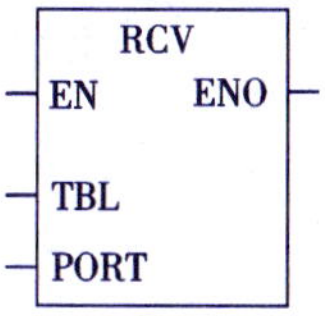	RCV TBL,PORT	接收数据指令:通过指定的通讯端口(PORT),接收信息,接收的信息存储在数据缓冲区(TBL)中

说明:

①TBL指定接收/发送数据缓冲区的首地址。TBL数据缓冲区中的第一个字节用于设定应发送/应接收的字节数,发送指令允许S7－200的通讯口上最多发送255个字节,所以缓冲区的大小在255个字符以内。可寻址的寄存器地址为VB、IB、QB、MB、SMB、SB、＊VD、＊AC。PORT指定通讯端口,可取0或1。

②检测发送完成有两种方法,即通过发送中断程序和发送完成标识位。SM4.5(通讯端口0)或SM4.6(通讯端口1)用于监视通讯口的发送空闲状态。当发送空闲时,SM4.5或SM4.6将置1。利用该位,可在通讯口处于空闲状态时发送数据。

③在缓冲区内的最后一个字符发送后会产生中断事件9(通讯端口0)或中断事件26(通讯端口1),利用这一事件可进行相应的操作。

④每接收完成1个字符,通讯端口0就产生一个中断事件8(或通讯端口1产生一个中断事件25)。接收到的字符会自动地存放在特殊存储器SMB2中。利用接收字符完成中断事件8(或25),可方便地将存储在SMB2中的字符及时取出。

⑤当由TABLE指定的多个字符接收完成时,将产生接收结束中断事件23(通讯端口0)或接收结束中断事件24(通讯端口1),利用这个中断事件可在接收到最后一个字符后,通过中断子程序迅速处理接收到缓冲区的字符。

⑥接收信息时用到一系列特殊功能存储器。对端口0用SMB86～SMB94,对端口1用SMB186～SMB194。各特殊存储器位内容描述如表8.10所示。

表 8.10　特殊存储器字节 SMB86 ~ SMB94，SMB186 ~ SMB194

Port0	Port1	描述
SMB86	SMB186	接收信息状态字节 MSB　　LSB 7　　0 n | r | e | 0 | 0 | t | c | p n = 1　接收用户的禁止命令终止接收 r = 1　输入参数错误或无起始结束条件而使终止接收 e = 1　收到结束字符而终止接收 t = 1　接收超时而终止接收 c = 1　接收字符超长而终止接收 p = 1　奇偶校验错误而终止接收
SMB87	SMB187	接收信息控制字节 MSB　　LSB 7　　0 en | sc | ec | il | c/m | tmr | bk | 0 en = 0　禁止接收 en = 1　允许接收 sc = 0　不使用 SMB88 或 SMB188 的值检测起始信息 sc = 1　使用 SMB88 或 SMB188 的值检测起始信息 ec = 0　不使用 SMB89 或 SMB189 的值检测结束信息 ec = 1　使用 SMB89 或 SMB189 的值检测结束信息 il = 0　不使用 SMW90 或 SMW190 的值检测空闲状态 il = 1　使用 SMW90 或 SMW190 的值检测空闲状态 c/m = 0　定时器是内部字符定时器 c/m = 1　定时器是信息定时器 tmr = 0　不使用 SMW92 或 SMW192 中的定时时间超出时终止接收 tmr = 1　使用 SMW92 或 SMW192 中的定时时间超出时终止接收 bk = 0　不使用中断条件 bk = 1　使用中断条件
SMB88	SMB188	信息字符的开始
SMB89	SMB189	信息字符的结束
SMB90	SMB190	空闲行时间间隔用毫秒给出。在空闲行时间结束后接收的第一个字符是新信息的开始
SMW92	SMW192	字符间/信息间定时器超时值(用毫秒表示)。如果超过时间，就停止接收信息
SMB94	SMB194	接收字符的最大数(1 ~ 255 字节) 注意：这个区一定要设为希望的最大缓冲区，即使不使用字符计数信息终止

三、任务解决方案

分析：通过查表 8.2 可设置通讯参数 SMB30 = 9，即无奇偶检验、有效数据位 8 位、波特率 9 600 bps、自由口通讯模式；不设超时时间，接收和发送使用同一个数据缓冲区,首地址为 VB200。对应的梯形图主程序如图 8.20 所示,中断程序如图 8.21 和 8.22所示。

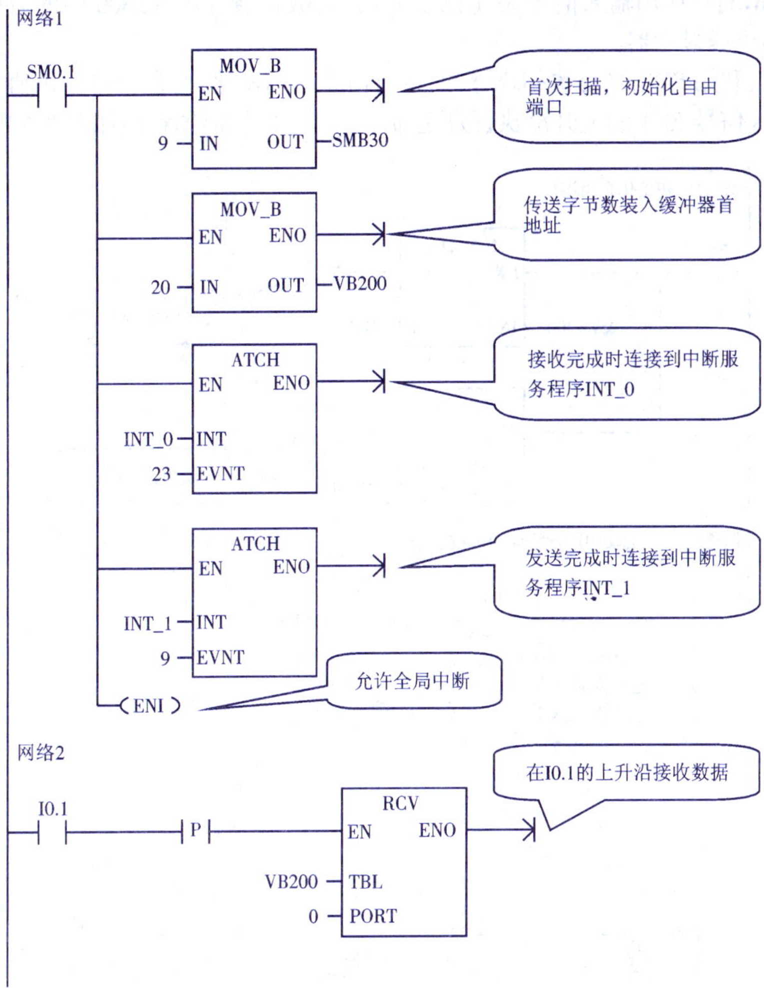

图 8.20　接收指令主程序

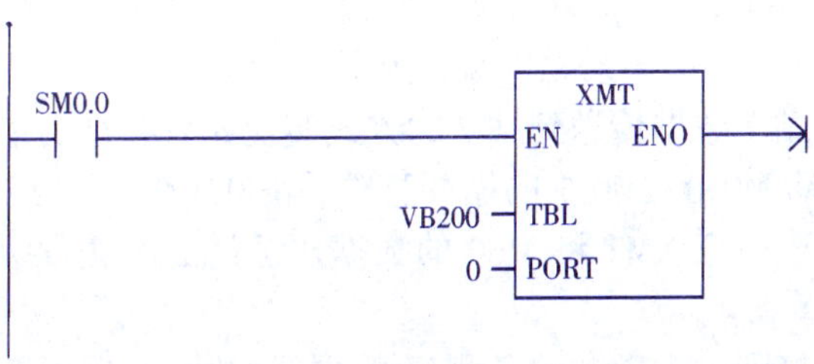

图 8.21　中断程序 0(接收完成后产生中断事件 23)

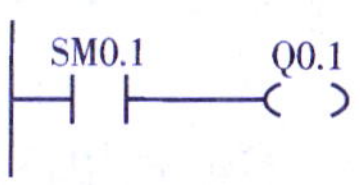

图 8.22　中断程序 1
(发送完成后
产生中断事件 9)

四、应用实例

【例 8.3】 使用输入信号 I0.1 的上升沿,将数据缓冲区 VB300 中的数据信息发送到打印机或显示器。

分析:利用 SM0.1(首次扫描脉冲)将自由端口初始化,对自由口通讯协议进行设置,在输入信号 I0.1 的上升沿执行发送命令。对应的梯形图程序如图 8.23 所示。

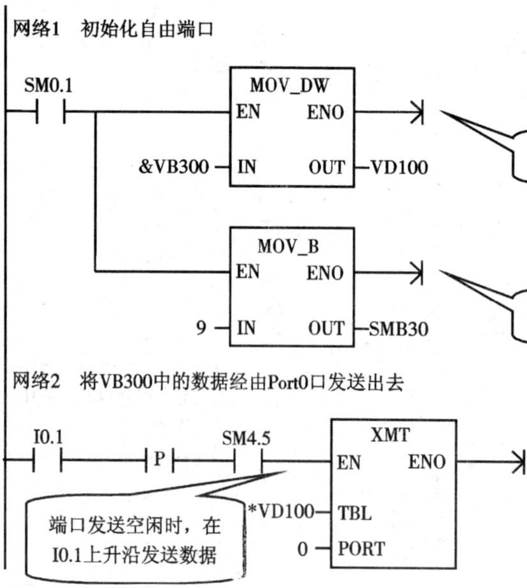

图 8.23 例 8.3 的梯形图程序

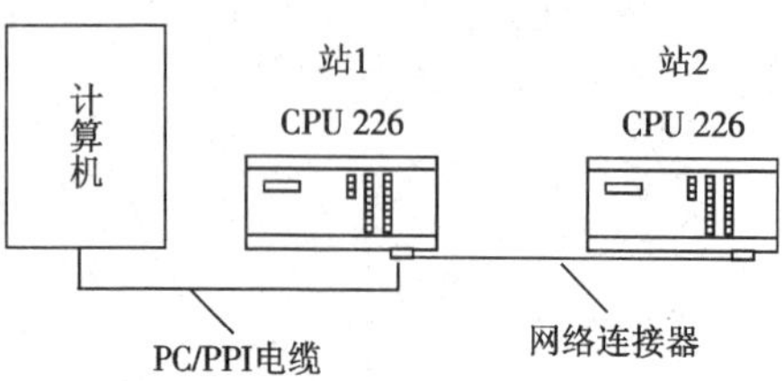

图 8.24 2 台 PLC 自由端口通讯系统示意

【例 8.4】 控制要求:用 PC/PPI 电缆及网络连接器连接二台 PLC,如图 8.24 所示。二台 CPU 226 定义为自由口通讯模式。站 2 的 Q0.0 ~ Q0.7 分别连接着 8 只彩灯,站 1 的 I0.0 和 I0.1 用于实现站 28 只彩灯依次循环点亮(间隔时间 1 s)的启停控制。对发送和接收的时间配合关系无特殊要求。

分析:使用自由口通讯模式,用站 1 数据传送到站 2 的方式实现 8 只彩灯的依次点亮。在站 1 的程序中,用 I0.0 启动 M0.0 ~ M0.7 的循环移位,用 I0.1 停止 M0.0 ~ M0.7 的循环移位,然后通过执行发送指令 XMT 将 MB0 的数据送至站 2 的变量缓冲区 SMB2 中。

在站 2 中将接收中断事件 8 连接到一个中断服务程序 0,再开中断,然后不断循环地从 SMB2 中读取数据再送至 QB0,即实现了站 1 的 M0.0 ~ M0.7 与站 2 的 Q0.0 ~

Q0.7 的同步移位控制。

站 1 的控制梯形图程序如图 8.25 所示。

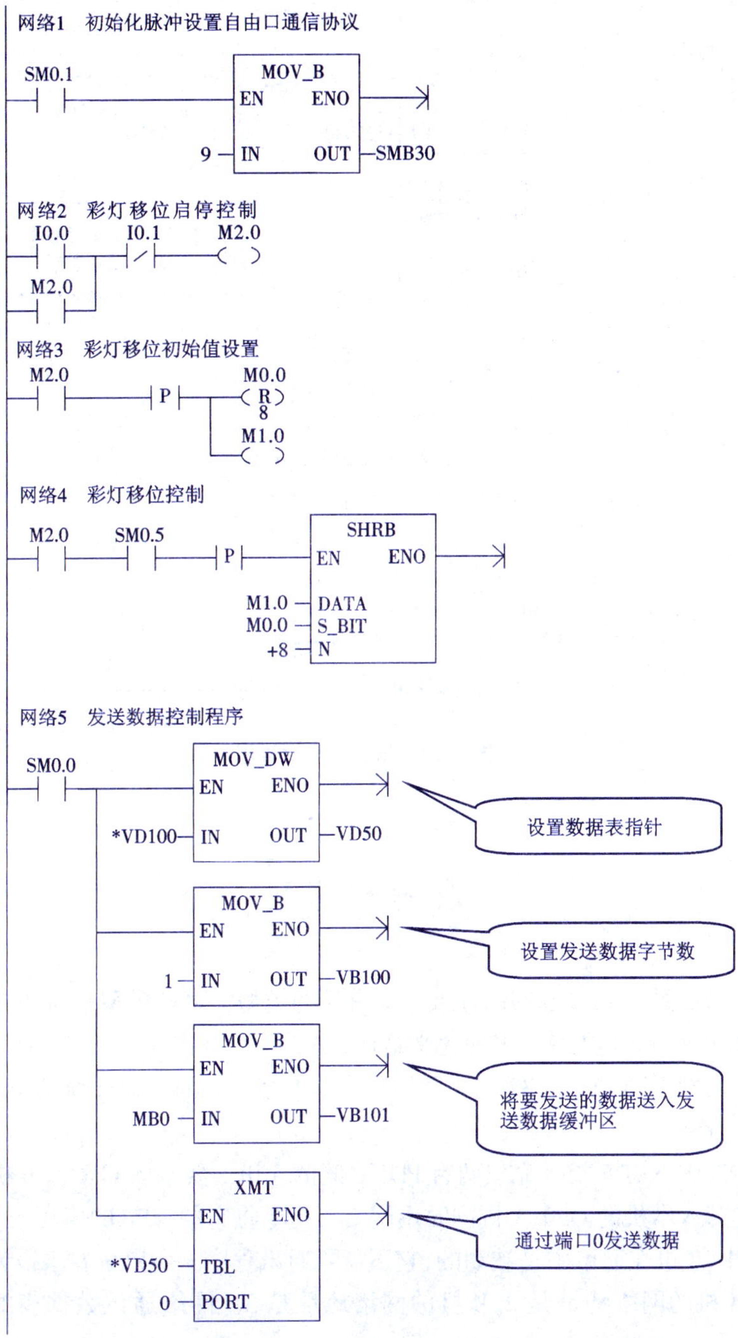

图 8.25　站 1 的控制梯形图程序

站 2 的控制主程序如图 8.26 所示,中断程序如图 8.27 所示。

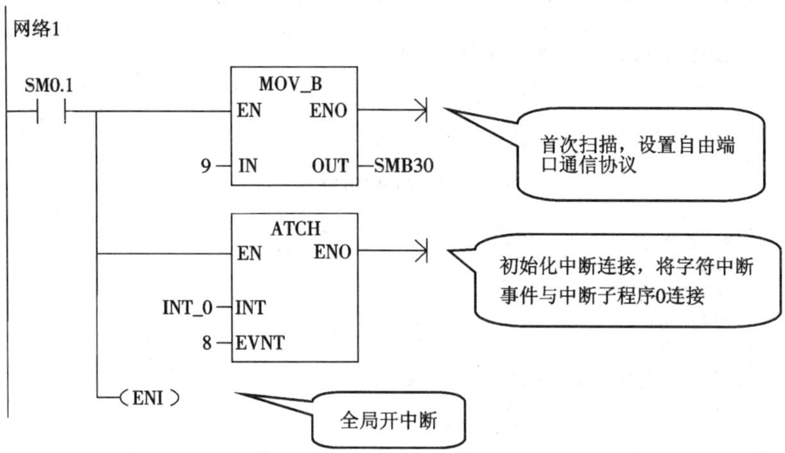

图 8.26 站 2 的主程序

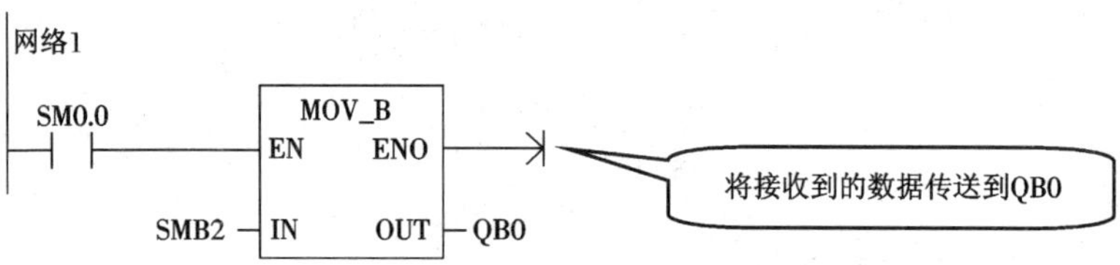

图 8.27 站 2 的中断程序

思考与练习

1.S7-200 系列 PLC 的网络连接形式有哪些类型?每种类型有何特点?

2.PPI、MPI、PROFIBUS 协议的含义是什么?

3.S7-200 系列 PLC 的网络读/网络写指令的格式如何?设计通讯程序时重点应做哪方面工作?

4.用 NETR/NETW 指令完成两台 PLC 之间的通讯。要求 A 机读取 B 机的 MB0 的值后,将它写入本机的 QB0,A 机同时用网络写指令将它的 MB0 的值写入 B 机的 QB0 中。本题中,B 机在通讯中是被动的,它不需要通讯程序。所以只要求设计 A 机的通讯程序。A 机的网络地址是 2,B 机的网络地址是 3。网络通讯数据表的格式见表 8.11。

表 8.11　网络通讯数据

字节意义	状态字节	远程站地址	远程站数据区指针	读写的数据长度	数据字节
NETR 缓冲区	VB200	VB201	VD202	VB206	VB207
NETW 缓冲区	VB210	VB211	VD212	VB216	VB217

5. 何谓自由端口协议？设置它的寄存器格式如何？

6. 叙述自由端口通讯数据发送/接收的方式的工作过程。

7. 编程完成本地 PLC 与远程 PLC 自由口通讯的程序(只设计本地 PLC 控制程序)。

通讯要求:①本地 PLC 224 接收来自远程 PLC 222 的 20 个字符,接收完成后,又将信息发送回远程 PLC;②本地 PLC 是通过一个外部信号 I0.0 的脉冲控制接收任务的开始,当发送任务完成后用指示灯 Q0.1 显示;③通讯速率为 9 600 bps,无奇偶检验,8 位字符;④不设超时时间,接收和发送使用同一个数据缓冲区,首地址为 VB300。

8. 两台 S7 - 200 PLC 通过 PORT0 口互相实现 PPI 通讯,功能是甲机 I0.0 启动乙机的电动机星/三角启动,甲机 I0.1 终止乙机电动机转动;反过来乙机 I0.2 启动甲机的电动机星/三角启动,乙机 I0.3 终止甲机的电动机转动。

模块九 PLC 控制系统设计与维护

学习目标

学习了本模块之后，你需要

- 了解 PLC 系统设计步骤，掌握评估控制任务的方法，根据控制任务选择 PLC，设计控制系统的硬件和软件，掌握系统调试的方法；
- 了解 PLC 应用中的抗干扰技术；
- 掌握 PLC 的安装技术，掌握 PLC 系统检查和故障检测、故障修复的方法。

项目一 PLC 控制系统的设计

要进行一个完整的 PLC 控制系统的设计，仅靠掌握前面的知识是远远不够的，还要学习许多 PLC 控制系统的设计原则。例如，需要确定整个系统的控制规模和输入输出设备总数；需要学习 PLC 选型以及硬件设计、软件设计和系统调试等，此外还有抗干扰等问题。

本项目通过“PLC 在 Z3040 摇臂钻床控制中的应用”，引入可编程控制系统的设计步骤和方法，进一步熟悉如何进行 PLC 控制系统的设计。

一、项目提出

摇臂钻床利用旋转的钻头对工件进行加工，它由底座、内外立柱、摇臂、主轴箱和工作台构成。主轴箱固定在摇臂上，可以沿摇臂径向运动。摇臂借助于丝杆，可以作升降运动，也可以与外立柱固定在一起，沿内立柱旋转。钻削加工时，通过夹紧装置，主轴箱紧固在摇臂上，摇臂紧固在外立柱上，外立柱紧固在内立柱上。Z3040 型摇臂钻床的结构及外观如图 9.1 所示。

要求采用可编程控制器的 Z3040 型摇臂钻床的操作及功能应与采用继电接触器电路时完全一致。

显然，要完成 PLC 改造，必须确定整个系统的控制规模和输入输出设备总数；选择 PLC 机型；进行硬件设计和软件设计；必须进行系统调试，包括模拟调试和联机调试。此外还要注意抗干扰等问题。所以还要掌握许多系统知识。

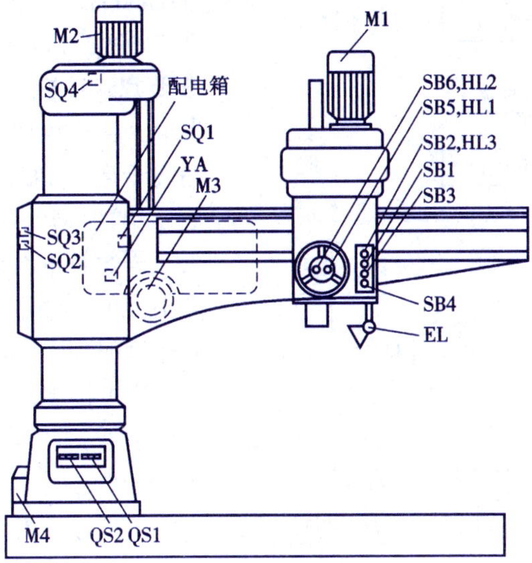

图 9.1　Z3040 摇臂钻床

二、相关新知识

在掌握了 PLC 的基本工作原理及指令系统后，就可以把 PLC 应用在实际的工程项目中。不论是用 PLC 组成集散控制系统，还是独立控制系统，控制部分的设计都可以参考图 9.2 所示的步骤。

1.评估控制任务

随着 PLC 功能的不断完善，几乎可以用 PLC 完成所有的工业控制任务。但是，是否选择 PLC 控制，选择单台 PLC 控制还是多台 PLC 的分散控制或分级控制，应根据该系统所需完成的控制任务，对被控对象的生产工艺及特点进行详细分析后才可确定，特别是应从以下几方面给予考虑。

(1)控制规模

一个控制系统的控制规模可用该系统的输入、输出设备总数衡量。当控制规模较大时，特别是开关量控制的输入、输出设备较多且联锁控制较多时，最适合采用 PLC 控制。

(2)工艺复杂程度

当工艺要求较复杂时，用继电器系统控制极不方便，且造价相应提高，甚至会超过 PLC 控制的成本。因此，采用 PLC 控制有更大的优越性。特别是如果工艺要求经常变动或控制系统有扩充功能的要求时，则只能采用 PLC 控制。

(3)可靠性要求

虽然有些系统不太复杂，但对可靠性、抗干扰能力要求较高时，也需采用 PLC 控制。在 20 世纪 70 年代，一般认为 I/O 总数在 70 点左右时，可考虑 PLC 控制；到了 20

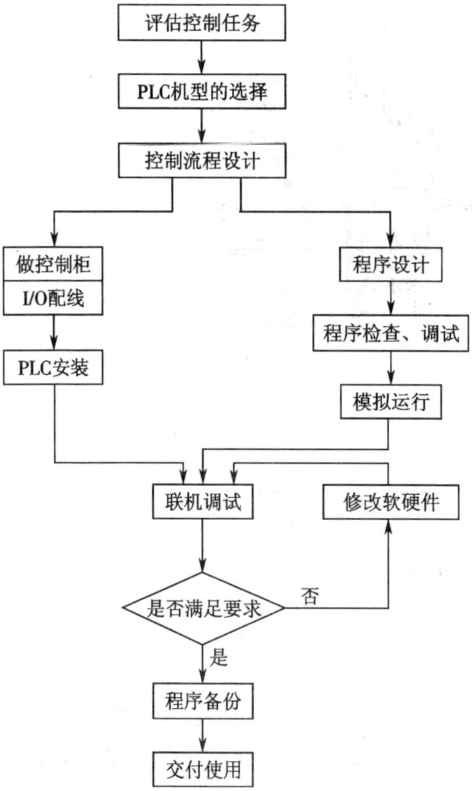

图 9.2　控制部分的设计步骤

世纪 80 年代，一般认为 I/O 总数在 40 点左右就可以采用 PLC 控制；目前，由于 PLC 性能价格比的进一步提高，当 I/O 点总数在 20 点甚至更少时，就趋向于选择 PLC 控制了。

(4)数据处理速度

当数据的统计、计算及规模较大，需很大的存储器容量且要求较高的运算速度时，可考虑带有上位计算机的 PLC 分级控制；如果数据处理简单，主要以工业过程控制为主时，更适宜采用 PLC 控制。

2. PLC 选型

选择能满足控制要求的适当型号的 PLC 是应用设计中至关重要的一步。目前，国内外 PLC 生产厂家生产的 PLC 品种已达数百个，性能各有特点。所以，在设计时，首先要尽可能采用以前正在使用的同系列 PLC，以便于学习和掌握，其次是考虑备件的通用性，以减少编程器的投资。另外，还要充分考虑下面的因素，以便选择最佳型号的 PLC。

(1)输入输出设备的数量和性质

根据系统的控制要求，详细列出 PLC 所有输入量和输出量的情况。

①有哪些开关量输入？电压分别是多少？尽量选择直流 24 V 或交流 220 V。

②有哪些开关量输出？要求驱动功率为多少？一般的 PLC 输出驱动能力为：直流负载约 2 A，交流负载约几十伏安。如果容量不够，可以考虑输出功率的扩展，如在输出端接功率放大器、继电器等。

③有哪些模拟量输入、输出？具体参数如何？

在确定了 PLC 的控制规模后，一般还要考虑一定的余量，以适应工艺流程的变动及系统功能的扩充，一般可按 10%的余量来考虑。另外，还要考虑 PLC 的结构，如果规模较大，以选用模块式的 PLC 为好。

(2)PLC 的特殊功能要求

控制对象不同会对 PLC 提出不同的控制要求。如用 PLC 替代继电器完成设备或生产过程控制、上下限报警控制、时序控制等，只需 PLC 的基本逻辑功能即可。对于需要模拟量控制的系统，则应选择配有模拟量输入输出模块的 PLC，PLC 内部还应具有数字运算功能。

对于需要进行数据处理和信息管理的系统,PLC 则应具有图表传送、数据库生成等功能。对于需要高速脉冲计数的系统,PLC 还应具有高速计数功能,且应了解系统所需的最高计数频率。有些系统,需要进行远程控制,就应先配备具有远程 I/O 控制的 PLC。还有一些特殊功能,如温度控制、位置控制、PID 控制等。如果选择合适的 PLC 及相应的智能控制模块,系统设计就变得非常简单。

(3)被控对象对响应速度的要求

各种型号的 PLC 的指令执行速度差异很大,响应时间也各不相同。一般来讲,不论哪种 PLC,最大响应时间都等于输入、输出延迟时间及 2 倍的扫描时间三者之和。对于大多数被控对象来说,PLC 的响应时间都是能满足要求的,但对于某些要求快速响应的系统,须考虑 PLC 的最大响应时间是否满足要求。

(4)用户程序存储器所需容量的估算

用户程序存储器的容量以地址(或步)为单位,每个地址可以存储一条指令。用户所需程序存储器的容量在程序编好后可以准确地计算出来,但在设计刚刚开始时往往办不到,通常需要进行估算。一般粗略的方法是:I/O 总数 × (10 ~ 20) = 指令步数。

如果系统中含有模拟量,可以按每个模拟量通道相当于 16 个 I/O 点考虑。对于工艺比较复杂的系统,应适当增加存储器的容量,以免造成麻烦。

3.系统设计

系统设计包括硬件设计和软件设计。

1)硬件设计

所谓硬件设计指 PLC 外部设备的设计。在硬件设计中,要进行输入设备的选择(如操作按钮、转换开关及计量保护的输入信号等)、执行元件(如接触器、电磁阀、信号灯等)的选择以及控制台、柜的设计等。应根据 PLC 用户使用手册的说明对 PLC 进行输入输出分配及外部接线设计。

在进行 I/O 分配时,应列出 I/O 分配表,表中应包含 I/O 编号、设备代号、名称及功能,且应尽量将相同类型的信号、相同电压等级的信号排在一起,以便于施工。对于较大的控制系统,为便于软件设计,可根据工艺流程将所需的计数器、定时器及内部辅助继电器也进行分配。这些工作完成之后,就可以进行软件设计了。

2)软件设计

PLC 控制系统的软件设计就是指针对生产工艺要求的控制程序设计,也就是常说的用户程序设计。

程序的设计通常分为两种情况。一种是对原有的继电器控制系统进行 PLC 改造的程序设计。这种设计参照继电器原理图,在保持原有控制逻辑基础上改绘。另一种是全新控制系统的 PLC 程序设计。

用户程序的设计需在分析工艺过程、明确控制要求、列出输入输出分配表的基础上进行，通常包括以下基本内容。

①绘制系统控制流程图。根据系统的控制要求，用流程图形式将系统的控制过程描绘出来，以清楚地表明动作的顺序和条件。

②编制程序。根据系统控制流程图，用 PLC 的程序语言编制程序。这是程序设计的关键一步，也是比较困难的一步。要完成一个好的程序设计，首先要十分熟悉控制要求，同时还要有一定的电气设计的实践经验。

③程序测试。用编程器将程序输入到 PLC 的用户程序存储器中，并检查输入的程序是否正确。然后对程序进行调试和修改，直到满足要求为止。

④编制程序设计说明书。程序说明书是对所编程序功能、程序的基本结构、各功能单元分析、各参数的来源、运算过程、运行原理、程序测试方法等重要内容的注释和综合说明，主要是让程序维护者、现场调试人员、使用者了解程序的基本结构、基本原理和对某些问题的特定处理方法以及使用中应注意的事项等等。

4. 系统调试

系统调试分为两个阶段：第一阶段为模拟调试，第二阶段为联机调试。这两个阶段至关重要，不仅关系到控制系统设计的成败，而且也关系到设备和人身安全。

1)模拟调试

模拟调试又分为两个步骤：PLC 模拟调试和外围电路模拟调试。

当 PLC 的硬件、软件设计完成之后，应首先进行 PLC 模拟调试，看是否符合工艺要求。这一部分主要检验控制系统中与 PLC 硬件、软件设计相关部分的设计是否合理。PLC 模拟调试可以根据所选机型，外接适当数量的输入开关作为模拟输入信号，通过输出端子的发光二极管，可观察 PLC 的输出是否满足要求。具体可根据程序的复杂程度分步骤进行调试。

外围电路模拟调试是指除 PLC 之外的电路调试，包括控制电路和主电路的调试。调试时，本来由 PLC 控制的部分，可以用开关和按键适当替代，在假定 PLC 控制正常的情况下，看控制电路和主电路是否满足要求。

2)联机调试

当 PLC 模拟调试和外围电路模拟调试都完成以后，就可以进行联机统调了。在统调时，一般应首先屏蔽外部输出，再利用编程器的监控功能，采用分段分级调试方法，通过操作外部输入器件检查外部输入量是否连接无误。必要时，可以利用 PLC 的强迫置位/复位功能逐个运行输出部件。

系统调试完成以后，为防止程序遭到破坏和丢失，可将程序保存起来或将程序固化到 EPROM 或 EEPROM 中。

三、项目设计方案

1. 项目分析

机械加工机床的加工运动往往是机械与电气配合实现的。在讨论电路之前，需弄清电器的设置及电器控制的分工。Z3040 摇臂钻床设有 4 台电动机，即主轴电动机、冷却泵电动机、摇臂升降电动机及液压泵电动机。主轴电动机提供主轴转动的动力，是钻床加工主运动动力源。主轴应具有正反转功能，但主轴电动机只有正转工作模式，反转由机械方法实现。冷却泵电动机用于提供冷却液，只需正转。摇臂升降电动机提供摇臂升降的动力，需正反转。液压泵电动机提供液压油，用于摇臂、立柱和主轴箱的夹紧和松开，也需要正反转。

Z3040 摇臂钻床的操作主要通过手轮及按钮实现。手轮用于主轴箱在摇臂上的移动，这是手动的。按钮用于主轴的启动停止、摇臂的上升下降、立柱主轴箱的放松及夹紧等操作，再配合限位开关完成机床调节的各种动作。以继电接触器构成的电气原理如图 9.3 所示。

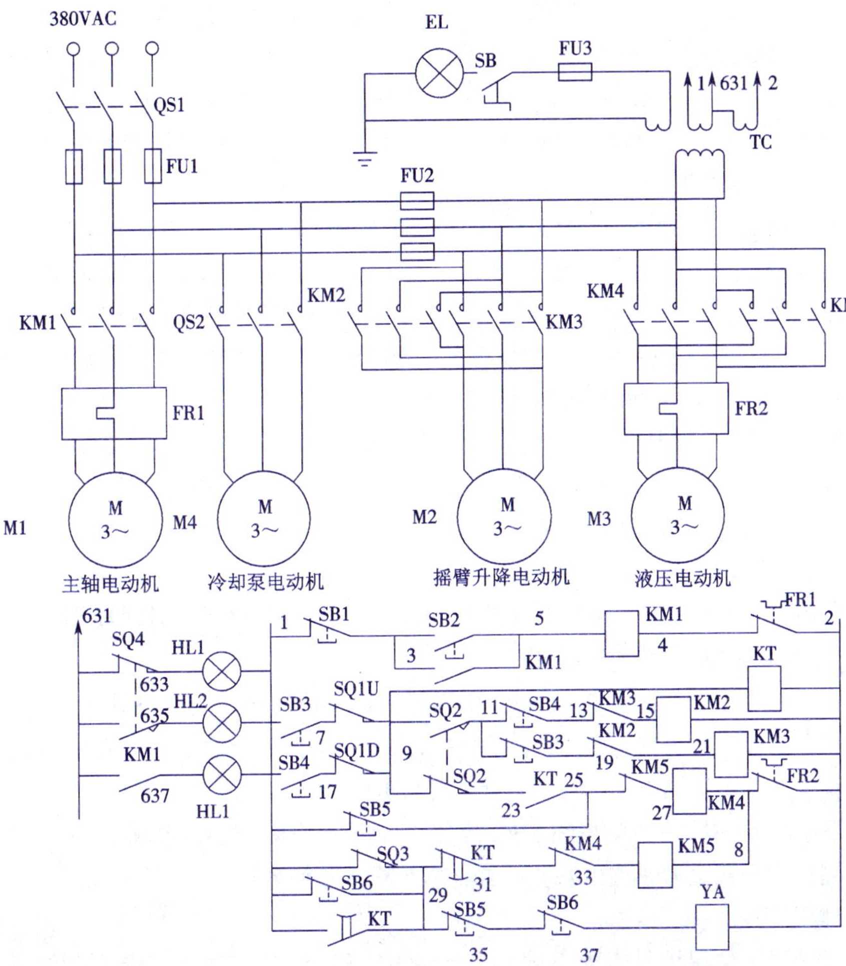

图 9.3　Z3040 电气原理

在讨论 Z3040 摇臂钻床的 PLC 控制方案前，仔细解读它的继电接触器电路图是有益的。图 9.3 中 380 V 交流电源经手动转换开关 QS1 进入电动机主电路和控制电路的电源变压器 TC。主轴电动机 M1 由接触器 KM1 控制，摇臂升降电动机 M2 由接触器 KM2 和 KM3 控制，液压电动机 M3 由接触器 KM4 和 KM5 控制，冷却泵电动机 M4 功率较小，由组合开关 QS2 手动控制。机床操动情况如下。

(1)主轴电动机启停

按下主轴启动按钮 SB2，接触器 KM1 得电吸合且自保持，主轴电动机 M1 运转。按下停止按钮 SB1，主轴电动机停止。

(2)摇臂上升

需要摇臂上升时，按下摇臂上升按钮 SB3，时间继电器 KT 得电，其瞬动触头和瞬时闭合延时打开的动合触头，使接触器 KM4 和电磁阀 YA 动作，液压电动机 M3 启动，液压油进入摇臂装置的油缸，使摇臂松开。

待完全松开后，行程开关 SQ2 动作，其动断触头断开，接触器 KM4 断电释放，液压电动机 M3 停止运转，其动合触头接通，接触器 KM2 得电吸合，摇臂升降电动机 M2 正向启动，带动摇臂上升。

上升到所需的位置后，松开上升按钮 SB3，时间继电器 KT、接触器 KM2 断电释放。摇臂升降电动机 M2 停止运转，摇臂停止上升。延时 1 ~ 3 s，后，时间继电器 KT 的动断触头闭合，动合触头断开，但由于夹紧到位行程开关 SQ3 动断触头处于导通状态，故 YA 继续处于吸合状态，接触器 KM5 吸合，液压电动机 M3 反向启动，向夹紧装置油缸中反向注油，使夹紧装置动作。

夹紧完毕后，行程开关 SQ3 动作，接触器 KM5 断电释放，液压电动机 M3 停止运转，电磁阀 YA 断电。时间继电器 KT 的作用是适应 SR3 松开到摇臂停止上升之间的惯性时间，避免摇臂惯性上升中突然夹紧。

(3)摇臂下降

需要摇臂下降时，按下摇臂下降按钮 SB4，动作过程与摇臂上升时相似。

(4)立柱和主轴箱同时夹紧和同时松开

按下立柱和主轴箱松开按钮 SB5，接触器 KM4 得电吸合，液压电动机 M3 正向启动。由于电磁阀 YA 没有得电，处于释放状态，所以液压油经 2 位 6 通阀分配至立柱和主轴箱松开油缸，立柱和主轴箱夹紧装置松开。

按下立柱和主轴箱夹紧按钮 SB6，接触器 KM5 得电吸合，M3 反向启动，液压油分配至立柱和主轴箱夹紧油缸，立柱和主轴箱夹紧装置夹紧。

(5)摇臂升降限位保护

摇臂升降限位保护是靠上下限位开关 SQ1U 和 SQ1D 实现的。上升到极限位置后，SQ1U 动断触头断开，摇臂自动夹紧，同松开上升按钮 SB3 动作相同；下降到极限位置后，SQ1D 动断触头断开，摇臂自动夹紧，同松开下降按钮 SB4 动作相同。

2.项目设计方案

在了解了Z3040型摇臂钻床的工作过程之后,下面来设计PLC控制方案。

(1)评估控制任务

该机床的按钮、开关、接触器、电动机总数在30个左右,可以使用PLC进行控制。

(2)PLC选型

清点Z3040摇臂钻床需接入PLC的输入输出器件后,确定需输入口14个及输出口5个,据此选用西门子S7-200系列CPU 224,AC/DC/RELAY。这是一种具有14个输入口及10个输出口的PLC。输出口为继电器型。它的主要性能完全满足钻床的工作需要。

(3)系统设计

系统设计包括硬件设计和软件设计。

1)硬件设计

采用可编程控制器的Z3040型摇臂钻床的操作及功能应与采用继电接触器电路时完全一致。机床原配的按钮、限位开关、变压器、指示灯、热继电器和接触器等电器均需保留。

作为主要操作器件的按钮及限位开关要接入PLC的输入口,每个(组)触点占用一个输入口。作为主要执行器件的接触器及电磁阀线圈要接入PLC的输出口,每个(组)线圈也要占一个口。

指示灯按理也需接入输出口,但如控制触点在硬件连接上与其他控制功能不冲突,不接入PLC也是可以的。本次采用不接入方案。热继电器也有接入PLC与不接入PLC两种方案。不接入PLC时,可直接将热继电器的触点和相关接触器的线圈串起来。接入输入口时,则需通过程序设置热继电器的控制功能。本次热继电器也采用机外连接方案。此外,原电路中接触器KM2与KM3,KM4与KM5之间均设有联锁触点,考虑到硬件联锁比软件联锁更可靠,它们的联锁也设在机外进行。

根据Z3040型摇臂钻床的操作及功能要求,对PLC进行I/O分配及外部接线设计。I/O分配如表9.1所示。

表9.1　I/O分配

输入			输出		
符号	器件名称	PLC端子	符号	器件名称	PLC端子
SB1	停止按钮	I0.0	KM1	主轴电动机交流接触器	Q0.0
SB2	主轴启动按钮	I0.1	KM2	摇臂电动机交流接触器	Q0.1
SB3	摇臂上升按钮	I0.2	KM3	摇臂电动机交流接触器	Q0.2
SB4	摇臂下降按钮	I0.3	KM4	液压电动机交流接触器	Q0.3
SB3	摇臂上升按钮	I0.4	KM5	液压电动机交流接触器	Q0.4

续表

输入			输出		
符号	器件名称	PLC 端子	符号	器件名称	PLC 端子
SB4	摇臂下降按钮	I0.5	YA	电磁阀	Q0.5
SB5	立柱和主轴箱松开按钮	I0.6			
SB6	立柱和主轴箱夹紧按钮	I0.7			
SB5	立柱和主轴箱松开按钮	I1.0			
SB6	立柱和主轴箱夹紧按钮				
SQ1U	上限位开关	I1.1			
SQ1D	下限位开关	I1.2			
SQ2	松开行程开关	I1.3			
SQ2	松开行程开关	I1.4			
SQ3	夹紧行程开关	I1.5			

系统的硬件连接如图 9.4 所示,各端口的标号都标在图上。选用定时器 T37 代替原电路中 KT,另为编程需要还选了 M10.0 及 M10.1 两个辅助继电器。

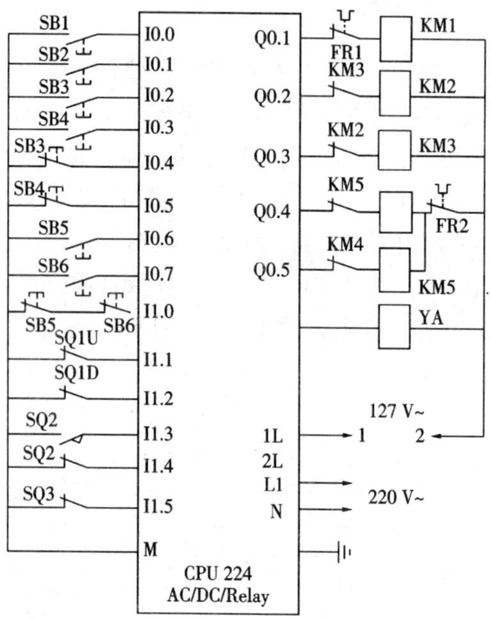

图 9.4 Z3040 型摇臂钻床 PLC 控制方案硬件连接

2)软件设计

Z3040 型摇臂钻床的 PLC 程序用梯形图语言设计。设计时参照继电器原理图,在保持原有控制逻辑基础上改绘。

在继电接触器电路中，由于器件的触点有限，往往一个触点具有较多的功能，体现在电气原理图上，一些触点往往接有复杂的触点及线圈的组合。如图 9.3 中 SB3 与 SQ1U 串联及 SB4 与 SQ1D 串联再并联的区域之后连接着复杂的触点及线圈组合。

这样的区域在改绘为梯形图时十分不便。这时可以发挥 PLC 具有许多辅助继电器的特点，将继电接触器电路中的一些触点区域的功能用辅助继电器代替。经这样的简化处理，最后一般都能得到结构简单的梯形图程序。在进行继电接触器电路图向梯形图梯形转化时，还需注意实际电器与 PLC 模拟电器功能上的差异，如图 9.3 中时间继电器 KT 是具有瞬动触点的，而 PLC 的定时器不具有这种功能，这时可用与定时器并联的辅助继电器触点代替。

(4)系统调试

系统调试分为两个阶段：第一阶段为模拟调试，第二阶段为联机调试。

模拟调试阶段分为 PLC 模拟调试和外围电路模拟调试。

PLC 模拟调试阶段，先不将 PLC 控制系统接到摇臂钻床上。用按钮和指示灯替代摇臂钻床的按钮、开关、接触器、电动机，进行 PLC 模拟调试，看能否按照要求对摇臂钻床进行控制。这样可以避免由于设计失误造成损失。

外围电路模拟调试阶段包括控制电路和主电路的调试。调试时，可以用开关和按键适当替代由 PLC 输出端控制的部分器件，在假定 PLC 控制正常的情况下，看控制电路和主电路是否满足摇臂钻床的要求。

模拟调试达到预期目标之后，就可以进行联机统调了。在统调时，根据实际情况，采用分段分级调试方法，可以按照摇臂钻床的工作情况分段分级。先分别调试主轴电动机、冷却泵电动机、摇臂升降电动机及液压泵电动机，都没有问题后，再进行正常操作下的完整调试。

设计并调试成功的 Z3040 型摇臂钻床 PLC 控制程序如图 9.5 所示。图 9.5 中辅助继电器 M10.0 的触点可用来表示 SB3 与 SQ1U 串联、SB4 与 SQ1U 串联再并联区域的逻辑状态及图 9.3 中时间继电器 KT 的瞬动触点。

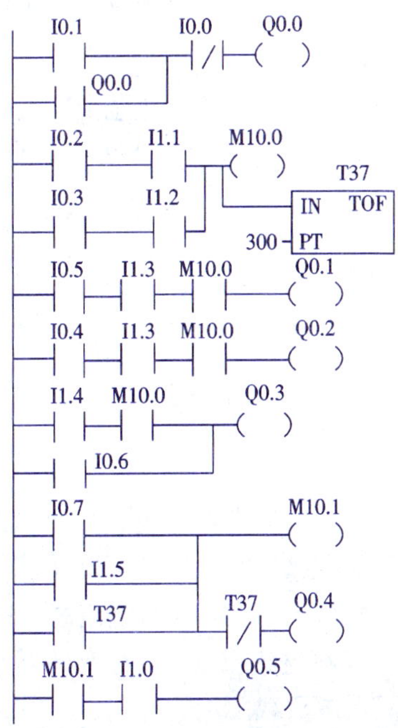

图 9.5　Z3040 型摇臂钻床 PLC 控制程序

四、其他相关知识

1. PLC 输入输出电路的设计

在 PLC 控制系统中，通常用作输入器件的元件是操作类器件（如控制按钮、转换开关等)和检测类器件(如行程开关、光电开关、传感器等);用作 PLC 负载的器件主要是各种执行器件(如接触器、电磁阀、继电器、信号灯等)。

设计输入输出电路时,首先应对工艺要求提出的各种输入输出器件进行分类,把相同类型的输入输出器件编为一组,然后根据类型按顺序为所有器件分配 PLC 地址(即输入输出接线端子),并绘出 I/O 端子分配表,以便程序编制人员编程使用。

设计输入输出电路通常还要考虑以下问题。

①一般情况下,输入输出器件可以直接与 PLC 的输入输出端子相连,但是,当配线距离较长或接近强干扰源或有大负荷频繁通断的外部信号时,最好加中间继电器,以便再次隔离。

②输入电路一般由 PLC 内部提供电源,输出电路需根据负载额定电压和额定电流外接电源。输出电路需注意每个输出点可能输出的额定电流及公共端子的总电流的大小。

③对于双向晶闸管及晶体管输出型的 PLC,如输出点接感性负载,为保证输出点的安全和防止干扰,需并接过电压吸收回路。对交流负载应并接浪涌吸收回路,如阻容电路(电阻取 51 ~ 120 Ω,电容取 0.1 ~ 0.47 μF,电容的额定电压应大于电源峰值电压,如图 9.6(a)所示)。对直流负载需并接续流二极管,续流二极管可以选 1 A 的管子,其额定电压应大于电源电压的 3 倍,如图 9.6(b)所示。

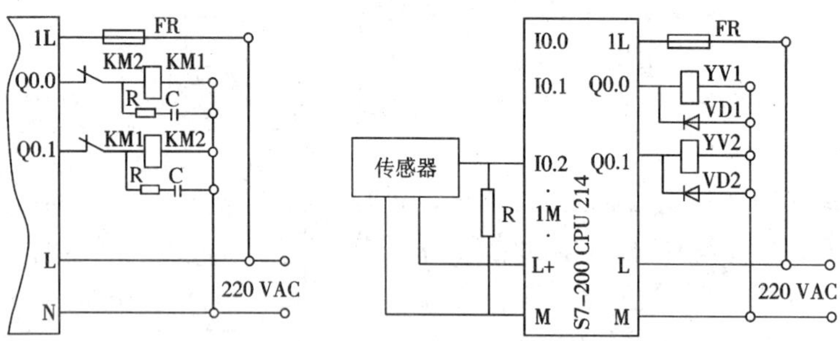

(a) 阻容电路　　(b) 续流二极管

图 9.6　输入输出电路的设计

将晶体管或双向硅输出型 PLC 的输出连接到一个允许较高的冲击电流通过的设备(如白炽灯)时,要确保晶体管或双向硅的安全,使启动电流不要超过 10 倍的额定电流。如果实际冲击电流高于这个值,可使之降低。允许微弱电流(大约额定电流的 1/3)流过负载,这样就有效地限制了初始的浪涌电流,可直接限制冲击电流,但同时降低了负载两端的电压。

④当接近开关、光电开关这一类两线式传感器的漏电流较大时,可能出现错误的输入信号。通常在输入端并联旁路电阻,以减小输入电阻,如图 9.6(b)所示。旁路电阻阻值 R 的计算式为

$$R \leqslant \frac{U_L}{I - I_e \dfrac{U_L}{U_e}}$$

式中：I 为传感器漏电流；U_e、I_e分别是 PLC 的额定输入电压和额定输入电流；U_L是 PLC 输入电压低电平的上限值。

⑤为防止负载短路损坏 PLC，输出公共端需加熔断器保护(图 9.6)。

⑥对重要的联锁，如电动机正反转等，需在外电路中用硬件再联锁(图 9.6(a))。

⑦当输入点不够时，可参考下列方法扩展。

• 硬件逻辑组合输入法，即对两地操作按钮、安全保护开关等可先进行串并联后再接入 PLC 输入端子，如图 9.7 所示。

• 译码输入法，即对在工艺上绝对不可能同时出现的开关信号用二极管译码的方法扩展输入点，如图 9.8 所示。

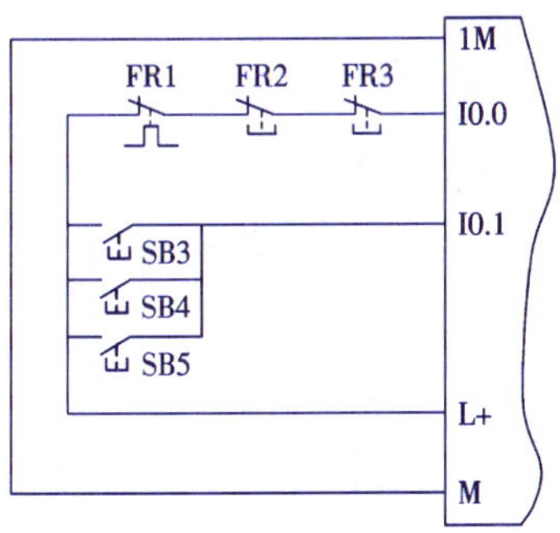

图 9.7　硬件逻辑组合输入法

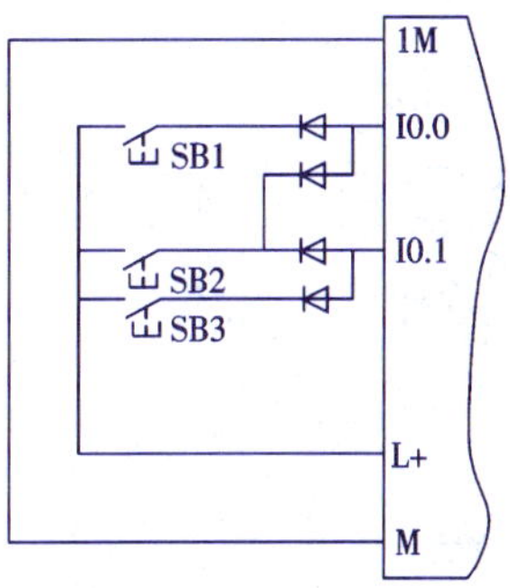

图 9.8　译码输入法

• 分组输入法，即对在工艺中不同工作方式使用的输入点，可通过外电路分组的方法达到扩展输入点的目的，如图9.9 所示。

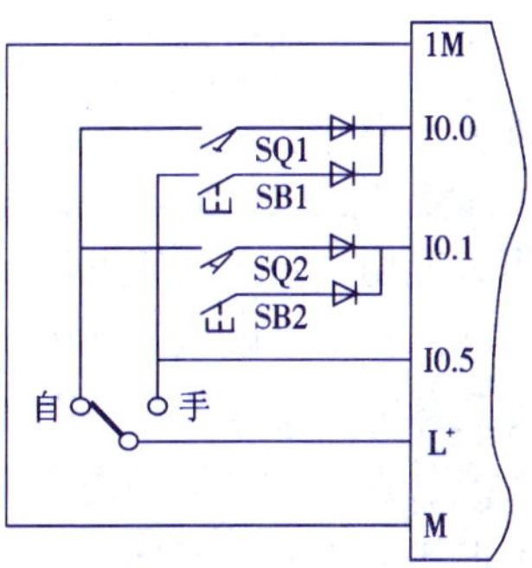

图 9.9　分组输入法

• 矩阵输入法，即当 PLC 的输出点富余且输入点不够用时，可通过对输出点的扫描实现二极管矩阵输入，从而大大扩展输入点数，如图 9.10 所示。

• 输入按钮直接控制法，即将输入按钮直接连接在需要控制的输出设备上，以减少对输入点数的使用，如图 9.11 所示。

⑧当输出点不够时，可参考下列方法扩展。

• 分组控制法，即对不同时工作的负载，可通过分组控制的方法减少输出点，如图9.12所示。

• 输出继电器接点译码法，即通过输出继电器接点译码可扩展输出点，如图9.13 所示。

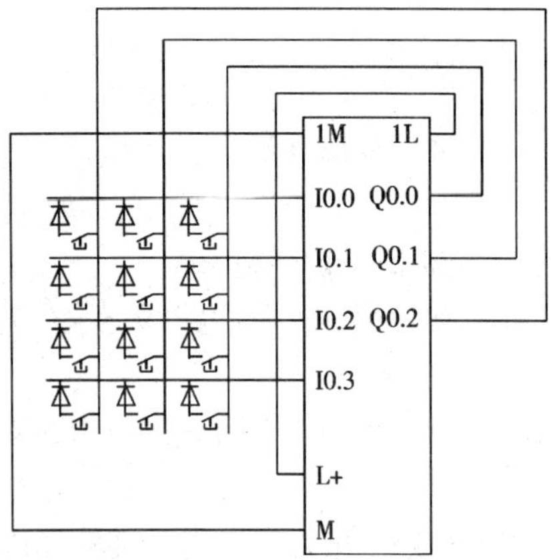

图 9.10 二极管矩阵输入法

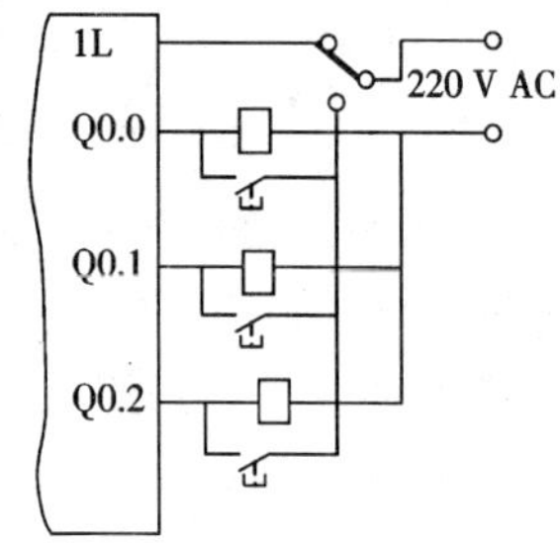

图 9.11 输入按钮直接控制法

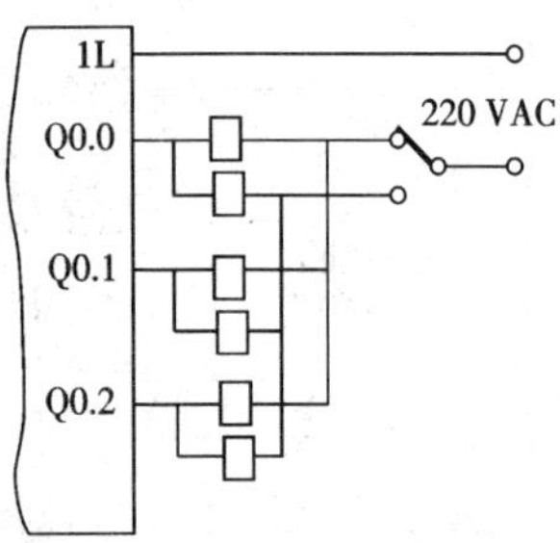

图 9.12 输出分组控制法

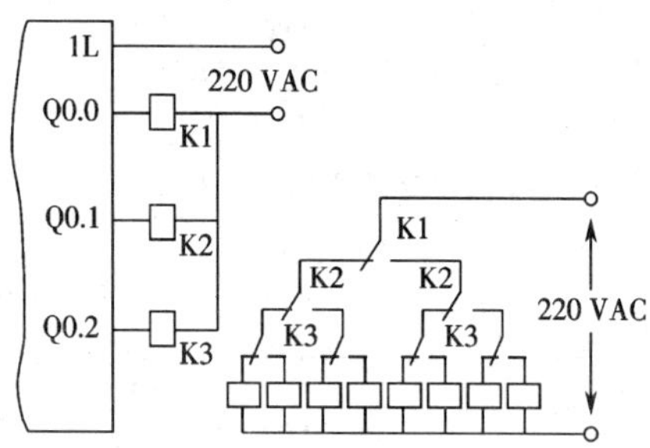

图 9.13 输出继电器接点译码法

2. PLC 供电系统设计

供电系统的设计直接影响控制系统的可靠性，因此在设计供电系统时可从以下几方面考虑。

①电源进线处应该设置紧急停止 PLC 的硬线主控继电器(Master Control Relay)，它可以专用一只零压继电器，也可以借用液压泵电动机接触器的常开触点。

②用户电网电压波动较大或附近有大的电磁干扰源，需在电源与 PLC 间加设隔离变压器或电源滤波器。图 9.14 为使用隔离变压器的供电系统示意图，控制器和 I/O 系统分别由各自的隔离变压器供电，并与主回路电源分开。这样当输入输出供电中断时不会影响控制器。

③当输入交流电断电时，应不破坏控制器程序和数据，故使用 UPS 供电。不间断电源 UPS 是电子计算机有效的后备电源装置，平时处于充电状态，当输入交流电(220 V)失电时，UPS 能自动切换到输出状态，继续向计算机供电。图 9.15 是使用 UPS 的供电系统示意图。根据 UPS 的容量，在交流电失电后可继续向控制器供电 10 ~ 30 min。因此对于非长时间停电的系统，效果是显著的。

④在控制系统不允许断电的场合，应采用双路供电，以提高供电系统的可靠性。

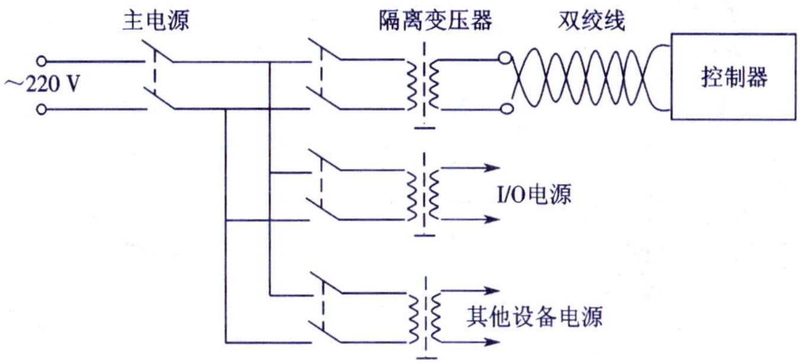

图 9.14　带隔离变压器的供电系统

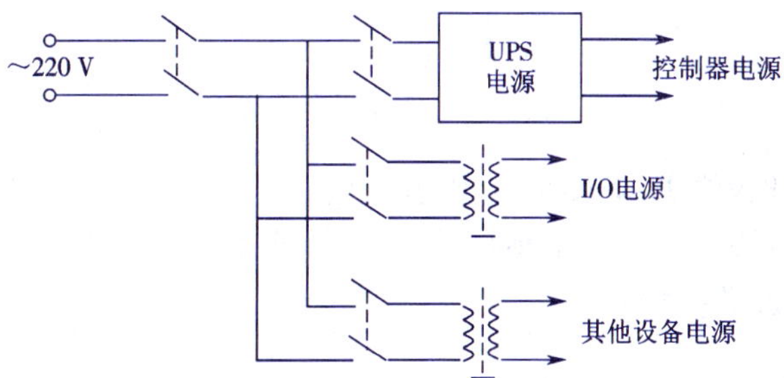

图 9.15　使用 UPS 的供电系统

交流供电最好采用双路电源分别引自不同的变电站，当一路供电出现故障时，能自动切换到另一路供电。图 9.16 为双路供电系统示意图。RAA 为欠压继电器控制电路。假设先合上 AA 开关，令 A 路供电。由于 B 路 RAA 没有吸合，RAB 动作，常开触点 RAB 闭合，完成 A 路供电控制。然后合上 BB 开关，这样 B 路处于备用状态。当 A 路电压降低到规定值时，如交流 190 V，欠压继电器 RAA 动作，其常开触点使 B 路开始供电，同时断开 RAB 接点。由 B 路切换到 A 路供电的原理与此相同。

3. PLC 应用中的抗干扰技术

PLC 生产厂家在研究开发阶段都很重视抗干扰问题。为防止干扰，硬件方面采取了屏蔽、隔离、滤波、联锁、诊断电路等措施；软件方面采取了故障诊断、信息的保护与恢复、软件诊断 CPU 故障、使用标准化软件程序以及智能接口诊断等措施。在环境比较恶劣时，为了使由 PLC 组成的控制系统安全可靠地工作，对电磁场干扰的抑制问题必须给予足够的重视。下面简要介绍主要的抗干扰措施。

(1)抑制干扰源措施

对 PLC 来说，电磁干扰源主要有供电电源干扰、断开感性负载时产生的脉冲干扰、晶闸管整流装置等产生的高频干扰以及静电放电干扰等。

1)抑制供电电源干扰的措施

①加滤波器。用于 PLC 系统的电源滤波器是以电源频率为通带的低通滤波器，

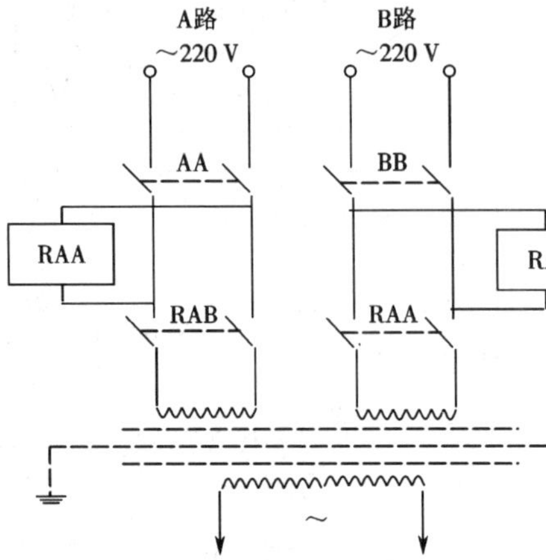

图 9.15　双路供电系统

其中电容滤波器比较常见，如图 9.16 所示，C1、C2 用来抑制共模干扰，C3 用来抑制常模干扰。当电源和设备的内阻很小时，为了获得足够大的衰减常数，应采用电抗滤波或 LC 混合滤波，如图 9.17 所示。

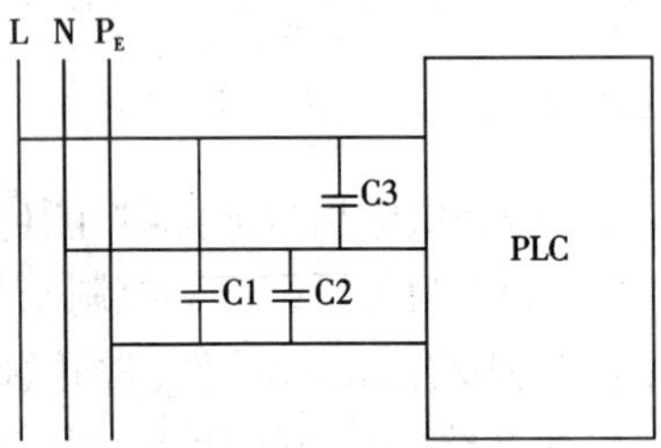

图 9.16　电容滤波

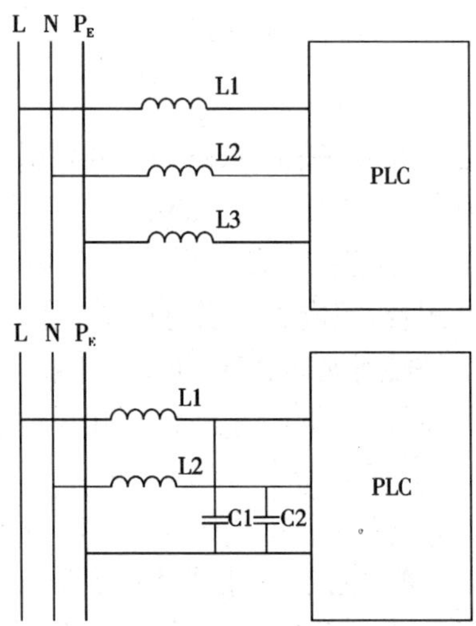

图 9.17　电抗滤波或 LC 混合滤波

②加隔离变压器。隔离变压器有别于普通的电源变压器，一般有恒压变压器和切断噪声变压器两种，如图 9.18 所示。恒压变压器采用一个磁分路的铁芯使一次、二次间的漏感增加，这样由漏感产生的与输入电压相反的电动势可补偿输入电压的变化，使其具有较好的稳压性能，且此磁分路可用来减少分布电容，切断噪声。变压器的二次绕组不能重叠在一起缠绕，它们通过铁芯发生耦合，变压器的结构、铁芯材料、形状及线圈位置都比较特殊，是绕组和变压器整体都有屏蔽层的多层屏蔽变压器。

③加浪涌吸收装置。如图 9.19 所示，在使用浪涌吸收器时应当注意，浪涌吸收器的耐压值应该在 PLC 标准规定的范围内。

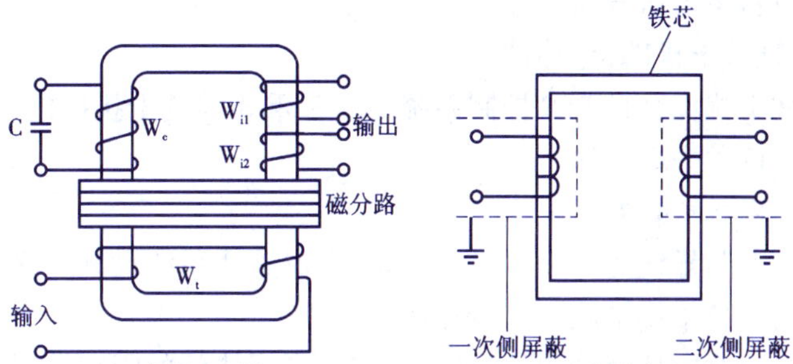

(a) 恒压变压器　(b) 切断噪声变压器

图9.18　加隔离变压器

2)抑制断开感性负载时产生的脉冲干扰措施

①继电器输出型PLC控制感性负载(如继电器、电磁阀等)时,若负载电源为直流,可通过在负载两端并联续流二极管、RC串联支路、二极管加RC环节、电阻或二极管加稳压管的方法抑制噪声;若负载电源为交流,可在负载两端并联RC串联支路、压敏电阻、可变电阻、硒整流片、两个对接的稳压管等。

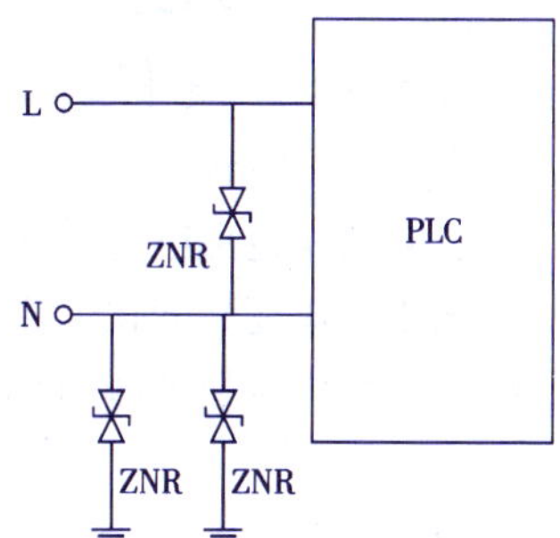

图9.19　加浪涌吸收装置

②晶体管输出型PLC控制感性负载时,可通过在负载两端并联续流二极管或二极管加稳压管的方法抑制负载断开时的脉冲干扰。

③双向可控硅输出型PLC控制感性负载时,可在负载两端并联RC滤波支路、硒整流片、两个对接的稳压管等。

3)抑制整流器干扰的措施

晶闸管换相时会产生相对宽而深的缺口,对电网电压产生干扰;整流电流中含有丰富的高次谐波,会使电网电压波形发生严重畸变。这些都会对PLC的工作造成干扰,主要抑制措施如下。

①在交流电源线间并入固定的LC串联谐振补偿装置,滤去高次谐波。LC参数的配置应满足5次、7次等谐振条件。这种方法的缺点是在整流装置不运行时,容性负载会引起电网电压的升高,应予以注意。

②设置线路电抗器,抑制晶闸管换相缺口对电网电压波形的影响。线路电抗器的电感量根据负载电流大小确定。

4)抑制静电放电干扰的措施

静电放电噪声是一种脉冲干扰,尽管能量小,但宽度窄,瞬间的能量密度极有可能造成PLC误动作。其主要干扰方式为在信号线上直接放电或对地线放电。主要抑制措施有提高电子设备表面的绝缘能力、尽量缩短信号线、加粗设备之间的接地线和采用高导磁材料覆盖信号回路等。

(2)切断或衰减干扰耦合的措施

切断或衰减干扰耦合是PLC控制系统中非常重要的抗干扰措施,按抗耦合方式划分主要有以下四种去耦措施。

1)抑制公共阻抗耦合的措施

公共阻抗耦合与导线的铺设有很大关系,在电路或系统设计时必须预先考虑抗干扰措施。主要的抗干扰措施有以下几种:

①尽量缩短公共阻抗部分的导线长度,减小来回线间的距离及采用直线布线方式等,用以减小导线的电感;

②采取增大导线截面、减小接触电阻等措施减小导线的电阻;

③机柜接地与系统接地分开设置;

④采用继电器、光电耦合器、变压器等电隔离器件实现电位隔离。

2)抑制电容性耦合的措施

为了抑制和避免电容性干扰,在设计PLC控制系统时,要求干扰源的电气参数应使电压变化幅度和变化速率尽可能小;被干扰系统尽可能设计成低电阻及高信噪比系统。其结构尽量紧凑,且彼此在空间上相互隔离。通常采用如下较为简单的方法。

①为减小耦合电容,在配线时,使导线尽量短些,并尽量避免平行走线,信号线必须与电源线分开敷设,弱电线与强电线分别安排在不同配线槽内等。

②通过电气屏蔽抑制干扰源的干扰电场。

③将耦合电容彼此电气对称平衡地连接,可以抵消耦合干扰。

3)抑制电感性耦合的措施

抑制电感性干扰的措施主要有以下三种。

①减小系统各部分之间的互感,主要措施有减小系统各单元耦合部分(主要是电线电缆)的间距,导线尽量短,避免平行走线,采用双绞线以缩小电流回路所围成的面积等。

②对干扰对象或干扰源设置磁屏蔽,以抑制干扰电场,主要有静态磁屏蔽和涡流屏蔽等措施。静态磁屏蔽主要用于低频段,屏蔽对象用一个尽可能密闭的铁磁性外壳罩起;涡流屏蔽用在高频段。它是利用非磁性或弱磁性物质中的涡流效应对交变磁场进行屏蔽。

③采用结构平衡措施,如导线垂直交叉敷设或采用双绞线结构等,使耦合的干扰信号最小或彼此抵消。

4)抑制波耦合的干扰措施

按阻抗耦合分为传导波耦合和辐射波耦合两种形式。对于传导波耦合,可通过强电线与弱电线分开敷设、使用双绞线或同轴屏蔽电缆等措施抑制;对于辐射波干扰,通常采用在干扰源和干扰对象间插入金属屏蔽物抑制。

(3)软件抗干扰措施

所谓软件抗干扰措施就是通过程序设计手段排除电磁干扰可能造成的误动作。这里仅举几个简单的例子。

1)抖动的消除

对于外部输入设备可能产生的触点抖动,如按钮、继电器、传感器等的输入信号,可通过延时消除;对一些可持续一定时间的脉冲干扰,也可以采取这种办法消除。

在选择时间设定值时,应使其大于触点抖动间隔时间或干扰脉冲持续时间。若采用高速定时器,最小选定时间为 10 ms。如果干扰持续时间较短,为缩短系统的响应时间,可考虑利用程序扫描时间或某一段指令的执行时间代替定时器的作用。

2)可测干扰信号的抑制

对于可通过一定办法测出的短时干扰信号,如大电感负载断开时产生的干扰信号,可通过检测设备将干扰信号产生的时间由接点的方式通知 PLC,然后由 PLC 的 JMP 指令屏蔽输入信号,即在有干扰信号作用的这段时间,不采集输入信号。

3)漏扫描检测

在编制应用程序时,可将程序分成若干段,在每段程序的尾部都加一个段检查节点。当每次扫描过后,如果各段程序均已被扫描,则给出一个正确信号,继续执行程序指令;如果有某段漏扫描,则发出警告信号并进行预先规定的处理。

4)联锁诊断

继电器、接触器等的动合、动断触点,不论其动作与否,总是呈联锁状态,即一对闭合,一对断开。若同时闭合或同时断开则为故障状态,必须妥善处理。

在进行故障诊断时,对可预测的干扰信号总可以找到解决的办法。但有些干扰信号造成的故障很难事先预知,这就要求在软件及硬件设计时,全面考虑系统的抗干扰措施。同时还要考虑到,在软件控制的 PLC 系统中,由于软件和硬件的相互作用,有些故障很难判断出到底是由硬件引起的还是由软件引起的,也就是说,在利用软件容错和冗余技术进行抗干扰时,软件和硬件故障必须结合起来考虑。有些硬件故障可以通过软件发现并自动采取修复及补救措施。有时又用硬件来监视软件工作的正确性。把 PLC 的软硬件结合起来处理电磁干扰问题,是 PLC 系统的优越性之一。

总之,要设计一个在所有可能的条件下都能可靠地工作的 PLC 系统,必须充分考虑 PLC 的软件和硬件方法,不仅要满足系统的工艺要求,还要适应系统的环境要求,尤其是电磁环境的要求。

4.电气柜结构及现场布线图设计

(1)电气柜结构设计

PLC 的主机和扩展单元可以和电源断路器、控制变压器、主控继电器以及保护电器一起安装在控制柜内,既要防水、防粉尘、防腐蚀,又要注意散热。当 PLC 的环境温度高于 55 ℃时,要用风扇强制冷却。

与 PLC 装在同一个开关柜内但不是由 PLC 控制的电感性元件,如接触器的线圈,应并联消弧电路,保证 PLC 不受干扰。

PLC 在柜内应远离动力线,两者之间的距离应大于 200 mm。PLC 与柜壁间的距离不得小于 100 mm,与顶盖、底板间距离要在 150 mm 以上。

(2)现场布线图设计

①PLC 系统应单独接地,接地电阻应小于 100 Ω,不可与动力电网共用接地线,也不可接在自来水管或房屋钢筋构件上,但允许多个 PLC 机或与弱电系统共用接地线,接地极应尽量靠近 PLC 主机。

②控制线要注意与动力线分开敷设(最好保持 200 mm 以上的距离),分不开时要加屏蔽措施,屏蔽要有良好接地。控制线要远离有较强的电气过渡现象发生的设备(如晶闸管整流装置、电焊机等)。交流线与直流线、输入线与输出线最好分开走线。开关量、模拟量 I/O 线最好分开敷设,后者最好用屏蔽线。

项目二 PLC 的故障诊断与维护

正确地安装与维护是使用 PLC 系统可靠性的重要保证。下面分安装、配线、检查、故障修复几部分进行介绍。

一、安装 S7 - 200

1. S7 - 200 设备的安装

S7 - 200 既可以安装在控制柜背板上,也可以安装在标准导轨上;既可以水平安装,也可以垂直安装。

按照惯例,在安装元器件时,总是把产生高电压和高电子噪声的设备与诸如 S7 - 200 这样的低压、逻辑型的设备分隔开。

在控制柜背板上安排 S7 - 200 时,应考虑把产热器件和电子器件安排在控制柜中温度较低的区域内。电子器件在高温环境下工作会缩短无故障时间。

要考虑控制柜背板的布线。低压信号线和通讯电缆要避免与交流供电线以及高能量、开关频率很高的直流信号线布置在一个线槽中,并为接线和散热留出适当的空间。

S7 - 200 设备的设计采用自然对流散热方式,在器件的上方和下方都必须留有至少 25 mm 的空间,以便正常散热。前面板与背板的板间距离保持 75 mm。

在垂直安装时,最高允许环境温度要比水平安装时低 10 ℃,而且 CPU 应安装在所有扩展模块的下方。

在安排 S7 - 200 设备时,应留出接线和连接通讯电缆的足够空间。当配置 S7 - 200 系统时,可以灵活使用 I/O 扩展电缆。

按照以下步骤,可以非常容易地安装 S7 - 200。

(1)面板安装

①按照要求尺寸进行定位和钻安装孔(用 M4 或美国标准 8 号螺钉)。

②用合适的螺钉将模块固定在背板上。

③如果使用了扩展模块,将扩展模块的扁平电缆连到前盖下面的扩展口。

(2)DIN 导轨安装

①保持导轨到安装面板的距离为 75 mm。

②打开模块底部的 DIN 夹子,将模块背部卡在 DIN 导轨上。

③如果使用了扩展模块,将扩展模块的扁平电缆连到前盖下面的扩展口。

④旋转模块贴近 DIN 导轨,合上 DIN 夹子。仔细检查模块上 DIN 夹子与 DIN 导轨是否紧密固定好。为避免模块损坏,不要直接按压模块正面,而要按压安装孔的部分。

当 S7 - 200 的使用环境震动比较大或者垂直安装时,应该使用 DIN 导轨挡块。如果系统处于高震动环境中,使用背板安装方式可以得到较高的震动保护等级。

(3)端子排的拆卸

拆卸端子排如图 9.20 所示。

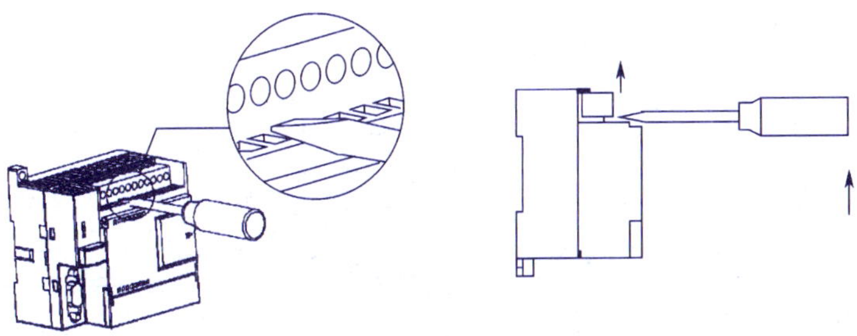

图 9.20　拆卸端子排示意

①打开端子排安装位置的上盖,以便可以接近端子排。

②把螺丝刀插入端子块中央的槽口中。

③用力下压并撬出端子排。

(4)端子排的安装

①打开端子排的上盖。

②确保模块上的插针与端子排边缘的小孔对正。

③将端子排向下压入模块,确保端子块对准位置并锁住。

2.注意事项

在控制箱(柜)内安装 PLC 时,要充分考虑 PLC 的可操作性和可维护性,并且尽可能远离高压设备及动力设备。同时,PLC 各模块之间要留有一定的空间,可设为水平安装和垂直安装时的空间间隔。

虽然 PLC 有较强的抗干扰能力,但安装时,仍要考虑其抗干扰问题,进一步提高系统的可靠性。抗干扰措施如下：

①避免贴近高压设备，距干扰源至少 200 mm；

②横向安装时，CPU 单元与 I/O 单元之间不能有配线槽经过；

③PLC 的安装衬板要完全接地。

二、S7-200 配线

图 9.21 所示为 PLC 的外部接线图。其中，PLC 工作电源为交流 100 ~ 240 V，输入电源为直流 24 V。具体说明如下。

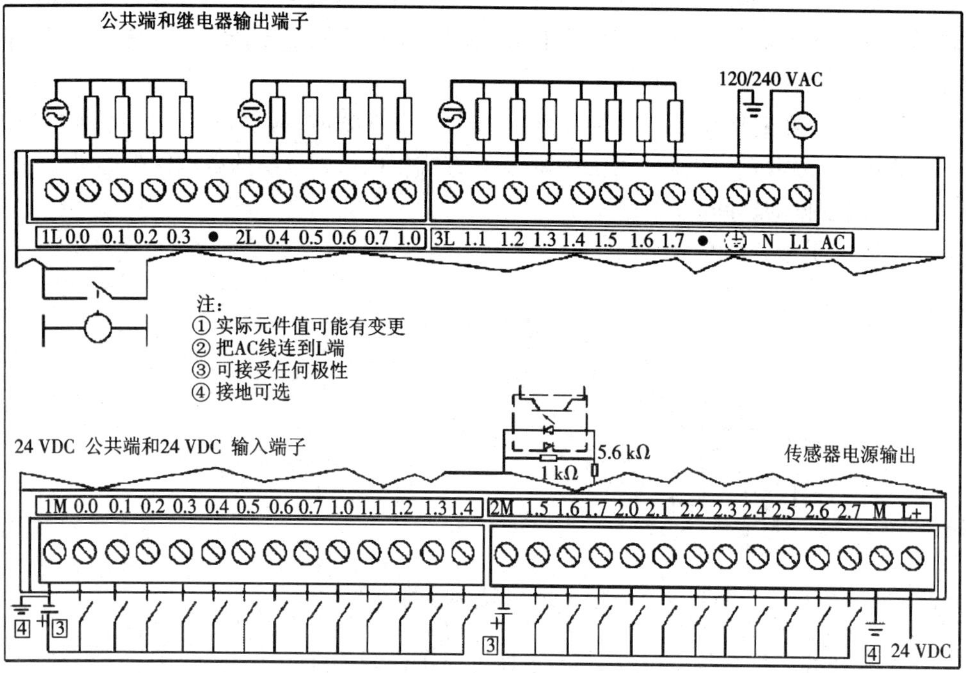

图 9.21　S7-200 配线

1. 电源配线

PLC 的工作电源分为直流和交流两种。对于交流供电方式，通常采用双绞线，且截面积至少在 2 mm 以上。在配线时，应尽可能对输入、输出、CPU 和 I/O 扩展部件分别供电。

为了提高 PLC 的抗干扰能力，一般在交流供电的 PLC 工作电源端加装 1∶1 隔离变压器，同时所有电源都要串接断路器。

2. 接地配线

良好的接地是保证 PLC 可靠工作的重要条件，可以避免偶然发生的电压冲击的危害。

PLC 一般应采用独立的接地体，如果实在做不到，也可与弱电设备共用一个接地体。但要注意,不要把接地端子接到一个建筑物的大型金属框架上,这样可能会对 PLC 产生不利影响。

3. 输入接线

PLC 可与有触点及电流型输入设备相连,但不能与电压型输入设备相连接。

在 PLC 内部装有一个 24 V 直流电源,最大电流 0.2 A。在使用之前,应检查所有输入设备的兼容性,并充分考虑漏电流和负载感应电势的影响。例如,当双线传感器,如光电传感器、接近开关或带氖灯的极限开关作为输入设备连到 PLC 上时,由于漏电流的作用,可能使输入点误导通。为防止这种情况,应并联上一个旁路电阻,以抑制漏电流的影响。

当一个感性负载连到 PLC 的输入端时,需要加电涌吸收装置(交流)或二极管(直流),以抑制反电势。

4. 输出接线

晶体管或双向可控硅输出型 PLC 接上负载后,当漏电流有可能造成设备的误动作时,应在负载两端并联一个旁路电阻。

当感性负载连到 PLC 输出端时,同样需要加电涌抑制器或二极管吸收负载产生的反电势。其中,二极管必须耐 3 倍的负载电压,并允许流过 1 A 的平均电流。

还需要注意的是,对于易造成伤害事故的负载,除了在 PLC 的控制程序中考虑之外,还应在 PLC 之外设计急停电路,设置事故开关、紧急停机装置等,确保一旦 PLC 发生故障时,能及时切断引起伤害事故的负载电源。

三、PLC 的定期检查

为了保证 PLC 的长期可靠运行,必须对 PLC 进行定期检查与适当维护。当检查的结果不能满足以下标准时,应进行调整或更换。

1. 电源电压

①CPU 单元电源电压变化范围是:直流 20.4 ~ 28.8 V;交流 85 ~ 264 V(47 ~ 63 Hz)。

②I/O 扩展单元电压变化范围必须与 I/O 模块要求的电压范围一致。

③I/O 电源电压变化范围必须与 I /O 要求的电压一致。

④电池检查。典型数据保持时间:200 天。

2. 环境条件

①控制盘周围的温度为 0 ~ 55 ℃(水平安放)或 0 ~ 45 ℃(垂直安放)。

②湿度(不结露)为 35% ~ 85%RH。

3. 紧固性

①CPU 及 I/O 扩展单元要固定好,安装螺钉不能松动。

②I/O 扩展单元连接电缆要插紧。

③接线端子的螺钉必须拧紧。

④外部连线不能有破损、短接等不正常现象。

四、PLC 控制系统故障检修

一旦 PLC 控制系统发生异常情况，应首先切断 PLC 工作电源，然后将 PLC 与外围电路断开，区分是 PLC 故障还是外围电路故障，然后彻底查清故障原因。在确认 PLC 可正常工作且故障不会重复出现时，才可重新通电。

故障检测方法分为软件检测法和硬件检测法。

1. 软件检测法

在 PLC 的控制系统中，外接的输入输出元件(如光电开关、电磁阀、接触器等)出现故障时，PLC 不会自动停机，这样整个控制系统的可靠性将受到严重影响。工程实践证明，在软件设计中增加故障检测程序是抑制 PLC 外部元件引发控制系统故障的有效途径之一。常用的设计方法有时间故障检测法和逻辑错误检测法两种。

(1)时间故障检测法

控制系统工作循环中各工步的动作时间都有严格的规定，如果某个工步的动作超出这个时间，无法转入下一个工步，控制系统不能正常工作。因此，以这些时间为参考，在要检测的工步动作开始的同时，启动一个定时器。定时器的时间设定值是正常情况下该动作要持续时间的 125% 左右。当某一工步动作时间超过规定时间，达到对应的定时器预置时间，还未转入下一个工步动作时，定时器发出故障信号，停止正常工作循环程序，启动报警及显示程序，这就是“超节拍保护”。

(2)逻辑错误检测法

在正常工作的情况下，PLC 控制系统各输入输出信号和中间记忆装置之间存在着确定的逻辑关系。如果这种逻辑关系被打乱，出现异常逻辑关系，必定是控制系统出了故障。此时，PLC 应停止执行正常的程序。因此，可以事先编制好一些常见故障的异常逻辑程序加进用户程序中。当这种逻辑关系实现状态为 1，就出现了相应的设备故障，即可将异常逻辑关系的状态输出作为故障信号实现报警、停机等控制。

2. 硬件检测法

(1)CPU 单元及相关电路故障

CPU 单元更换及存储卡、保险丝、电池、继电器、电缆等部件的更换，均应在断电状态下进行。

CPU 单元及相关电路常见故障如表 9.2 所示。

表 9.2 CPU 单元及相关电路常见故障

现　象	故障原因	修复办法
POWER 指示灯不亮	保险丝断	更换保险丝
重复烧断保险丝	电路板有短路或故障	更换 CPU 单元

续表

现　象	故障原因	修复办法
DC 输出电源不正常	稳压电源电路失效	更换直流电源
RUN 指示灯不亮	电源没有供电	更换电源板
	程序错误	修改程序

(2)输入电路故障

输入电路常见故障见表 9.3 所示。

表 9.3　输入电路常见故障

<table>
<tr><th colspan="2">现　象</th><th>故障原因</th><th>修复办法</th></tr>
<tr><td rowspan="5">输入全不通</td><td>LED 灯亮</td><td>内部电路故障</td><td>更换 CPU 单元</td></tr>
<tr><td rowspan="4">LED 灯灭</td><td>无外部输入电源</td><td>供给电源</td></tr>
<tr><td>外部输入电压低</td><td>提高电压</td></tr>
<tr><td>直流 24V 内部电源保险断</td><td>更换保险丝</td></tr>
<tr><td>端子板螺钉松动</td><td>拧紧螺钉</td></tr>
<tr><td colspan="2">输入全不断开</td><td>内部电路故障</td><td>更换 CPU 单元</td></tr>
<tr><td colspan="2" rowspan="4">个别输入不通</td><td>输入器件 ON 时间太短</td><td>调整输入器件</td></tr>
<tr><td>输入电路故障</td><td>更换输入设备</td></tr>
<tr><td>内部电路故障</td><td>更换 CPU 单元</td></tr>
<tr><td>端子板螺钉松动</td><td>拧紧螺钉</td></tr>
<tr><td colspan="2">个别输入不断开</td><td>内部电路故障</td><td>更换 CPU 单元</td></tr>
<tr><td colspan="2" rowspan="2">输入不规则通断</td><td>噪声过大</td><td>采取抗干扰措施</td></tr>
<tr><td>输入供电电源不正常</td><td>检查输入供电电源</td></tr>
<tr><td colspan="2">输入 LED 灯不亮(工作正常)</td><td>发光二极管损坏</td><td>在适当时候更换</td></tr>
</table>

(3)输出电路故障

输出电路故障见表 9.4 所示。

表 9.4　输出电路常见故障

现　象	故障原因	修复办法
输出都不通	负载电源没起作用	检查、修理负载电源
	内部电路故障	更换 CPU 单元
	端子板螺钉松动	拧紧螺钉

续表

<table>
<tr><th colspan="2">现　象</th><th>故障原因</th><th>修复办法</th></tr>
<tr><td colspan="2">输出都不断开</td><td>内部电路故障</td><td>更换 CPU 单元</td></tr>
<tr><td rowspan="7">个别输出不通</td><td rowspan="4">LED 灯亮</td><td>外部负载断线</td><td>检查外部接线</td></tr>
<tr><td>内部电路故障</td><td>更换 CPU 单元</td></tr>
<tr><td>端子板螺钉松动</td><td>拧紧螺钉</td></tr>
<tr><td>端子板连接器接触不良</td><td>用酒精擦拭</td></tr>
<tr><td rowspan="3">LED 灯灭</td><td>输出 ON 时间太短</td><td>修改程序</td></tr>
<tr><td>线圈重复使用</td><td>修改程序</td></tr>
<tr><td>内部电路故障</td><td>更换 CPU 单元</td></tr>
<tr><td colspan="2" rowspan="3">个别输出不断开</td><td>由于漏电流或残余电压恢复不良</td><td>更换外部负载或增加虚设阻抗</td></tr>
<tr><td>线圈重复使用</td><td>修改程序</td></tr>
<tr><td>内部电路故障</td><td>更换 CPU 单元</td></tr>
<tr><td colspan="2" rowspan="3">输出不规则的 ON/OFF</td><td>负载电源电压低</td><td>提高电压</td></tr>
<tr><td>线圈重复使用</td><td>修改程序</td></tr>
<tr><td>噪声过大</td><td>安装浪涌抑制器、隔离变压器，使用屏蔽电缆等</td></tr>
<tr><td colspan="2">LED 灯不亮(操作正常)</td><td>发光二极管损坏</td><td>在适当时间更换</td></tr>
</table>

3.其他检测方法

此外还可以利用错误信息，检测系统错误、编程错误。

(1)系统错误

①检查 CPU 单元的 DIP 开关设置。

②检查 EPROM 安装得是否正确。

③检查电池安装得是否正确。

(2)编程错误

①地址溢出。

②数据错误。

③I/O 号错误。

④指令使用错误。

思考与练习

将机械手设计成既能连续控制又能步进控制的形式，试编写 PLC 应用程序。

电动葫芦起升机构的动负荷试验，控制要求如下：

(1)可手动上升、下降;

(2)自动运行时,上升 6 s,停 9 s,下降 6 s,停 9 s,循环运行 1 h,然后发出声光信号,并停止运行。

试设计用 PLC 控制的上述系统。

3.要求:按下启动按钮后,能根据图 9.22 所示依次完成下列动作:

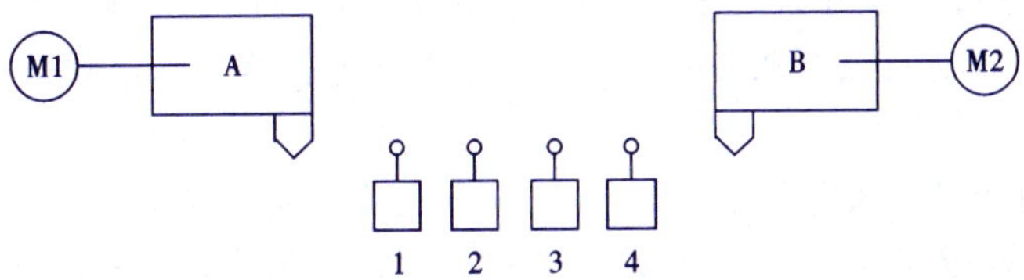

图 9.22　题 3 的示意图

(1)A 部件从位置 1 到位置 2;

(2)B 部件从位置 3 到位置 4;

(3)A 部件从位置 2 回到位置 1;

(4)B 部件从位置 4 回到位置 3。

用 PLC 实现上述要求,画出梯形图程序。

4.某电动单梁起重机质量检测系统,要求起重机有升降、进退、左右行 3 个动作机构。整机性能检测试验要求如下。

(1)钩上没有负载时,前进、后退、左行、右行、上升、下降 6 个动作周期运行。进退机构为:前进 30 s,休息 45 s,后退 30 s,再休息 45 s,每周期 150 s。左、右行机构为:进退机构启动 1 s 后启动,左行 14 s,休息 23 s,右行 14 s,休息 23 s,每周期 75 s。升降机构为:进退机构启动 15 s 后启动,上升 10 s,休息 15 s,下降 10 s,每周期 50 s。

(2)逐步加载至 1.1 倍额定负载,重复上述动作。

(3)周期运行时间不小于 1 h。

试设计该 PLC 控制设备。

5.某送料小车由电动机拖动,电动机正转,小车前进;电动机反转,小车后退。对小车的控制要求如下。

(1)单循环工作方式。每按动一次送料按钮,小车后退至装料处,10 s 后装满,自动前进至卸料处,15 s 后卸料完毕,小车返回到装料处,装料后待命。

(2)自动循环方式。按一次启动按钮后,上述动作自动循环进行,直至按一下停止按钮后,小车完成一个单循环后,停在装料处待命。

试用 PLC 对小车进行控制,画出梯形图程序。

6.试设计一个 4 层电梯 PLC 控制系统,要求:某层楼有呼叫信号时,电梯自动运行到该楼层后停止;如果同时有 2 或 3 个楼层呼叫时,依先后顺序排列,同方向就近楼层优先,电梯运行到先呼叫的楼层时,待门关严后,电梯自行启动,运行至下一个楼层。

7.将外部 24 V 直流电源与 S7－200 的 24 V 直流传感器供电电源并联，应注意什么问题？能否在带电情况下安装或拆卸 S7－200 及其相关设备？是否有可能导致电击或者设备误动作？

8.在更换 S7－200 的器件时，除了要使用相同的模块外，还要注意什么问题？

9.PLC 的工作电源分为几种？对于交流供电方式，通常采用何种配线？

10.接地线的长度不要超过多少米？接地端子能否接到一个建筑物的大型金属框架上？

11.当一个感性负载连到 PLC 的输入端时，为什么需要加电涌吸收装置？

12.晶体管或双向可控硅输出型 PLC 接上负载后，为什么在负载两端并联一个旁路电阻？

13.I/O 扩展单元电压变化范围与 I/O 模块要求的电压范围有什么关系？

14.紧固 PLC 时，需要注意什么问题？

模块十　PLC应用实例

本模块列举了大量PLC应用实例,涉及交通、机加工、化工、建筑等领域。这些实例既可以用来学习可编程控制系统的设计方法,也可以为PLC课程设计、毕业设计以及实际工程应用提供参考。

项目一　机械手的应用

现代化的生产中很多工作是由机械手替代手工劳动,例如将工件从A点搬运到B点,示意如图10.1所示,要求机械手可以在手动、回原点、单步、单周期和连续这5种工作方式下工作。

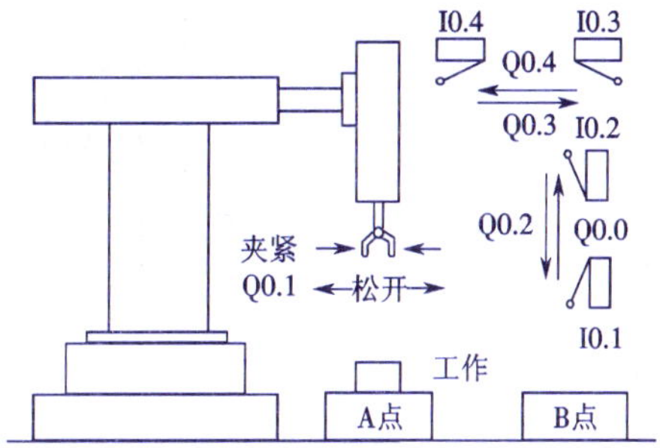

图10.1　机械手工作示意

手动工作方式下,6个按钮分别独立控制机械手的上升、下降、左行、右行、夹紧和松开。

机械手未开始工作时停留在最左端和最上方且处于松开状态,这是系统的初始状态,也称为原点状态。在进入单周期、连续和单步工作方式之前系统都应处于原点状态。如果不满足这个条件,可以通过选择回原点方式使系统处于初始状态。

单周期工作方式下,按下启动按钮后,从初始步开始,机械手按顺序规定完成一个周期的工作后返回并停留在初始步。

连续工作方式下,按下启动按钮后,机械手从初始状态开始,搬运一个工件后接着搬运第二个工件,反复连续工作直到按下停止按钮,但在按下停止按钮后机械手并不能马上停止工作,而是在当前的工作周期结束后才返回并停留在初始状态。连续工作和单周期工作方式下的顺序功能图如图10.2所示。

单步工作方式下,从初始状态开始,每按下一次启动按钮,系统就转换到下一步,完成该步的工作后,自动停止工作并停留在该步直到再次按下启动按钮,进行下一步的工作。这种工作方式常用于进行系统调试。控制面板如图10.3所示。PLC外部接线如图10.4所示。这是一个较复杂的控制系统,如果仅在主程序中进行编程是无法实现的。

控制机械手使用子程序调用即可。程序的总体结构如图10.5所示。也就是说在主程序中需要输入上述的梯形图程序,而每种工作方式编写为各子程序。

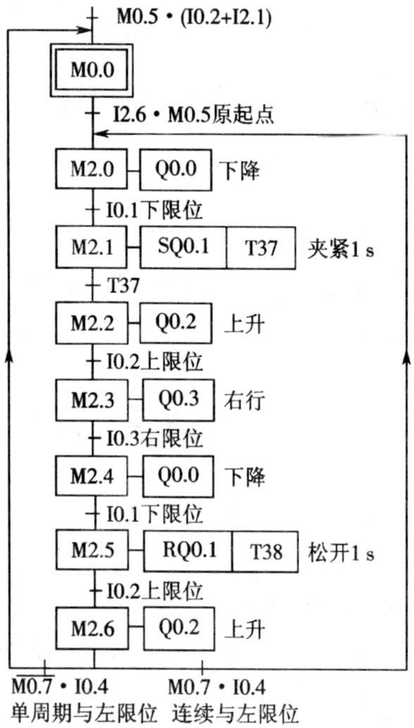

图 10.2　单周期与连续工作方式下的顺序功能图

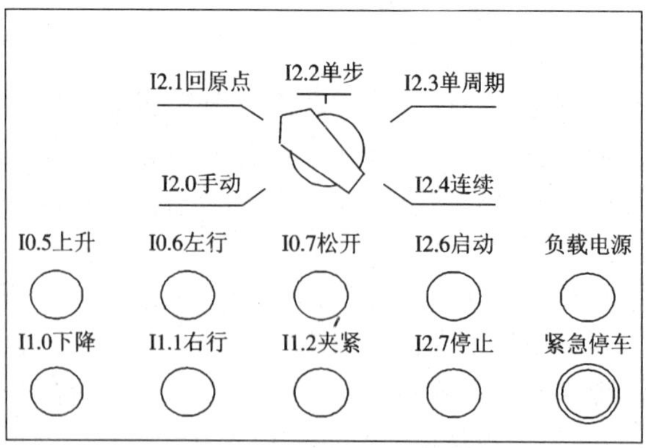

图 10.3　控制面板示意

对于公用程序和手动程序使用经验设计法进行设计。公用程序主要用于处理各种工作方式中都要执行的任务以及不同的工作方式间的切换，程序如图 10.6 所示。手动程序如图 10.7 所示。为保证系统的安全运行，在程序中需要设置一些必需的联锁：

①为防止功能相反的两个输出同时为 ON，设置了上升与下降、左行与右行之间

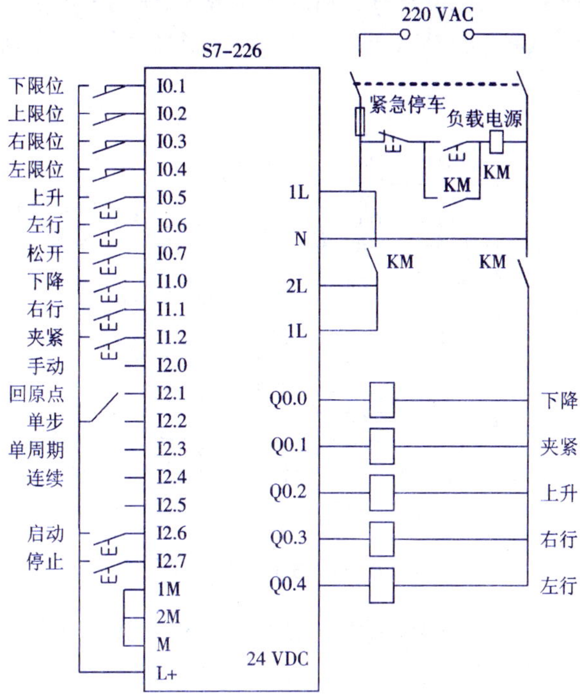

图 10.4　PLC 外部接线

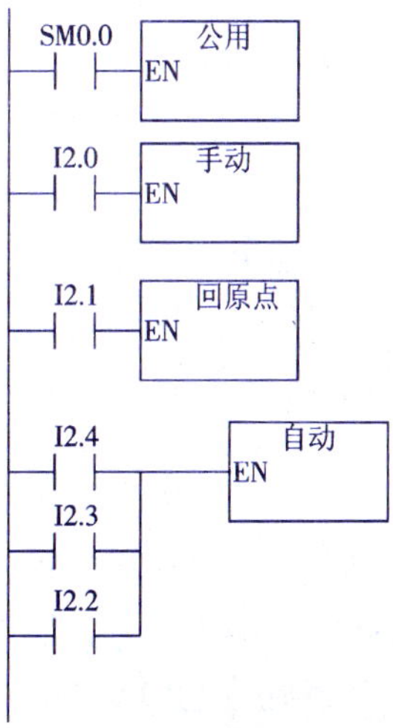

图 10.5　机械手控制程序总体结构

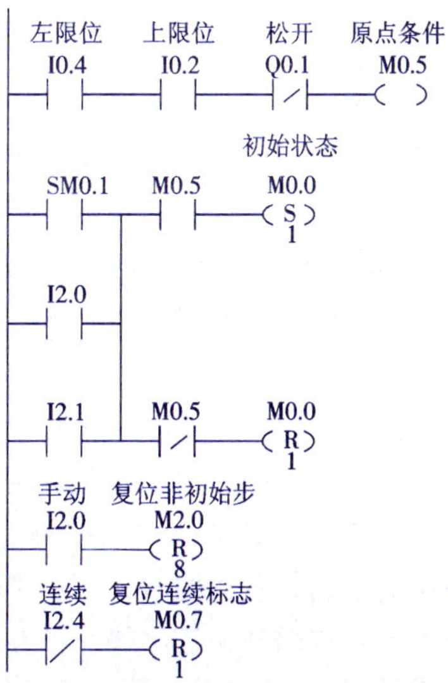

图 10.6　机械手控制的公用程序

的联锁；

②为限制机械手移动的范围使用了限位开关 I0.1 ~ I0.4；

③为防止机械手在较低位置时与别的物体碰撞，使用上限位开关 I0.2 的常开触点与控制左、右行的 Q0.4 和 Q0.3 的线圈串联，使机械手只有升到最高位置才能左右移动。

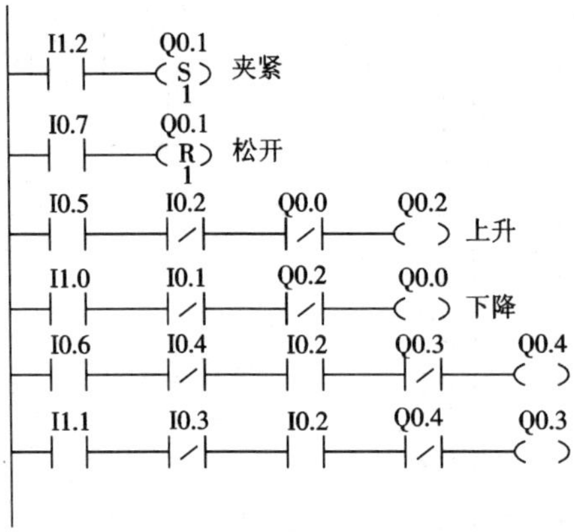

图 10.7 机械手控制的手动程序

单周期、连续和单步这些自动程序需要先画出系统的顺序功能图，如图 10.2 所示，然后使用启保停电路进行程序设计。梯形图程序如图 10.8 所示。

梯形图中，连续标识 M0.7 和转换允许标识 M0.6 主要用于区别单周期、连续和单步三种工作方式。

(1)单步与非单步的区别

使用 M0.6 的常开触点串联在每一步的启动电路中，当 M0.6 常开触点断开时，禁止步的活动状态的转换。当某一步处于活动并满足转换条件时，如果没有按下启动按钮 I2.6，M0.6 线圈断电，因此不会转换到下一步；如果按下启动按钮 I2.6，在其上升沿 M0.6 线圈通电一个扫描周期，M0.6 的常开触点接通，才会转换到下一步。当系统处于连续、单周期的工作方式时，I2.2 的常闭触点未动作，M0.6 线圈保持得电状态，串联在各个启动电路中的 M0.6 的常开触点闭合，步与步之间能够进行正常转换。

(2)单周期与连续的区别

当拨盘开关处于连续位置时，I2.4 常开触点闭合。当初始步 M0.0 为活动步并按下启动按钮 I2.6 时，连续标识位 M0.7 线圈通电并保持，同时机械手下降。当机械手左行返回最左边时，I0.4 为 ON，满足转换条件 M0.7·I0.4，系统将返回步 M2.0，开始新的工作循环。按下停止按钮 I2.7 后，M0.7 线圈断电，机械手在当前工作循环结束后返回最左边，满足了转换条件 M0.7·I0.4，系统返回并停留在初始步。

当拨盘开关处于 I2.3 单周期的位置时，连续标识位 M0.7 线圈处于断电状态，机械手在 M2.7 返回最左边时，左限位开关 I0.4 为 1，满足转换条件 M0.7·I0.4，系统返回并停留在初始状态，按下启动按钮，系统只进行一个周期的工作。

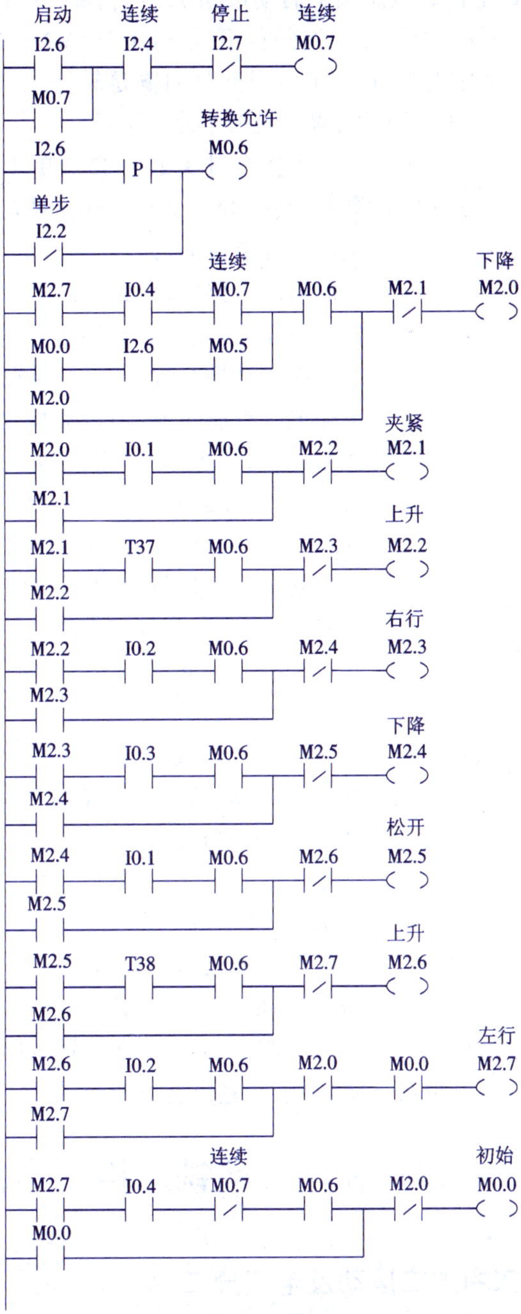

图 10.8　机械手控制的自动程序

(3)单周期与单步的区别

当系统处于单周期工作方式时,单步 I2.2 的常闭触点闭合,M0.6 线圈得电,允许进行转换。系统处于初始状态按下启动按钮 I2.6 时,M2.0 线圈得电,同时下行输出 Q0.0 线圈得电,机械手下行,碰到限位开关 I0.1 时,M2.1 线圈得电,夹紧输出 Q0.1 被置位,同时启动定时器 T37,定时时间到时满足转换条件,步 M2.2 变为活动步,系统就这样一步一步进行工作,直至机械手停止运动。

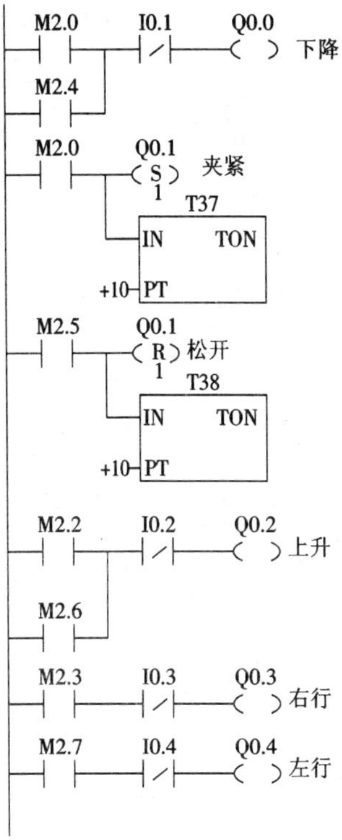

图 10.9 机械手控制的输出电路程序

当拨盘开关处于 I2.2 单步的位置时,常闭触点断开,转换允许线圈 M0.6 只有在启动按钮 I2.6 的上升沿才能接通,并且 M0.6 的常开触点串联在每一步的启动电路中,在完成某一步的操作后,只有按下启动按钮,系统才能转换到下一步。

在自动控制程序中,如果控制步 M0.0 的启保停电路放在控制步 M2.0 的启保停电路之前,在单步工作方式下,当步 M2.7 为活动步并满足启动条件 I2.6 时,返回步 M0.0 的同时满足步 M2.0 的启动条件,步 M2.0 马上变为活动步,这样连续激活两步是不允许的。解决方法是将控制步 M2.0 的启保停电路放在控制步 M0.0 的启保停电路之前和步 M0.6 的线圈之后。按钮 I2.6 的上升沿信号控制步 M0.6 的启动,在步 M2.7 条件满足时,步 M0.6 仅接通一个扫描周期,使 M0.0 的线圈通电;在下一个扫描周期满足步 M2.0 的启动条件时,M0.6 线圈已经断电,不会使 M2.0 线圈通电,直到下一次启动条件满足时 M2.0 线圈才能通电。图 10.9 的输出电路是自动程序的一部分,输出电路中 I0.1 ~ I0.4 的常闭触点是为单步工作方式设置的。以下降为例,当机械手碰到限位开关 I0.1 后,下降步对应的存储器位 M2.0 或 M2.4 不会马上变为 OFF。如果 Q0.0 线圈不与 I0.1 常闭触点串联,机械手不能停在下限位开关 I0.1 处,还会继续下降,对于某些设备可能造成事故。

项目二 PLC 在 X62W 铣床控制中的应用

一、X62W 铣床的加工运动及电气分工

铣床使旋转的铣刀在工件上平移,可以加工槽、平面、斜面及成型表面等,是一种较为精密的加工设备。

X62W 万能铣床由底座、床身、主轴、横梁、刀杆、升降台、横溜板、回转盘和工作台组成。工件放置在工作台上,工作台可以纵向移动。工作台放置在可以转动的回

转盘上，回转盘放置在可以横向移动的横溜板上，而横溜板又放置在可以上下移动的升降台上。因此工作台能够向前后左右上下多个方向运动。

工作台的运动方式分手动、常速进给和快速移动三种。进给电动机为进给运动和快速移动提供动力，通过机械挂挡实现不同的运动速度。铣床的主运动为铣刀的转动，由主轴电动机提供动力，加工过程中不需改变转向及速度。

X62W万能铣床外形如图10.10所示。X62W万能铣床的控制电路如图10.11所示。

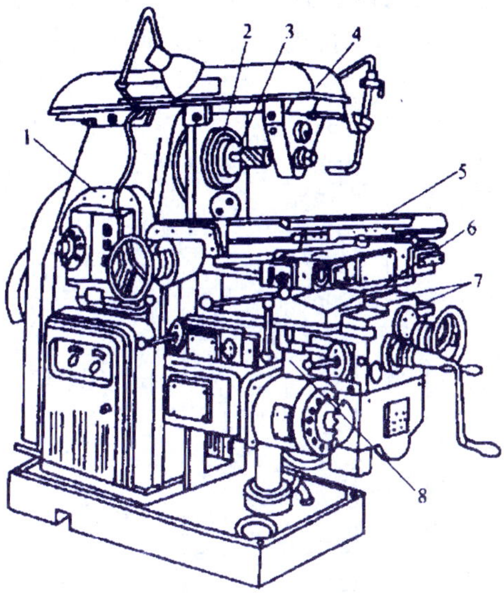

图10.10 X62W万能铣床外形

1—床身；2—主轴；3—刀杆；4—悬梁；

5—工作台；6—回转盘；7—床鞍；8—升降台

二、X62W万能铣床控制要求及继电接触器电路解读

铣床共有三台电动机，分别是主轴电动M1、冷却泵电动机M2和进给电动机M3。M1由接触器KM1控制电源通断，转换开关SA1预先选择电动机的转向。M2受接触器KM1控制，同时受手动转换开关QS2控制。M3受正转接触器KM3和反转接触器KM4控制。铣床电路中有三台变压器，分别为照明电路、直流电磁离合器电路和控制电路提供36 V和127 V交流电源。

电磁离合器控制电路中，变压器T2提供的36 V电源经整流桥VC整流成直流。当停止按钮SB5、SB6按下或主令开关SA2打到“主轴夹紧”位置时，电磁离合器YC1动作，对主轴电动机M1进行制动，提高了铣床的操作速度。

当快速进给按钮SB3、SB4没有按下时，接触器KM2处于释放状态，电磁离合器YC2得电吸合，带动铣床机械换挡装置，铣床按正常速度作进给运动。当快速进给按

钮 SB3、SB4 按下后，接触器 KM2 处于得电吸合状态，电磁离合器 YC2 断电释放，电磁离合器 YC3 得电吸合，带动铣床机械换挡装置，铣床带动溜板快速移动。

控制电路中，当按下启动按钮 SB1 时，接触器 KM1 得电吸合，主轴电动机按 SA1 预选的方向旋转。此时控制进给电动机 M3 的控制电路通电，为动作作好了准备。点按快速移动按钮 SB3 或 SB4 时，接触器 KM2 动作，带动电磁离合器 YC2、YC3 动作。

控制工作台纵向进给的手柄有向左、向右和停止三个挡位。处于停止状态时，SQ1 和 SQ2 的动断触头闭合。当圆工作台转换开关 SA3 处于断开位位置时，电源经 5、17、23、41、29 号线到达 31 号导线，为接触器 KM3 和 KM4 电路提供电源。需要工作台向左进给时，手柄打向左侧，压下行程开关 SQ2，使 SQ2 的动合触头闭合，动断触头断开。

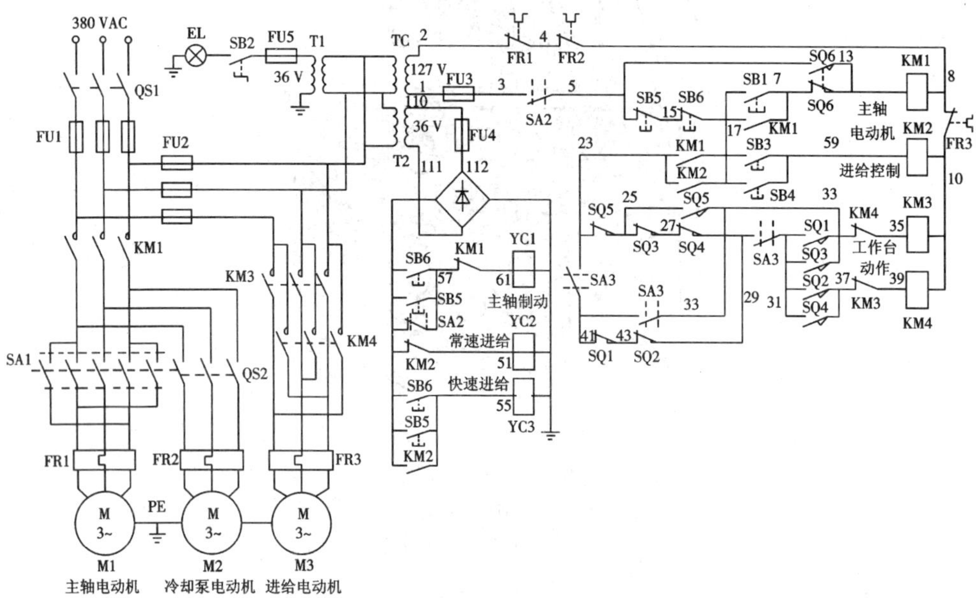

图 10.11　X62W 万能铣床的控制电路

这时电源通过 SQ3、SQ4、SQ5 的动断触头接通，接触器 KM4 得电吸合，进给电动机 M2 反转，工作台左向进给。如果手柄打向右侧，则压下行程开关 SQ1，使 SQ1 动合触头闭合，动断触头断开，接触器 KM3 得电吸合，进给电动机 M3 正向旋转，带动工作台向右进给。

控制工作台横向及升降进给手柄有向前、向后、向下、向上和停止 5 个位置，与离合器相联系，前后方向进给与上下方向进给转换通过手柄带动离合器来实现。处于停止挡位时，SQ3 和 SQ4 的动断触头闭合，电源经 5、17、23、25、27、29 号线到达 31 号导线，为接触器 KM3 和 KM4 电路提供电源。手柄打“向前”或“向下”时，压下行程开关 SQ3，使 SQ3 的动合触头闭合，动断触头断开，电源由纵向进给行程开关 SQ1 和 SQ2 的动断触头提供。同时，接触器 KM3 得电吸合，电动机 M3 正向旋转，驱动工作台向前或向下进给。手柄打“向后”或“向上”时，压下行程开关SQ4，使SQ4的动合触头闭合，动断触头断开，电源由纵向进给行程开关SQ1和SQ2的动断触头提供。同时，接触器KM4得电吸合，电动机M3反向旋转，驱动工作台向后或向上进给。

主轴制动开关SA2打到制动时，切断控制电路电源，使所有电动机停止转动。行程开关SQ5为进给电动机冲动而设，SQ6为主轴电动机冲动而设。冲动类似于电动机点动，便于离合器挂挡。

表10.1～10.3分别为纵向进给手柄行程开关、横向进给手柄行程开关和圆工作台转换开关导通表。表10.4为X62W万能铣床电气元件表。图10.12为X62W万能铣床电气元件分布图。

表10.1　纵向进给手柄行程开关导通表

触点		向左	停止	向右
SQ1	31～33	-	-	×
SQ1	41～43	×	×	-
SQ2	43～29	-	×	×
SQ2	31～37	×	-	-

表10.2　横向进给手柄行程开关导通表

触点		向前向左	停止	向后向上
SQ3	31～33	×	-	-
SQ3	25～27	-	×	×
SQ4	31～37	-	-	×
SQ4	7～29	×	×	-

表10.3　圆工作台转换开关导通表

触点		断开	接通
SA3	29～31	×	-
SA3	41～33	-	×
SA4	23～41	×	-

表10.4　X62W万能铣床电气元件表

符号	名称	型号	规格
EL	照明灯	JC6－2	36 V，螺口带开关
FR1	主轴电动机热继电器	JR0－40	整定值11.3 A

续表

符号	名称	型号	规格
FR2	冷却泵电动机热继电器	JR0 - 10	整定值 0.415 A
FR3	进给电动机热继电器	JR0 - 10	整定值 3.5 A
FU1	主电源熔断器	RL1 - 60	熔体 30 A
FU2	进给控制熔断器	RL1 - 15	熔体 10 A
FU3	控制电路熔断器	RL1 - 15	熔体 4 A
FU4	整流熔断器	RL1 - 15	熔体 2 A
FU5	照明熔断器	RL1 - 15	熔体 4 A
KM1	主轴电动机接触器	CJ0 - 20A	线圈电压 127 V AC
KM2	快速进给接触器	CJ0 - 10A	线圈电压 127 V AC
KM3	进给正转接触器	CJ0 - 10A	线圈电压 127 V AC
KM4	进给反转接触器	CJ0 - 10A	线圈电压 127 V AC
M1	主轴电动机	JO2 - 42 - 4	5.5 kW,1 450 r/min, T2 型
M2	冷却泵电动机	JCB - 22	125 W,2 790 r/min
M3	进给电动机	JO2 - 22 - 4	1.5 kW,1 410 r/min, T2 型
QS1	电源开关	HZ10 - 63/3J	板后接线
QS2	冷却泵开关	HZ10 - 10/3J	板后接线
SA1	主轴转向转换开关	HZ3 - 133	
SA2	主轴制动主令开关	LS2 - 3	
SA3	圆工作台转换开关	HZ10 - 10/3J	板后接线
SB1	主轴启动开关	LA19 - 11	绿
SB3、SB4	快速进给按钮	LA19 - 11	黑
SB5、SB6	停止按钮	LA18 - 22	红
SQ1、SQ2	左右进给行程开关	LX1 - 11K	开启式
SQ3、SQ4	前后升降行程开关	LX3 - 131	单轮自动复位
SQ5、SQ6	冲动行程开关	LX3 - 11K	开启式
T1	照明变压器	BK - 50	50 VA,380/36 V
T2	整流变压器	BK - 100	100 VA,380/36 V
TC	控制变压器	BK - 100	100 VA,380/127 V
VC	整流桥	2CZ	100 V,5 A
YC1	主轴制动电磁离合器	B1DL - Ⅲ	
YC2 、YC3	快慢速进给电磁离合器	B1DL - Ⅱ	

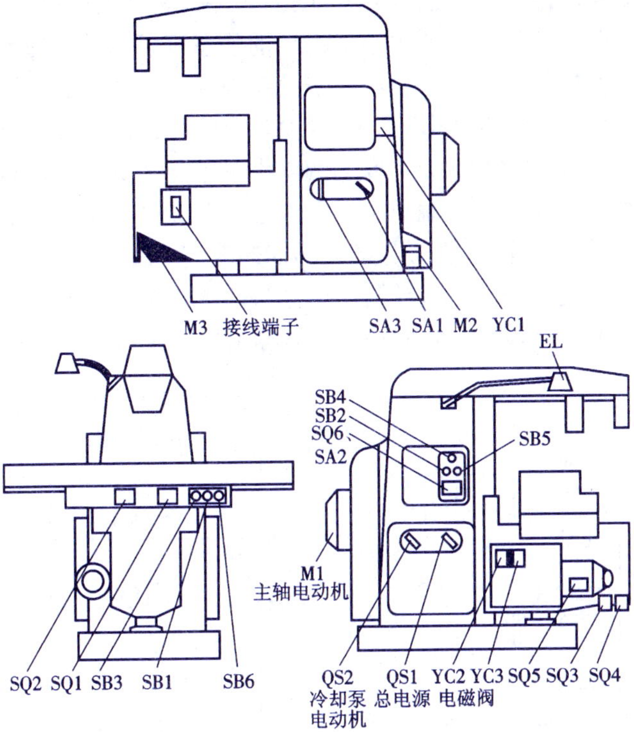

图 10.12　X62W 万能铣床电气元件分布

三、X62W 万能铣床 PLC 控制方案

1.PLC 机型选择及硬件连接

X62W 万能铣床的继电接触器电路看起来并不复杂,但仔细分析后才知道其中包含了许多联锁环节。

(1)主电动机与进给电动机的联锁

这是电气上的联锁。进给电动机接触器 KM3、KM4 的电源只有当 KM1 或 KM2 接通时才能接通。

(2)工作台各进给方向上的联锁

这是机械及电气的双重联锁,工作台纵向进给操作手柄及工作台横向进给操作手柄是十字形操作手柄,手柄每次操作只能拨向某一个位置,这是机械联锁。此外从电路中可以知道,当这两个操作手柄同时从中间位置移开时,KM3 及 KM4 的电流通道即被切断,这是电气联锁。

(3)线性进给运动工作台与圆工作台间的联锁

当使用圆工作台时,SQ1 ~ SQ4 中任一限位开关动作时,KM3 将断电。为了在使用 PLC 作为主要控制装置后,以上联锁功能都得以保留,以上联锁所涉及的器件都需接入 PLC 的输入口,这包括 SQ1 ~ SQ4 和 SB3 ~ SQ6。SA3 的处理则不同。由于 SA3 只有断开及接通两个工作位置,它的三对触点的状态可以用其中的一对触点的状态表示。因而只选继电器图中接于 29 ~ 31 点的一对触点接入 PLC,且以断开为常态。经统计,以上器件再加上各种按钮及冲动开关等器件,铣床控制所需输入口为 12 个。在具体连接时,这些器件的串联及并联的触点均在连接后接入 PLC,且热继电器触点均串在输出器件电路中,不占用输入口。在考虑输出口数量时,注意到输出器件有两个电压等级,并将控制逻辑简单的电路(如 KM2 的常闭触点对 YC2 的控制)直接在 PLC 机外连接,不再通过 PLC。这样输出口分为两组连接点。依输入输出口的数量及控制功能选取西门子 CPU 224 机一台,输入输出口接线如图 10.13 所示。

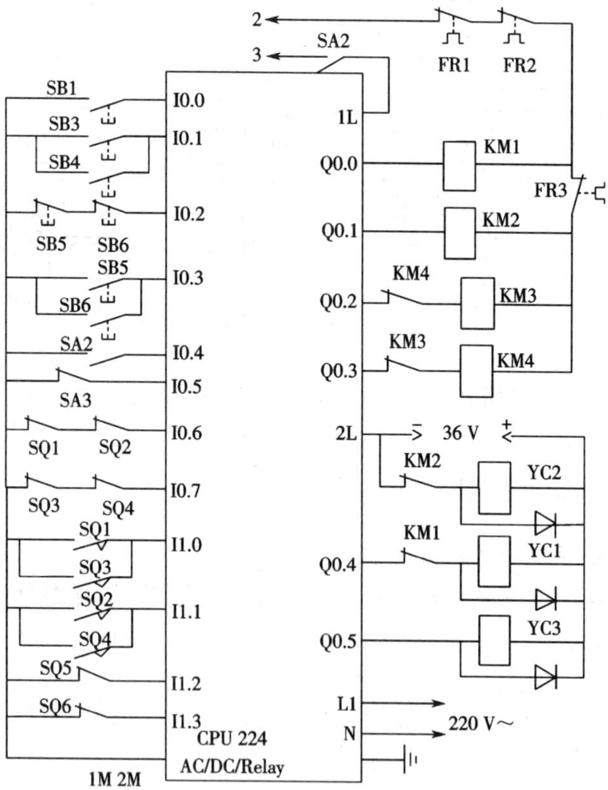

图 10.13 输入输出口接线

2.X62W 万能铣床 PLC 程序设计

仍使用梯形图设计 X62W 万能铣床的 PLC 程序。设计的基本原则仍是“复述”原继电器电路所叙述的逻辑内容。由于梯形图总是针对输出列写支路的,所以可以根据继电器线路中 KM1 的逻辑关系绘出梯形图的第一个支路,根据 KM2 的逻辑关系绘出第二个支路。为了表达继电器线路图中主轴电动机与进给电动机的联锁,选取辅助继电器 M10.0 绘第三个支路。

M10.0 支路中的触点可结合继电器图 10.11 中 23 号线得电的条件绘出。4、5、6 支路表达的是线性工作台进给、进给冲动及圆工作台的工作逻辑。这三个支路的绘出，主要依据是这三个工况中继电器电路中电流的流动过程。这样做，既保留了原电路的逻辑关系，又简化了梯形图的结构，是由继电器电路设计梯形图时常用的方法。作为设计结果的梯形图程序见图 10.14 所示。图中最后的三个支路是针对电磁阀 YC1、YC3 及 KM3 的。由于梯形图中 4、5、6 等三个支路都与 KM3 有关，依 PLC 中不允许出现双线圈的规定，在梯形图中选用了 M11.1 ~ M11.3 等三只辅助继电器。

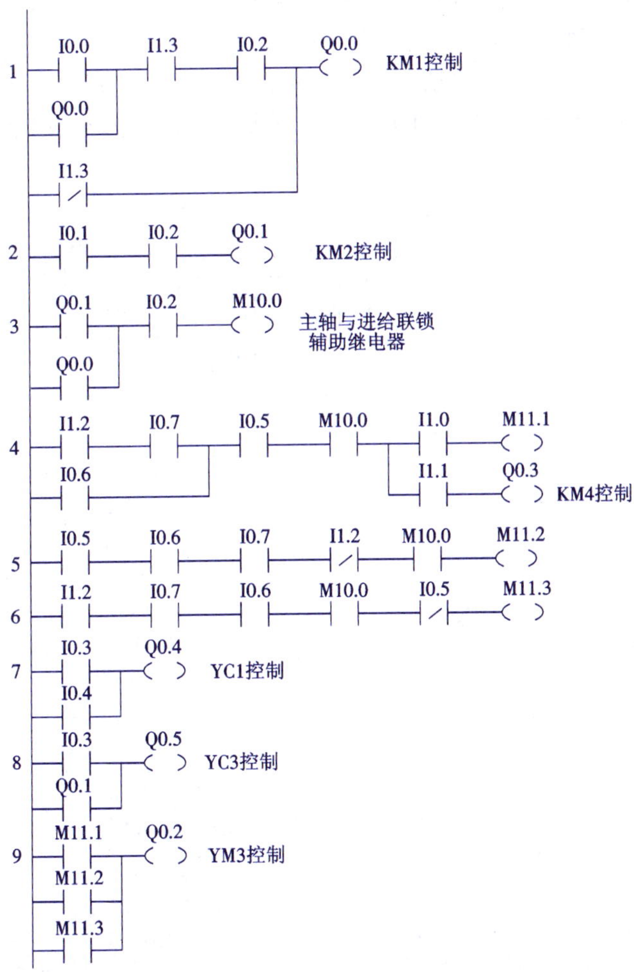

图 10.14　X62W 万能铣床梯形图程序

项目三 PLC 在液压传动组合机床控制中的应用

组合机床指可同时进行多种或多处加工的机床。组合机床的加工动作常常是按预定的步骤安排的，类似于简单的程序控制，这也正是 PLC 最擅长的。

一、双面单工位液压传动组合机床继电器控制系统

图 10.15 为某双面单工位液压传动组合机床继电器控制的电气原理图。本机床采用三台电动机拖动，M1、M2 为左右动力头电动机，M3 为冷却泵电动机。SA1 为左动力头单独调整开关，SA2 为右动力头单独调整开关，通过它们可实现对左右动力头的单独调整。SA3 为冷却泵电动机工作选择开关。左右动力头的工作循环如图 10.16 所示。

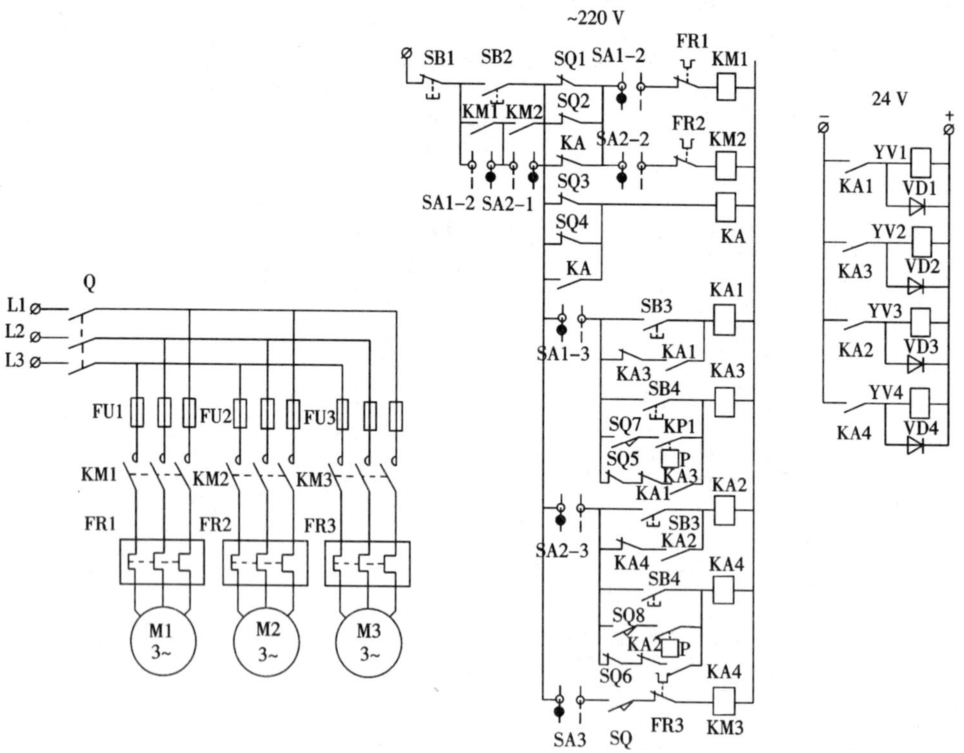

(a)主电路　　(b)控制电路

图 10.15 继电器控制的电气原理

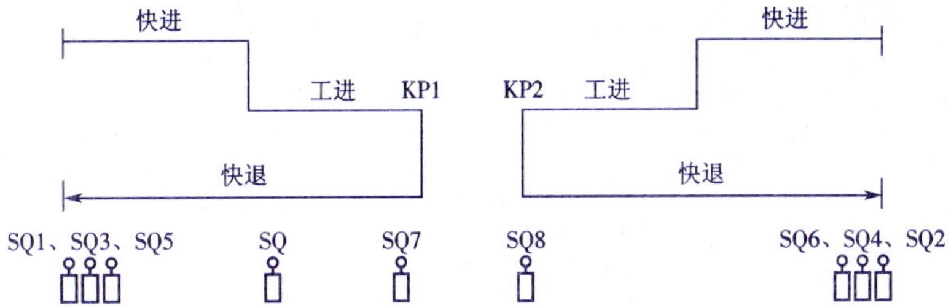

图 10.16 动力头的工作循环

液压执行元件状态如表 10.5 所示,其中 YV 表示电磁阀,KP 表示压力继电器。

表 10.5 液压元件动作

工步	YV1	YV2	YV3	YV4	KP1	KP2
原位停止	-	-	-	-	-	-
快进	+	-	+	-	-	-
工进	+	-	+	-	-	-
死挡铁停留	+	-	+	-	+	+
快退	-	+	-	+	-	-

自动循环的工作过程如下:SA1、SA2 处于自动循环位置,按下启动按钮 SB2,接触器 KM1、KM2 线圈通电并自锁,左右动力头电动机同时启动旋转。按下"前进"按钮 SB3,中间继电器 KA1、KA2 通电并自锁,电磁铁 YV1、YV3 通电,左右动力头快速进给并离开原位,行程开关 SQ1、SQ2、SQ5、SQ6 先复位,行程开关 SQ3、SQ4 后复位。

当 SQ3、SQ4 复位后,KA 通电并自锁。在动力头进给过程中,靠各自行程阀自动变快进为工进。同时压下行程开关 SQ,接触器 KM3 线圈通电,冷却泵电动机 M3 工作,供给冷却液。

当左动力头加工完毕,压下 SQ7 并顶在死挡铁上,油路油压升高,KP1 动作,使 KA3 通电并自锁;当右动力头加工完毕,压下 SQ8 并使 KP2 动作,KA4 接通并自锁。同时 KA1 和 KA2 失电,YV1 和 YV3 也失电,YV2 和 YV4 通电,左右动力头快退。当左动力头使 SQ 复位后,KM3 失电,冷却泵电动机停转。

左右动力头快退至原位时,先压下 SQ3、SQ4,再压下 SQ1、SQ2、SQ5、SQ6,使 KM1、KM2 线圈断电,动力头电动机 M1、M2 断电,同时 KA、KA3、KA4 线圈断电,YV2、YV4 断电,动力头停止,机床循环结束。加工过程中,按下 SB4,可随时使左右动力头快退至原位停止。机床的过载、短路保护等请读者自己分析。

二、双面单工位液压传动组合机床 PLC 控制方案

1.确定 PLC 的硬件连接

继电器控制电路中的按钮、行程开关、压力继电器、热继电器触点应有 21 个输入信号(4 个按钮、9 个行程开关、3 个热继电器动断触点、2 个压力继电器触点、3 个转换开关),需占用 21 个输入点。在实际应用中,为节省 PLC 的点数,可适当改变输入信号接线,如将 SQ8 与 KP2 串联后作为 PLC 的一个输入信号,就能减少一个输入点。

依此方法可得到 PLC 的输入点分配及接线图如图 10.24 所示。这时 PLC 的输入点数由 21 点减少至 13 点,这样可降低设备成本,但由于有些接点采用了串并联输入,会降低输入器件的可靠性和整个控制系统的可靠性。

可编程控制器输出控制对象主要是控制电路中的执行器件,如接触器、电磁阀等。已知该机床的执行器件有交流接触器 KM1、KM2、KM3,电磁阀 YV1、YV2、YV3、YV4。依据它们的工作电压,可设计出 PLC 的输入输出口接线如图 10.17 所示。

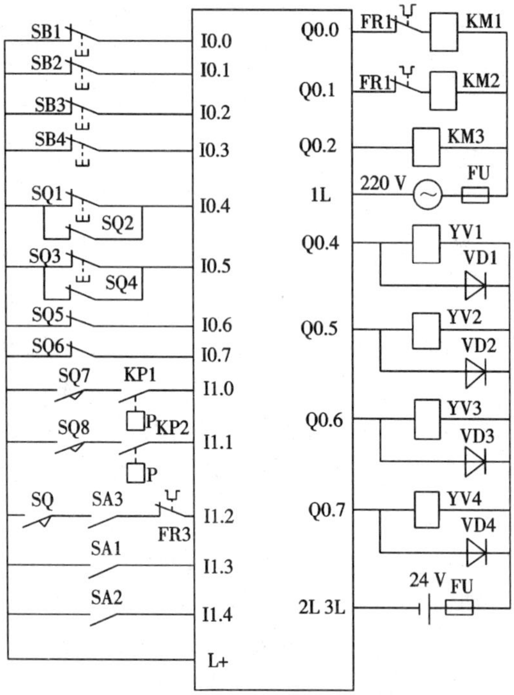

图 10.17 PLC 的输入输出口接线

由于接触器与电磁阀线圈所加电压的种类与高低不一样,故必须占用 PLC 的两组输出通道,并选择继电器输出型的 PLC。通过对机床 PLC 控制系统输入输出电路的综合分析,选择 S7-200 系列 CPU 224 对机床实施控制是比较合适的。

原控制线路中的中间继电器 KA、KA1、KA2、KA3、KA4 可分别由 PLC 的内部继电

器替代，并用 M10.0～M10.4 分别替代 KA、KA1、KA2、KA3、KA4。由此可见，若继电器控制电路中，中间继电器使用得多，采用 PLC 替代后的优越性越显著。

2.PLC 控制系统梯形图的设计

根据继电器控制原理图完成 PLC 控制的梯形图"复述"工作。根据继电器控制电路的逻辑关系，按照一一对应的方式画出 PLC 控制的梯形图程序，即按支路形式逐条转换，如图 10.18 所示为接触器 KM1、KM2 控制线路。

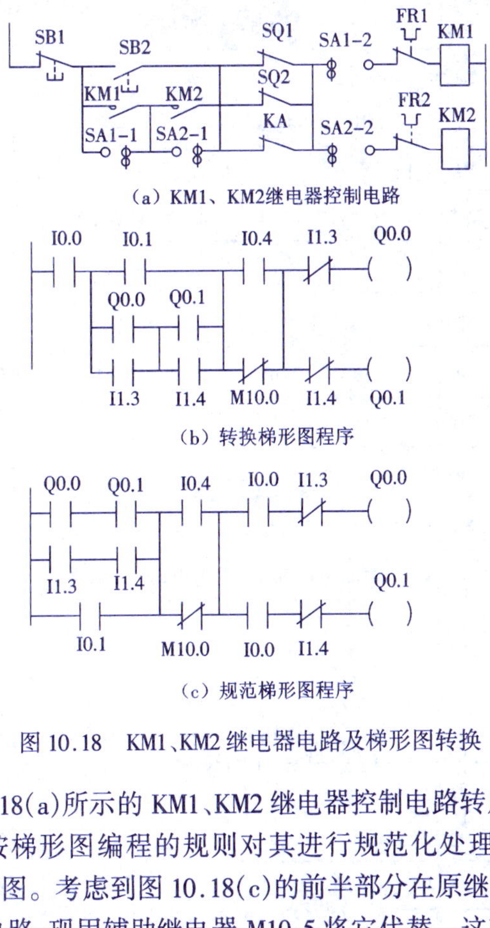

图 10.18　KM1、KM2 继电器电路及梯形图转换

首先可将图 10.18(a)所示的 KM1、KM2 继电器控制电路转成如图 10.18(b)所示的梯形图。然后再按梯形图编程的规则对其进行规范化处理及简化，就可得出图 10.18(c)所示的梯形图。考虑到图 10.18(c)的前半部分在原继电接触器电路中其实为所有输出的公共电路，现用辅助继电器 M10.5 将它代替。这就为绘制简化后的梯形图支路提供了方便。将全部继电器控制线路进行一一对应的转换，并进行规范、简化等处理，即得到该机床 PLC 控制梯形图程序(图 10.19)。

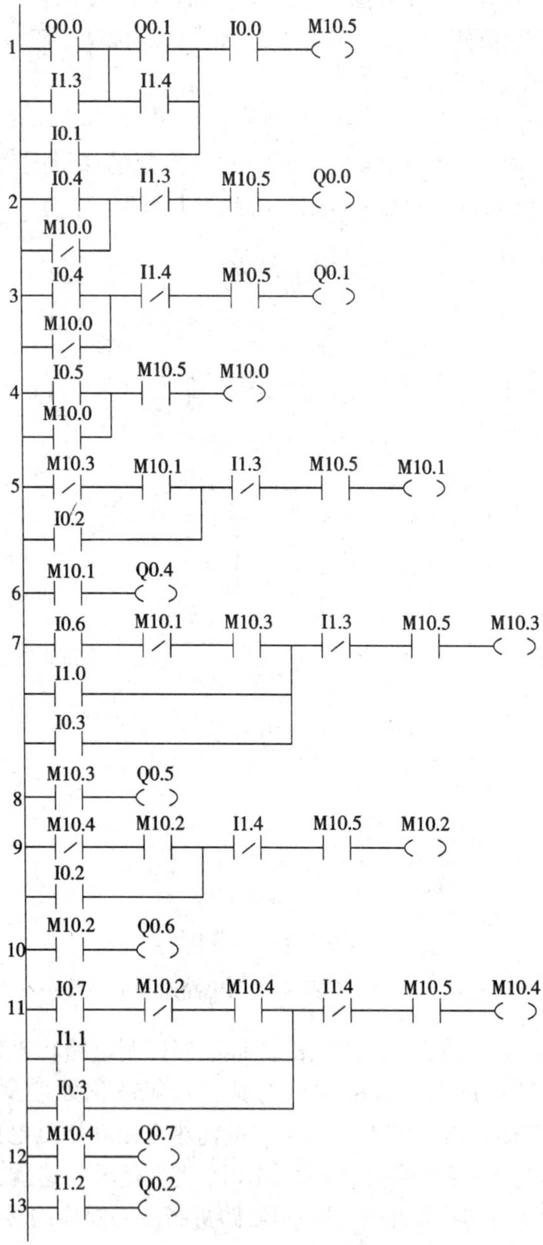

图 10.19 PLC 控制梯形图程序

项目四　PLC 在阀门组多周期原料配比控制系统中的应用

在化工、冶金、造纸和环保等行业中，常遇到需要按工艺控制要求对阀门组进行周期性开闭控制，以调节各种物料配比的情况。

一、控制要求

本例为 4 个阀门，分别通过 4 种液体化工原料。阀门均为电磁阀，其线圈的通电或断电即可控制对应阀门的开启及关闭。阀门分 4 步循环控制，循环周期有 10、16 和 20 min 3 种，可视现场实时操作选择设定。

在这三种循环控制周期中，4 个阀门的开闭状态要求如表 10.6 所示；每一指定的循环控制周期内，每一步的动作时间要求如表 10.7 所示。

表 10.6　阀门组动作与循环步骤

阀门	步骤			
	第一步	第二步	第三步	第四步
阀门 1	关闭	关闭	开启	开启
阀门 2	关闭	开启	关闭	开启
阀门 3	关闭	开启	关闭	关闭
阀门 4	开启	关闭	关闭	关闭

表 10.7　循环与周期时间

min

时间	步骤				
	第一步	第二步	第三步	第四步	循环结束
10	0	4	5	9	10
16	0	7	8	15	16
20	0	9	10	19	20

二、PLC 的硬件连接

本例输出为 4 个电磁阀，线圈采用 220 V 交流电驱动。

为了实现三种循环周期的选择，在输入口连接三个开关 K1、K2、K3。根据以上输入输出器件，可选择西门子 S7－200 系列 PLC 中 CPU 222，交流供电，直流输入。

PLC 输出的继电器触点的规格是交流 250 V，电流 2 A，可直接驱动电磁阀的电磁

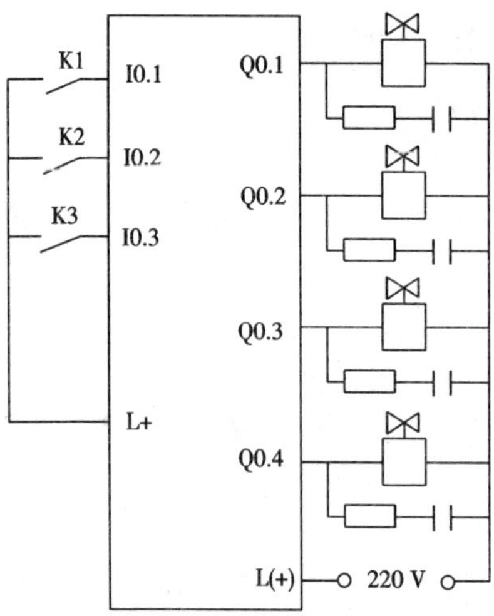

图 10.20　可编程控制器的端口接线

线圈负载。为了消除继电器触点接通、断开产生的电弧，在继电器线圈并联阻容吸收回路。PLC 输入的 24 V 直流电源由 PLC 内部电源提供。这样，硬件构成结构简单，满足控制要求，投资较少。可编程控制器的端口接线图如图 10.20 所示。

三、PLC 的软件设计

1. 程序结构的选择

由控制要求可知，阀门组有三种运行时间周期，使用接在输入口上的三个开关选择。反映在程序上，可编三个子程序实现不同时间周期的控制，定为 SBR1、SBR2 及 SBR3。另一方面，尽管有三种工作周期，但不论哪种周期，输出控制都是针对四个泵。这样，针对泵的输出，要有一个综合程序段，也可设为子程序，定为子程序 SBR0。

2. 主程序的功能及任务

在多子程序的主—子程序结构中，主程序的功能是安排程序的流程，主要任务为程序初始化及说明程序流程的条件。本例的主程序如图 10.21 所示。

图 10.21 中支路 1 为上电初始化计数器，支路 3 ~ 5 为选择周期时初始化相关计数器。计数器在本例中为时间控制器件，初始化即为清零。支路 6 ~ 8 及 10 的功能为选择子程序，其中子程序 SBR0 为常选。主程序中安排有跳转程序段，跳转条件为周期选择开关未选及多选，这是不正常状态，这时哪一个子程序都不能选择，因此程序需跳过 SBR1 ~ SBR3 程序段执行。

3. 各周期中时间段的实现

各周期中时间段即是指各步骤的起始时间。这一功能由子程序 SBR1 ~ SBR3 完成，现以子程序 SBR1 为例说明，其余两个子程序的构成原理是一样的。

图 10.22 为子程序 SBR1 的梯形图。图中支路 1 中的计数器 C10 用来形成 10 min 一个周期的时间段，计数器的输入 SM0.4 为分脉冲，计数器的设定值为 0，即相当于计满值，计数器在上电及计数器值为 10 时复位。以后的 4 个支路用 4 个辅助继电器表示一个周期中 4 个步骤的时间段，如 M10.1 表示 0 ~ 4 分时间段，M10.2 表示 5 ~ 10分时间段，M10.4 表示 9 ~ 10 分时间段。

图 10.23 为输出综合子程序 SBR0。支路分别针对 4 个阀门绘出。每个支路都是以三个周期中阀门的开启工作时间段作为输出的工作条件的。

本例完整的梯形图程序如图 10.24 所示，从图中可以更清楚地看到本例程序的结构。

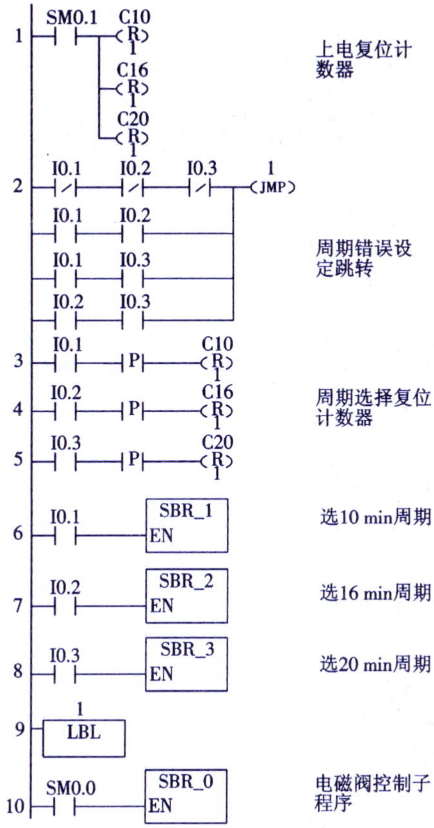

图 10.21　阀门组多周期控制主程序

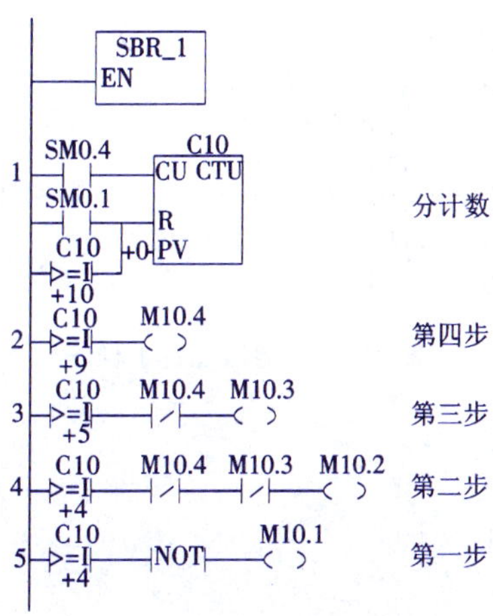

图 10.22　子程序 SBR1 梯形图程序

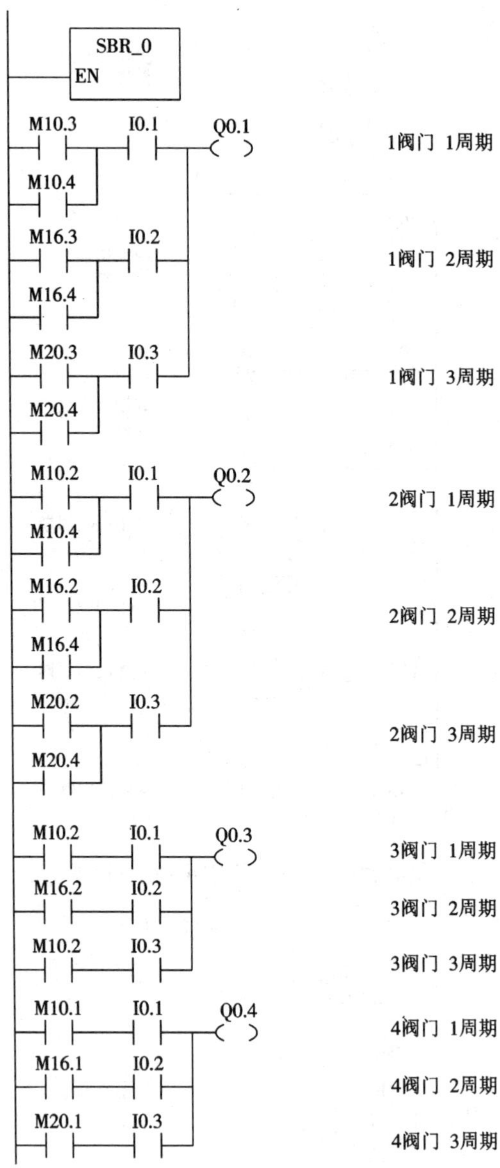

图 10.23 输出综合子程序

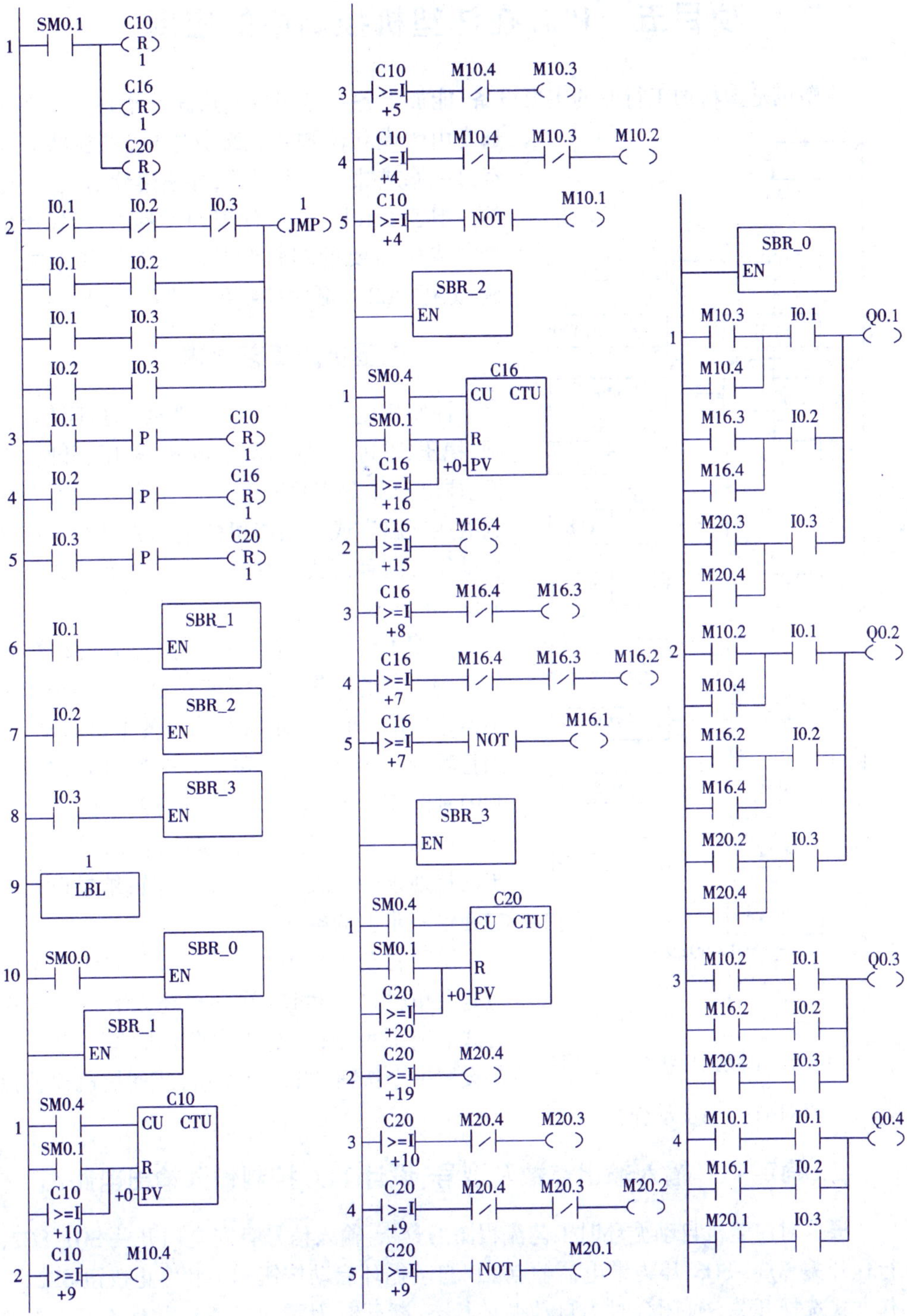

图 10.24 完整的梯形图程序

项目五 PLC在注塑机控制中的应用

注塑机是塑料加工行业的主要设备，能加工各种热塑性或热固性塑料。注塑机通常由闭模和注塑两大部分组成，颗粒状原料经过柱塞或螺杆压入料筒，加热熔化后，在一定的注射速度和压力下，注射到模具内，经保压后凝固成所需要的塑料制品。下面以注塑机为例，分析PLC在顺序控制系统中的应用。

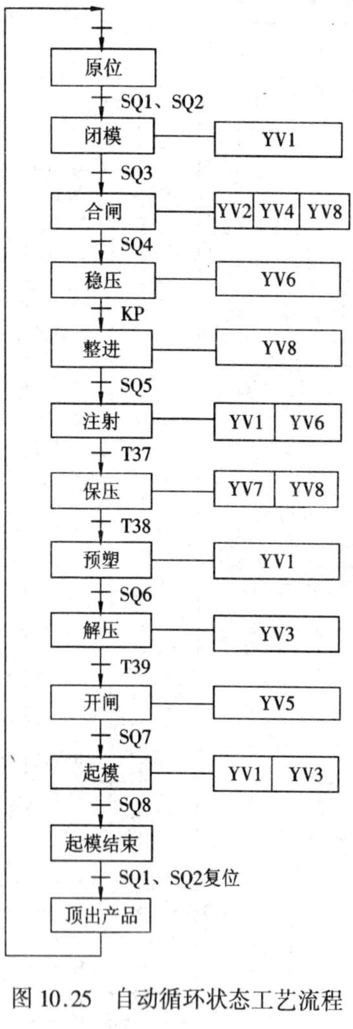

图10.25 自动循环状态工艺流程

一、注塑机的工艺要求

注塑机生产一个产品一般要经过闭模、合闸、稳压、整进、注射、保压、预塑、解压、开闸、起模、顶出产品等工序。这些动作均由电磁阀控制液压回路完成。注塑机的工作方式有手动和自动循环两种形式。其自动循环时的工艺流程如图10.25所示。

从图中可以看出，注塑机的控制过程是顺序控制。它的工作是从闭模开始一步一步有条不紊进行的，每个工步执行指令使电磁阀动作，用行程开关SQ1~SQ8和工艺过程时间(T37~T39)判断每一步是否完成，且只有当前一个工步完成后才能进入下一工步。也就是说，下一步的接通条件取决于上一步的逻辑结果以及附加在这一步上的条件。

除了自动工作方式之外，为了方便设备的调整及单件产品生产，注塑机还设有手动工作方式。所谓手动，就是为注塑机的每一个工步都设置一个按钮，当某个按钮按下时，机器就执行该按钮对应的工步动作。

二、确定PLC输入输出点数及型号，设计PLC控制输入输出电路图

根据对注塑机自动循环时工艺流程图的分析，输入信号有安全门开关SQ1、SQ2，行程开关SQ3~SQ8，压力继电器触点KP，自动循环启动按钮SB1和停止按钮SB2，工作方式选择开关SA(闭合时为自动循环状态，断开时为手动状态)，以及各工步手动按钮SB3~SB12。该注塑机的执行器件有YV1~YV8共8个电磁阀。根据以上输入

输出器件的数量，选用西门子可编程控制器中的 CPU 226，交流供电，继电器输出(24 点输入/16 点输出)。其输入输出电路如图 10.26 所示。

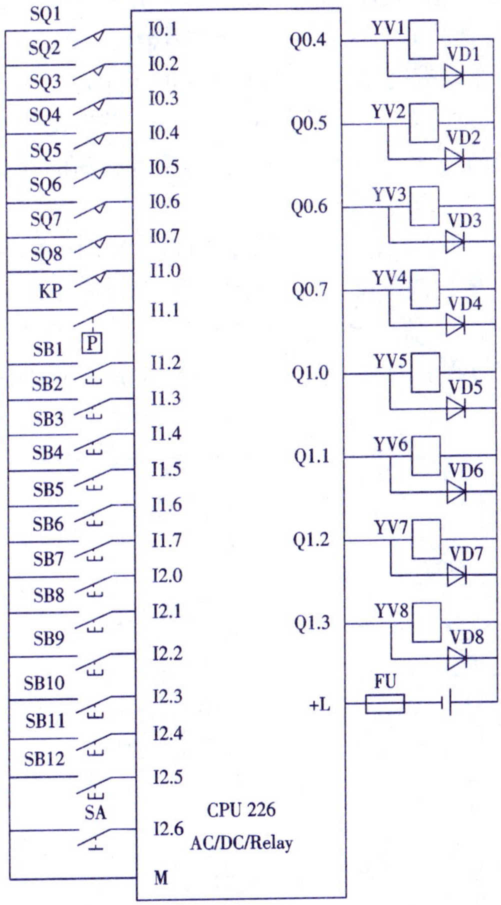

图 10.26　输入输出电路

三、注塑机的程序设计

1.程序设计方法的确定

对于较为复杂的控制系统，通常采用顺序控制法进行程序设计。前边已经讨论过“顺序控制法”，基本思想是将一个复杂的控制过程分成一系列“状态”或称为“步”，编程时可针对一个个的状态进行，每一个状态程序都含有本状态做什么，满足什么条件时进行状态转移及转到哪一个状态去这样一些问题。最后利用状态间的联系完成整体控制程序。

2.顺序功能图的绘制

使用辅助继电器及移位指令完成步序程序时编程操作与状态法编程操作是类似

的。首先,选用一些辅助继电器代表控制中的各个步序,比如图 10.27 中从“原位”至“起模”的各个工步(“起模结束”和“顶出产品”时电磁阀不动作,不当成工步)选用 M12.0 ~ M11.2。因为是代表自动循环时用的,移位指令通常要求在连续的存储单元中移动数据。这 11 个辅助继电器必须是连续的(即移位单元占用 MW11)。

考虑注塑机还有手动控制要求,用 M10.0、M10.1、M10.2 分别代表注塑机的初始化状态、自动状态和手动状态,并选用 M14.0 ~ M13.1 等辅助继电器代表手动时的各个步序。这里要说明的是,代表手动及初始化等工步的辅助继电器的选用并不一定是连续的。

器件选取完毕后再将控制过程中各工步之间的关系用图表的方式表达出来,这就是绘制顺序功能表图。如图 10.27 所示,注塑机的功能表图有两大部分,左边为手动部分,右边为自动部分。在自动部分功能图中,M12.0 ~ M11.2 紧密相连代表自动操作一个周期的工作过程。如 M12.0 为原位,M12.1 为合模,M12.2 为起模等。各个

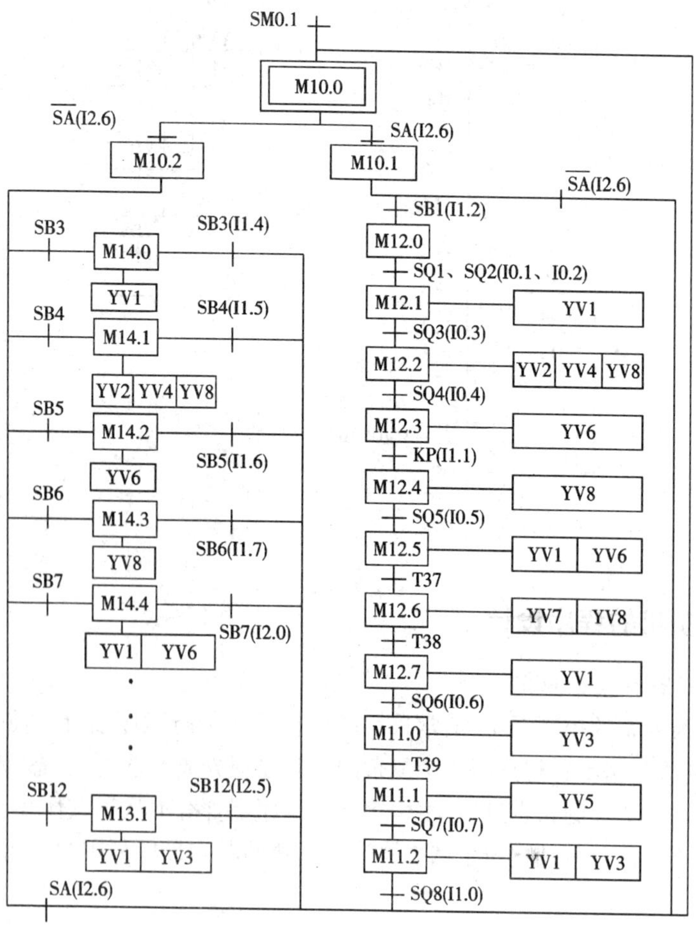

图 10.27　注塑机的顺序功能表图

工步间有竖线相连表示工步间的关系;表达工步关系的竖线上,又有短横线用来表示工步间转换的条件,如原位与合模间的转换条件是 SQ1、SQ2 (I0.1 及 I0.2)置 1。此外代表工步的辅助继电器框外还绘有此工步时 PLC 应有的输出,如合模工步时,电磁阀 YV1(Q0.4)置 1。除了自动工步,图 10.27 对初始化、手动自动选择及各个手动工步也作了安排。安排的内容都是一样的:各个工步间的联系,各工步间转换的条件,各个工步要完成的任务。在功能图中还有一点是很重要的,即激活后续工步就要关闭前序工步。比如,当按钮 SB3 按下时,注塑机将从手动待命状态(M10.2 工步)转换到手动合模状态(M14.0 工步),这时 M10.2 工步就关闭。同理,当按钮 SB3 在启动合模后松开时,工步 M14.0 复位,工步 M10.0 应置 1。

3.梯形图程序设计

在功能表图基础上设计梯形图是十分方便的。程序一般分为两大部分:其一是用程序语言说明功能表图中代表各工步的辅助继电器的复位、置位条件;其二是说明代表各工步的辅助继电器与输出的关系。注塑机的梯形图如图 10.28 所示,支路 1 为启动及停止控制,按下 SB1(I1.2)时注塑机进入工作状态,此后按下 SB2 (I1.3)时停止工作。图 10.28 中支路 2~33 是说明功能表图中代表各工步的辅助继电器的复位、置位条件的。支路 31~41 说明代表各工步的辅助继电器与输出的关系。

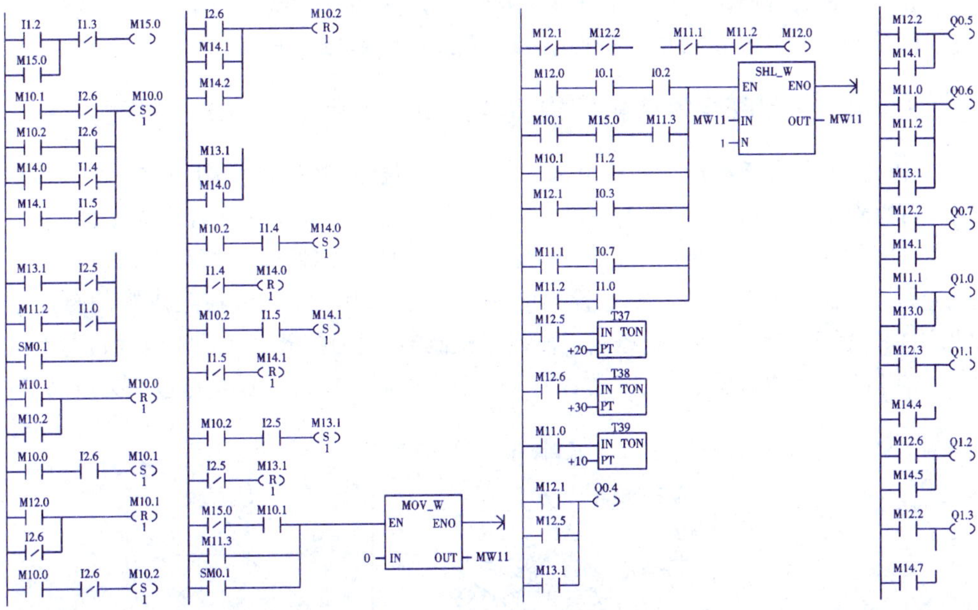

图 10.28　注塑机梯形图程序

在梯形图程序支路 2~33 中,有两种不同的复置位实现方法。一种是直接使用复置位指令,图 10.27 中针对初始化工步(M10.0)、手动选择工步(M10.2)、自动选择工步(M10.1)及所有的手动操作工步都是采用的这种方法。采用这种方法时注意要将针对某一个辅助继电器的复置位条件全部列举出来。比如针对 M10.0,功能表图中共有 14 种置位条件(梯形图中作了省略,某些条件没有列出)。第二种复置位实现方法为使用移位指令,这主要是用于自动循环控制中。

本例中所用的移位指令是字左移指令,所选存储单元为字 MW11,本移位涉及梯形图 28、29 及 30 等支路。其中支路 28 为清零,在自动工步(M10.1)及有启动信号时 MW11 清零。支路 29 置 1,在 M12.1 ~ M11.2 均为零时 M12.0 置 1。之后每接到一次移位信号,这个 1 就从低位向高位左移 1 位,以形成 M12.1 至 M11.2 依次为 1 的情况。而当 M11.3 为 1 时,将 MW11 再次清零。

支路 31 ~ 43 程序的编制就相对简单多了,主要是对照各工步中的输出要求,用辅助继电器作为输出的条件绘出。梯形图 10.28 中对输出条件也作了不少的省略,读者可自行查找补足。

项目六　PLC 在 MB322 型联合烫剪机上的应用

联合烫剪机是人造毛皮生产的专用设备。它先烫后剪,一次性完成后整理的两个重要工序,工效较高。在采用 PLC 作为中心控制单元后,其自动化程度得到了大大提高。它具有自动避让布缝及断针检测多种保护功能,深受人造毛皮厂家的欢迎。以下以 MB322 型联合烫剪机为例说明 PLC 在联合烫剪设备上的应用。

一、MB322 型联合烫剪机的构造及人造毛皮后整理的工艺过程

MB322 型联合烫剪机是一种流水作业式生产设备,其构成如图 10.29 所示。从图中可以看出,待整理的人造毛皮经导向辊、张紧辊展开并绷紧在各个加工面上,并在驱动辊(布牵引辊)的带动下边前进边加工。依加工整理工序过程,人造皮毛先经过金属探测器。该工序的目的是检出前面生产工序中可能夹带在毛皮中的金属断针,以保障烫剪安全。其二是经过毛皮接缝检测器,因为接缝处无毛不宜经过剪毛工序。接下去是先烫后剪,加工完成后的人造毛皮最后经摆动辊折叠打包成为成品。

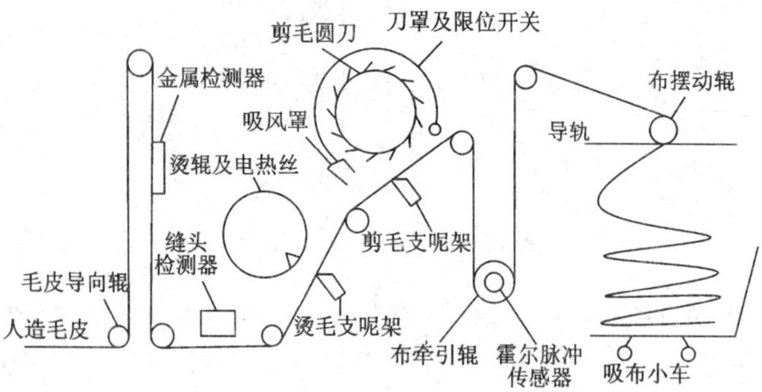

图 10.29　MB322 型联合烫剪机构成

在MB322型联合烫剪机中,烫毛工艺是烫辊完成的。烫辊是一种电加热的圆筒形设备,由电动机带动高速旋转,在加热到一定温度(烫辊的温度由温控仪手动控制)后与人造毛皮接触,完成烫毛工序。烫辊与人造皮毛的接触依赖于烫毛支呢架。该架为一气动装置,当经电磁阀送入高压空气时支起,使人造毛皮与烫辊接触;当关断电磁阀放掉压缩气缸中的气体时,支呢架下落,人造毛皮与烫辊分离。

由于烫辊是加热而又高速旋转的,为了使烫辊不发生与平衡位置有关的热变形,烫辊需先启动旋转再加热,高温停车时需在停止加热后30 min停车。为了实现这一要求,温控仪除了提供烫加工温度调节外,还提供一路烫辊热状态的信号用于烫辊的停车控制。

剪毛工序是剪辊完成的,剪辊是高速旋转的圆盘剪刀,正转时用于剪毛,反转时用于磨刀。剪辊加工前也不与人造毛皮接触,剪毛时则经剪毛支呢架将毛皮推向刀口(剪毛支呢架的工作情况与烫毛支呢架类似)。

在MB322型联合烫剪机中,人造毛皮的向前行进称为布进。布进用来加工生产,由驱动辊电动机实现。电动机为交流电动机,采用变频调速改变布进速度,从而适应不同规格产品的需要。驱动辊电动机还需反转,反转时为布退。布退用于加工位置的调节。MB322型联合烫剪机中,摆布辊也需调速,也采用变频器。以上两种变频器的速度调节均在变频器面板上手动完成。

二、MB322型联合烫剪机的操作控制要求及控制系统配置

1.MB322型联合烫剪机的操作控制要求

MB322型联合烫剪机各部件的操作控制要求如下。

①系统配置空压机一台,用于产生烫辊支呢架及剪辊支呢架操作所需的压缩空气。空压机设启动、停止按钮各1个。

②系统配置吸风机一台,用于吸走剪辊中剪下的断毛。吸风机设启动、停止按钮各1个。

③烫辊需要正转,设启动、停止按钮各1个,但烫辊在热态停车时,需延时30 min停止转动。

④剪辊需正反转,设正反转及停止按钮各1个。

⑤布驱动辊电动机及摆布辊电动机均采用变频拖动,布驱动电动机为正反转,摆布电动机为正转。布驱动辊布进、布退各设启动按钮1个、布停按钮1个。摆布辊设启动及停止按钮各1个。

⑥烫辊支呢架及剪辊支呢架设开关控制。当开关接通时,支呢架升起;开关断开时,支呢架落下。

根据生产的安全及工艺要求,MB322型联合烫剪机还有以下联锁控制要求。

①系统只有在剪辊剪刀罩安放到位,刀罩限位开关接通时方可操作。

②吸风机仅在剪辊正转时才能启动。

③仅在布进状态时，摆布辊电动机才能得电，烫毛支呢架及剪毛支呢架才能升起。

④当金属探测器检出断针时，蜂鸣器发出报警信号，剪辊、烫毛支呢架、剪毛支呢架、布驱动辊均须立即停止，等查出并排除断针后系统方可再次启动。

⑤当缝头检测限位开关发现缝头，并发出缝头信号时，系统将启动避缝程序，使布缝通过剪辊时，剪毛支呢架下降片刻以使布缝避开剪刀。

MB322 型联合烫剪机主电路图如图 10.30 所示。

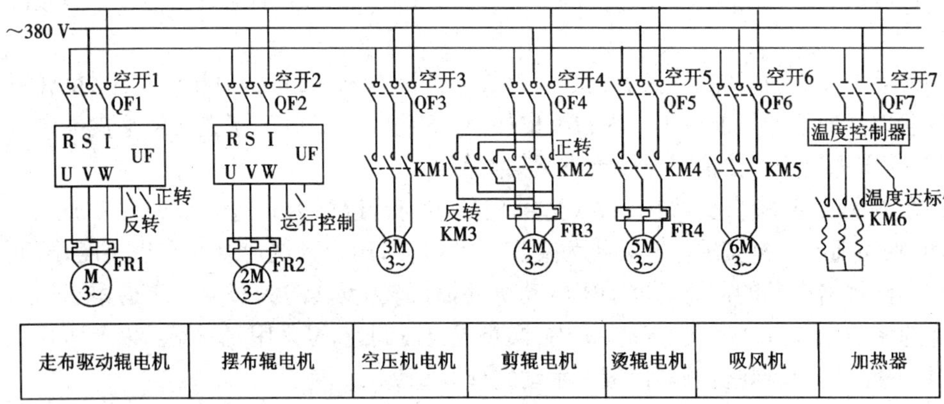

图 10.30 MB322 联合烫剪机主电路

2. 控制系统配置

根据以上操作及控制要求，PLC 选型为 S7-200 系列 CPU 226 AC/DC/RELAY。MB322 型联合烫剪机输入输出器件及其在 PLC 端口上的连接情况如图 10.31 所示。

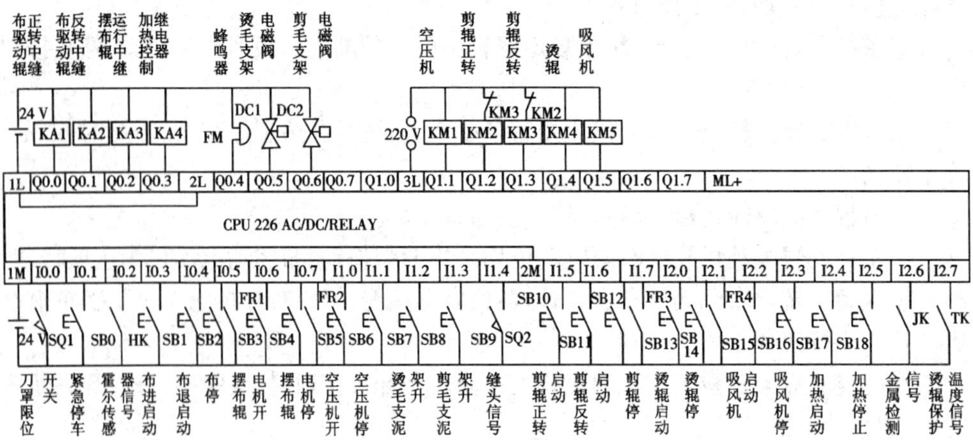

图 10.31 MB322 型联合烫剪机的 PLC 输入输出口接线

三、MB322型联合烫剪机的PLC程序设计

MB332型联合烫剪机PLC程序采用梯形图设计,如图10.32所示。从MB322型联合烫剪机的控制要求可知,该梯形图可先针对各个输出以启保停电路为基本模式绘出基本电路,再在基本电路上增加表示各个输出间制约及联系的触点。比如针对布进输出Q0.0可选绘出基本启保停电路:I0.3启动,I0.5停止,Q0.0置1及自保后,再在该支路上添绘急停控制及金属检测等信号控制。

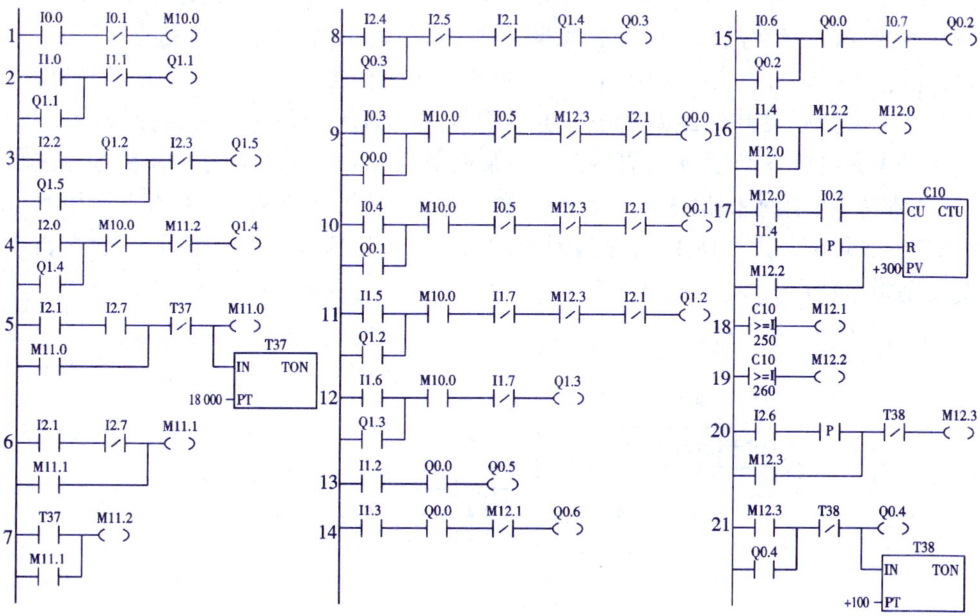

图10.32　MB322型联合烫剪机梯形图程序

以下仅对几项特殊功能的实现作简单说明。

1.烫辊停车控制

烫辊停车按钮按下时有两种情况:一是烫辊高温,温控仪送来的信号使I2.7置1,这时需在停止加热的前提下启动定时器T37,实现延时控制;一是烫辊低温,温控仪送来的信号使I2.7置0,这时可直接停车。其梯形图见5~7支路。

2.剪刀避缝

由于缝头检测器的安装位置离剪刀位置有一定的布程,故需在缝头检测器发出缝头信号后过一段时间再松剪毛支呢架。为了实现准确的控制,在布驱动辊边沿上装有磁铁,并用霍尔传感器检测磁场的变化,驱动辊每转一圈,磁铁使霍尔传感器产生一个脉冲信号。再将以上所说的布程折算为脉冲的个数,用PLC的计数器实现这一布程控制。梯形图中支路11~19即是完成这一功能的梯形图支路。支路16检测出布缝后启动计数器C10,支路18由比较指令得出剪毛支呢架降落时刻,支路19得

到布缝走完剪毛支呢架重新升起时刻。

3.金属检测及报警

梯形图支路20及21为金属检测及报警支路。金属检测信号产生后除了作相应的停车处理外,还通过蜂鸣器发出声音信号。信号的长短由T38控制。

项目七 PLC在恒压供水中的应用

PLC控制的恒压供水泵站如图10.33所示,市网自来水用高低水位控制器EQ控制注水阀YV1,自动把水注满储水水池。只要水位低于高水位,则自动往水箱注水。水池的低水位信号也直接送给PLC作为低水位报警信号。为了保证供水的连续性,水位上下限传感器高低距离较小。生活用水和消防用水共用三台泵,平时电磁阀YV2处于失电状态,关闭消防管网。三台泵根据生活用水的多少,按一定的控制逻辑运行,维持生活用水低恒压。当有火灾发生时,电磁阀YV2得电,关闭生活用水管网,三台泵供消防用水使用,并维持消防用水的高恒压值。火灾结束后,三台泵再改为生活供水使用。

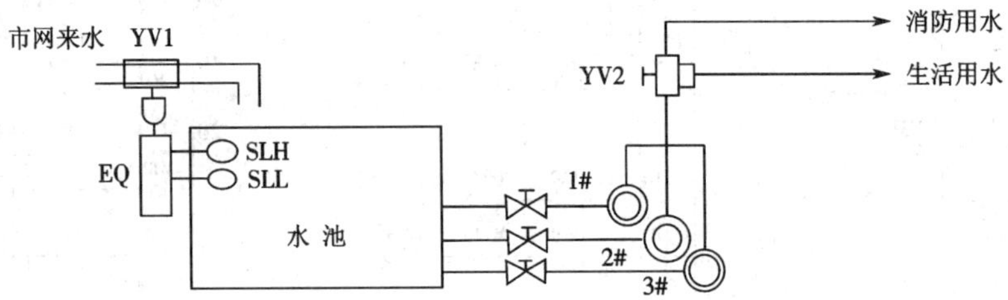

图10.33 PLC控制的恒压供水泵站

一、系统分析

对三台泵生活/消防双恒压供水系统的基本要求如下:

①生活供水时系统低恒压值运行,消防供水时系统高恒压值运行;

②三台泵根据恒压的需要,采取“先开先停”的原则接入和退出;

③在用水量小的情况下,如果一台泵连续运行时间超过3 h,则要切换下一台泵,即系统具有“倒泵功能”,避免某一台泵工作时间过长;

④三台泵在启动时都要有软启动功能;

⑤要有完善的报警功能;

⑥对泵的操作要有手动控制功能,手动只在应急或检修时使用。

二、控制系统的I/O分配

根据图10.33及以上控制要求统计控制系统的输入输出信号的名称、代码及地址编号，如表 10.8 所示。水位上下限信号分别为 I0.1、I0.2，它们在水淹没时为 0，露出时为 1。

表 10.8　I/O 分配

<table>
<tr><th colspan="2">名　称</th><th>符号</th><th>地址编号</th></tr>
<tr><td rowspan="7">输入信号</td><td>手动和自动消防信号</td><td>SAI</td><td>I0.0</td></tr>
<tr><td>水池水位下限信号</td><td>SLL</td><td>I0.1</td></tr>
<tr><td>水池水位上限信号</td><td>SLH</td><td>I0.2</td></tr>
<tr><td>变频器报警信号</td><td>SU</td><td>I0.3</td></tr>
<tr><td>消铃按钮</td><td>SB9</td><td>I0.4</td></tr>
<tr><td>试灯按钮</td><td>SB10</td><td>I0.5</td></tr>
<tr><td>远程压力表模拟量电压值</td><td>UP</td><td>AIW0</td></tr>
<tr><td rowspan="13">输出信号</td><td>1 号泵工频运行接触器及指示灯</td><td>KM1，HL1</td><td>Q0.0</td></tr>
<tr><td>1 号泵变频运行接触器及指示灯</td><td>KM2，HL2</td><td>Q0.1</td></tr>
<tr><td>2 号泵工频运行接触器及指示灯</td><td>KM3，HL3</td><td>Q0.2</td></tr>
<tr><td>2 号泵变频运行接触器及指示灯</td><td>KM4，HL4</td><td>Q0.3</td></tr>
<tr><td>3 号泵工频运行接触器及指示灯</td><td>KM5，HL5</td><td>Q0.4</td></tr>
<tr><td>3 号泵变频运行接触器及指示灯</td><td>KM6，HL6</td><td>Q0.5</td></tr>
<tr><td>生活/消防供水转换电磁阀</td><td>YV2</td><td>Q1.0</td></tr>
<tr><td>水池水位下限报警指示灯</td><td>HL7</td><td>Q1.1</td></tr>
<tr><td>变频器故障报警指示灯</td><td>HL8</td><td>Q1.2</td></tr>
<tr><td>火灾报警指示灯</td><td>HL9</td><td>Q1.3</td></tr>
<tr><td>报警电铃</td><td>HA</td><td>Q1.4</td></tr>
<tr><td>变频器频率复位控制</td><td>KA</td><td>Q1.5</td></tr>
<tr><td>控制变频器频率用电压信号</td><td>UF</td><td>AQW0</td></tr>
</table>

三、PLC 系统选型

从上面分析可以知道，系统共有 6 个开关量输入点、12 个开关量输出点、1 个模拟量输入点和 1 个模拟量输出点。如果选用 CPU 224，则需要扩展单元；如果选用 CPU 226，则价格较高，浪费较大。参照西门子 S7－200 产品目录及市场实际价格，选用主机为 CPU 222（8 入/6 继电器输出）一台，加上一台扩展模块 EM 222（8 继电器输出），再扩展一个模拟量模块 EM 235（4AI/1AO）。这样的配置是最经济的。整个 PLC 系统的配置如图 10.34 所示。

图 10.34　恒压供水 PLC 系统的配置

四、电气控制系统原理图

电气控制系统原理图包括主电路图、控制电路图及 PLC 外围接线图。

1.主电路图

如图 10.35 所示为电控系统主电路。三台电动机分别为 M1、M2、M3。接触器 KM1、KM3、KM5 分别控制的 M1、M2、M3 工频运行；接触器 KM2、KM4、KM6 分别控制的 M1、M2、M3 变频运行；FR2、FR2、FR3 分别为三台水泵电动机过载保护用的热继电器；QS1、QS2、QS3、QS4 分别为变频器和三台泵电动机主电路的隔离开关；FU1 为主电路的熔断器；VVVF 为通用变频器。

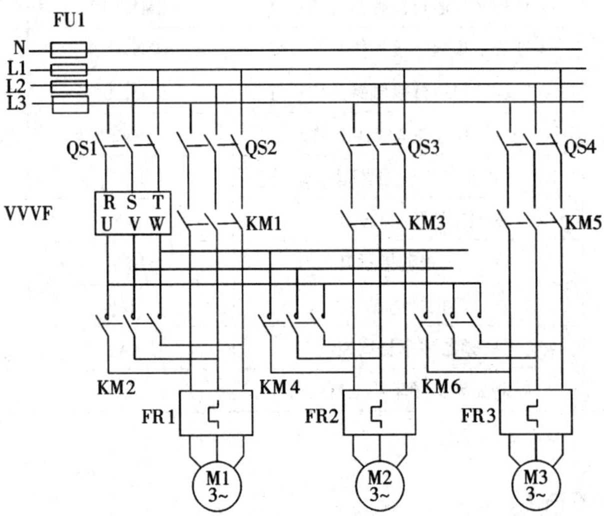

图 10.35　电控系统主电路

2.控制电路图

如图 10.36 为电控系统控制电路图。图中 SA 为手动/自动转换开关，SA 打在 1 的位置为手动控制状态；打在 2 的位置为自动控制状态。手动运行时，可用按钮 SB1 ~ SB8 控制三台泵的启停和电磁阀 YV2 的通断；自动运行时，系统在 PLC 程序控制下运行。

图中的 HL10 为自动运行状态电源指示灯。对变频器频率进行复位时只提供一个触点信号。由于PLC为4个输出点为一组共用一个COM端，而本系统又没有剩下单独的COM端输出组，所以通过一个中间继电器KA的触点对变频器进行复频控制Q0.0～Q0.5及Q1.0～Q1.5为PLC的输出继电器触点，它们旁边的4、6、8等数字为接线编号。

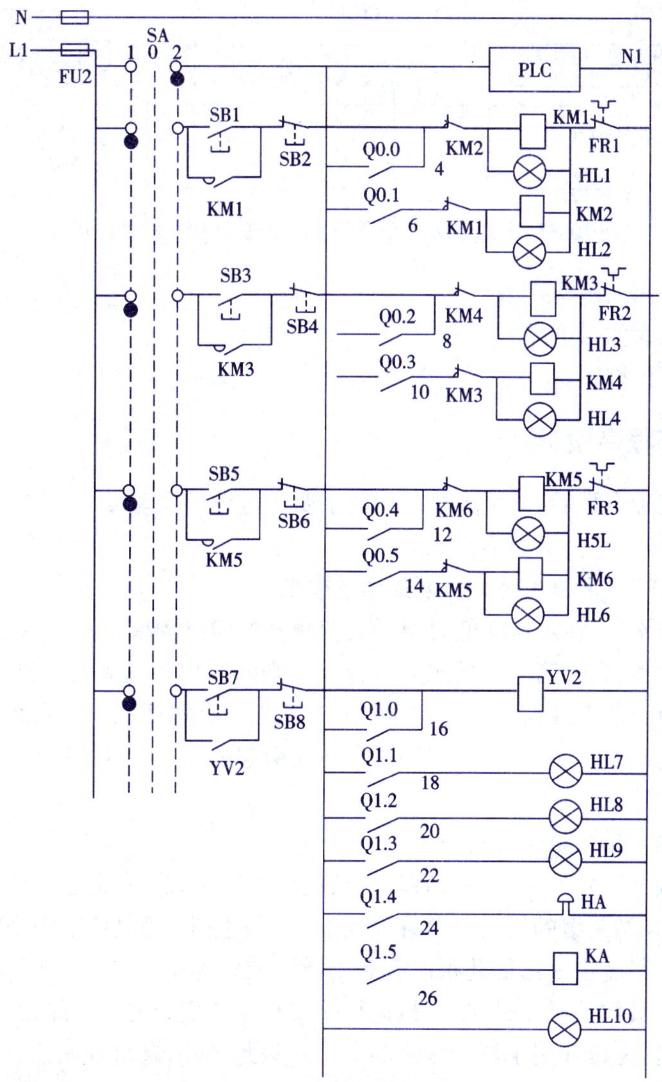

图10.36　电控系统控制电路

3.PLC外围接线图

图10.37为PLC及扩展模块外围接线图。火灾时，火灾信号SA1被触动，I0.0为1。本例忽略了以下内容：

①直流电源的容量；

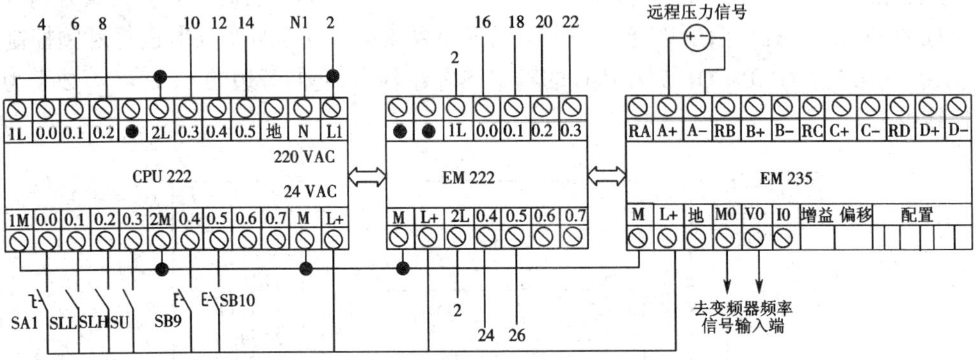

图 10.37 恒压供水控制系统 PLC 及扩展模块的外围接线

②电源方面的抗干扰措施；

③输出方面的保护措施；

④系统保护措施。

五、系统程序设计

硬件连接确定之后，系统的控制功能主要通过软件实现，结合前述泵站的控制要求，对泵站软件设计分析如下。

1.由“恒压”要求出发的工作泵组数量管理

为了恒定水压，在水压降低时要增大变频器的输出频率，且在一台泵工作不能满足恒压要求时，需启动第二台泵或第三台泵。判断需启动新泵的标准是变频器的输出频率达到设定的上限值。这一功能可通过比较指令实现。为了判断变频器工作频率达上限值的确实性，应滤去偶然的频率波动引起的频率达到上限情况，在程序中考虑采取时间滤波。

2.多泵组泵站泵组管理规范

由于变频器泵站希望每一次启动电动机均为软启动，又规定各台水泵必须交替使用，多泵组泵站泵组的投运要有管理规范。在本例中，控制要求中规定任一台泵连续变频运行不得超过 3 h，因此每次需启动新泵或切换变频泵时，以新运行泵为变频泵是合理的。具体的操作是，将现行运行的变频泵从变频器上切除，并接上工频电源运行，将变频器复位并用于新运行泵的启动。除此之外，泵组管理还有一个问题就是泵的工作循环控制。本例中使用泵号加 1 的方法实现变频泵的循环控制（3 再加 1 等于 0），用工频泵的总数结合泵号实现工频泵的轮换工作。

3.程序的结构及程序功能的实现

PLC 在恒压供水系统中的功能较多，模拟量单元及 PID 调节都需要编制初始化及中断程序。本程序分可为三部分：主程序、子程序和中断程序。系统初始化的一些工作放在初始化子程序中完成，这样可节省扫描时间。利用定时器中断功能实现

PID控制的定时采样及输出控制。主程序的功能最多,如泵切换信号的生成、泵组接触器逻辑控制信号的综合及报警处理等都在主程序。生活/消防双恒压的两个恒压值是采用数字方式直接在程序中设定的。生活供水时系统设定值为满量程的70%,消防供水时系统设定值为满量程的90%。在本系统PID中,只是用了比例和积分控制,回路增益和时间常数可通过工程计算初步确定,但还需要进一步调整以达到最优控制效果。初步确定的增益和时间常数为:增益KC = 0.25;采样时间TS = 0.2 s;积分时间TI = 30 min。

程序中使用的PLC元件及其功能如表10.9所示。

表10.9　程序中使用的PLC元件及功能

器件地址	功　能	器件地址	功　能
VD100	过程变量标准化值	T38	工频泵减泵滤波时间控制
VD104	压力给定值	T39	工频/变频转换逻辑控制
VD108	PI计算值	M0.0	故障结束脉冲信号
VD112	比例系数	M0.1	泵变频启动脉冲
VD116	采样时间	M0.2	—
VD120	积分时间	M0.3	倒泵变频启动脉冲
VD124	微分时间	M0.4	复位当前变频泵运行脉冲
VD204	变频运行频率下限值	M0.5	当前泵工频运行启动脉冲
VD208	生活供水变频运行频率上限值	M0.6	新泵变频启动脉冲
VD212	消防供水变频运行频率上限值	M2.0	泵工频/变频转换逻辑控制
VD250	PI调节结果存储单元	M2.1	泵工频/变频转换逻辑控制
VB300	变频工作泵的泵号	M2.2	泵工频/变频转换逻辑控制
VB301	工频运行泵的总台数	M3.0	故障信号汇总
VD310	倒泵时间存储器	M3.1	水池水位下限故障逻辑
T33	工频/变频转换逻辑控制	M3.2	水池水位下限故障消铃逻辑
T34	工频/变频转换逻辑控制	M3.3	变频器故障消铃逻辑
T37	工频泵增泵滤波时间控制	M3.4	火灾消铃逻辑

双恒压供水系统的梯形图程序及程序注释如图10.38所示。因为程序较长,所以读图时请按网络标号的顺序进行。

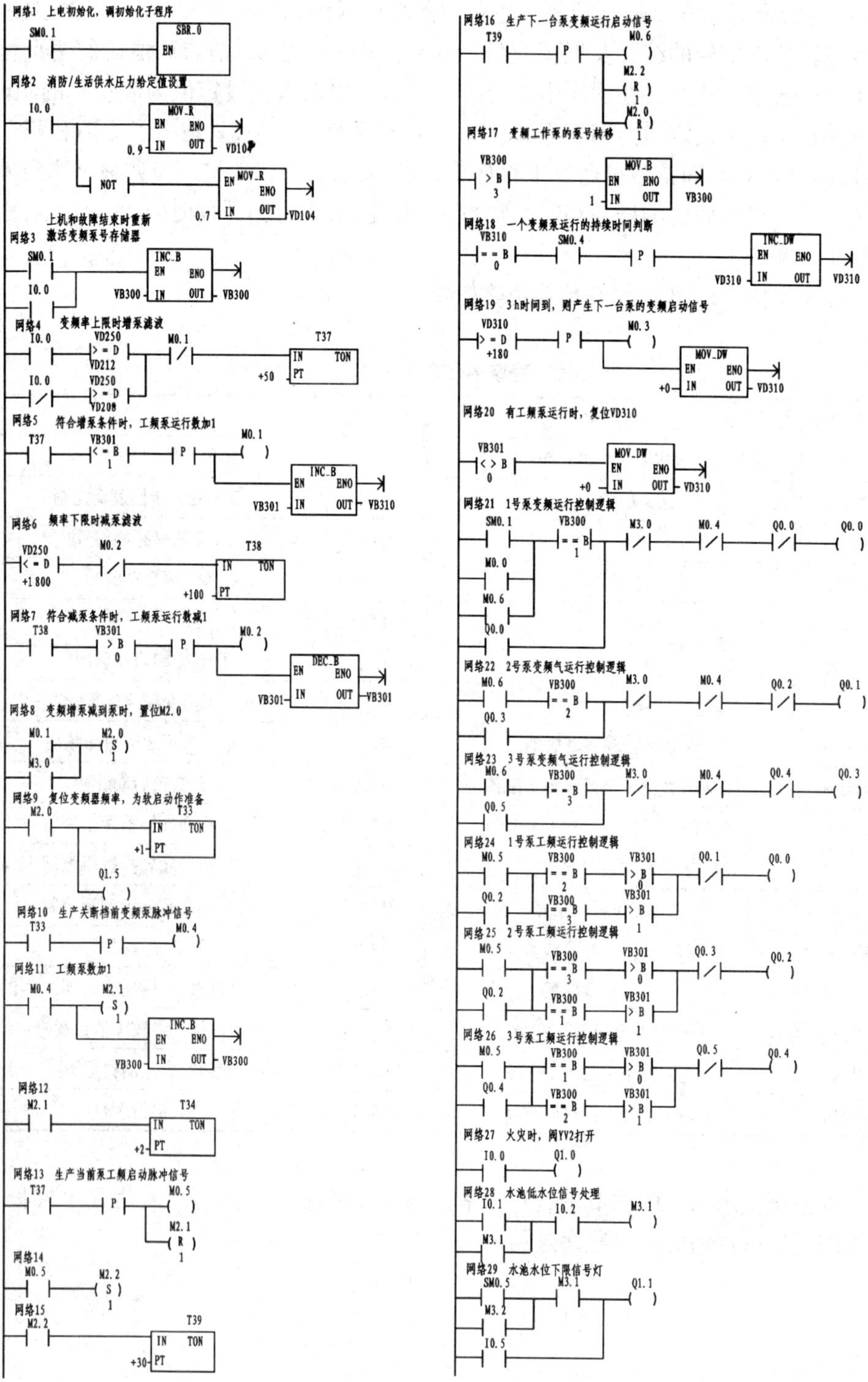
网络1 上电初始化，调初始化子程序
网络2 消防/生活供水压力给定值设置
网络3 上机和故障结束时重新激活变频泵号存储器
网络4 变频率上限时增泵滤波
网络5 符合增泵条件时，工频泵运行数加1
网络6 频率下限时减泵滤波
网络7 符合减泵条件时，工频泵运行数减1
网络8 变频增泵减到泵时，置位M2.0
网络9 复位变频器频率，为软启动作准备
网络10 生产关断挡前变频泵脉冲信号
网络11 工频泵数加1
网络12
网络13 生产当前泵工频启动脉冲信号
网络14
网络15
网络16 生产下一台泵变频运行启动信号
网络17 变频工作泵的泵号转移
网络18 一个变频泵运行的持续时间判断
网络19 3h时间到，则产生下一台泵的变频启动信号
网络20 有工频泵运行时，复位VD310
网络21 1号泵变频运行控制逻辑
网络22 2号泵变频气运行控制逻辑
网络23 3号泵变频气运行控制逻辑
网络24 1号泵工频运行控制逻辑
网络25 2号泵工频运行控制逻辑
网络26 3号泵工频运行控制逻辑
网络27 火灾时，阀YV2打开
网络28 水池低水位信号处理
网络29 水池水位下限信号灯

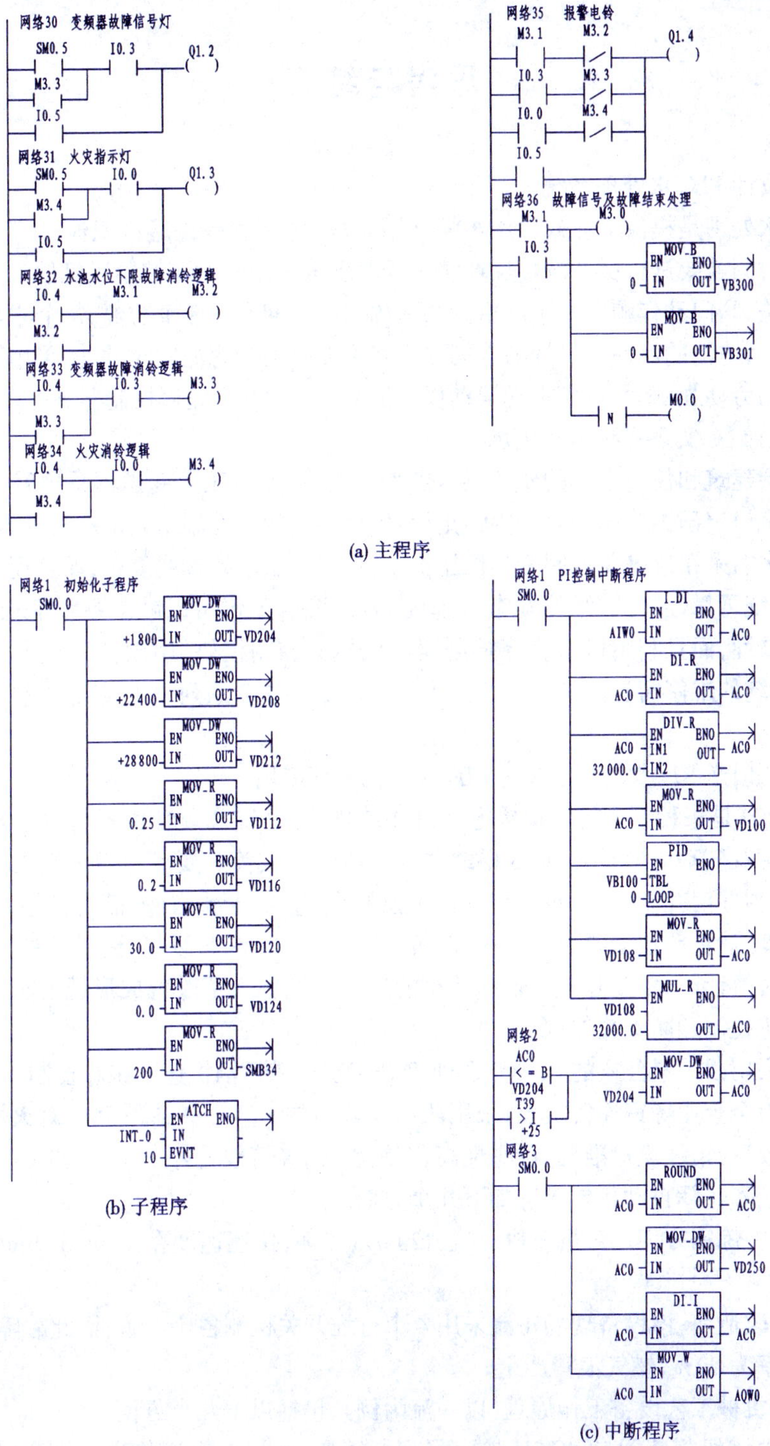

(a) 主程序

(b) 子程序

(c) 中断程序

图 10.38　双恒压供水系统梯形图程序

思考与练习

1.设计 PLC 水处理系统。

江水处理是提供工业或民用水的常用方法,处理过程是通过滤池过滤。滤池工作一定时间就要进行反冲洗。反冲洗过程要求按一定的时序控制风机的启停及各类阀的开关,阀门动作顺序要求严格。某水源工程一期设计 8 个滤池,每个滤池有 6 个控制阀,而滤池的反冲洗过程要求同一时间不能有两个滤池同时冲洗,采用手动控制时工人的劳动强度大,难免出现误动作。试用 S7-200 可编程控制器进行控制。

2.用 PLC 实现变频恒压供水。

高层建筑和住宅小区的变频恒压供水方式,一般由压力变送器采样管网水压信号与系统设定压力值比较后产生输出信号,再经变频器控制水泵电动机的转速,实现恒压供水。采用继电器控制变频恒压供水,不但控制系统接线复杂,而且还要转换电路,使系统可靠性降低,维修复杂。采用 PLC 控制,不仅可以减少系统的控制接线,提高可靠性,而且利用可编程序控制器的模拟量控制模块,用软件实现上述所需硬件,使系统的维修简易。试采用西门子公司的 S7-200 系列 PLC 实现变频恒压供水的控制。

3.西门子 S7-200 PLC 在 FA709 并纱机上的应用。

FA709 是一种新型的单锭单电动机并纱机,每个锭位单独由一台电动机驱动独立的卷绕及横动成形装置,把 3 根纱并成 1 股卷绕成筒。要求每锭电动机单独启动运转、单独停门并制动,对每一锭进行单独测速、计长、断头自停、满管自停,每一锭的并纱速度、计长等数据要显示出来,对每一锭都能进行参数设定、清零等等。另外,还要四班转换计产,单锭开车与自动开车的选择转换。为了改善成形还要求 4 动程修正的软边控制和防重叠控制。

4.采用西门子公司的 S7-200 系列 PLC 实现火燃切割机速度跟踪控制改造。

在冶金企业炼钢连铸机上,采用西门子公司的 S7-200 系列 PLC 对火燃切割设备进行改造,钢坯定尺准确,可靠性高,节约能源,经济效益好。

工艺和实际自动化要求有如下几个方面。

(1)一炼钢方坯连铸机三机三流,120 mm 方坯,拉坯速度在 1.6~3.0 m/min 范围变化。

(2)改造前,该设备现场每流采用 4 个行程开关检测各个位置,因此故障率高,定尺准确率为 90%,燃气浪费严重。

(3)机械工艺设备工作原理(以一流为例),包括以下几个方面。

①火燃切割装置自动准确按定尺切断铸坯,然后由辊道传送至冷床,每流 PLC 控制对象是夹坯电磁阀、松夹电磁阀、复位电磁阀、燃气电磁阀、预热氧电磁阀、高压

氧电磁阀。

②定尺信号出现时,电磁液压阀控制夹坯液压缸动作,使切割车夹脚夹住钢坯与其同步向前行驶,进入预热区。

③同时燃气和预热氧的气体电磁阀打开,切割枪点火对钢坯进行预热。

④预热区过后切割氧电磁阀打开,切割枪进行横向摆枪切割。其中摆枪由机械斜导轨控制,摆枪切割速度与切割车速度成正比。

⑤铸坯切断后,燃气丙烷、预热氧气、高压氧气电磁阀断电,关闭切割枪,然后松夹电磁液压阀动作,松开切割车夹脚,小车脱离钢坯。

⑥复位电磁阀控制复位液压缸动作,推切割车至初始位。

(4)改造的目的和工艺要求包括以下几个方面。

①减少设备故障率,提高钢坯定尺准确率。

②降低由于切断位置行程开关故障或不准造成的燃气、氧气浪费。

③设备现场取消所有行程开关和线路。

④随时可以转为手动控制,对铸坯进行任意切割。

⑤适应拉坯速度变化,能可靠切断。

⑥先关闭气体后松夹脚,防止切割坯头。

附录A　S7－200的特殊存储器(SM)标识位

特殊存储器位提供大量的状态和控制功能,用来在CPU和用户程序之间交换信息。特殊存储器能以位、字节、字或双字的方式使用。

1.SMB0:状态位

各位的作用如表A.1所示。在每个扫描周期结束时,由CPU更新这些位。

表A.1　特殊存储器字节SMB0

SM位	描　述
SM0.0	此位始终为1
SM0.1	首次扫描时为1,可以用于调用初始化子程序
SM0.2	如果断电保存的数据丢失,此位在一个扫描周期中为1。可用作错误存储器位或用来调用特殊启动顺序功能
SM0.3	开机后进入RUN方式。该位将接通一个扫描周期。可以用于启动操作之前给设备提供预热时间
SM0.4	此位提供高低电平各30s、周期为1 min的时钟脉冲
SM0.5	此位提供高低电平各0.5s,周期为1s的时钟脉冲
SM0.6	此位为扫描时钟,本次扫描时为1,下次扫描时为0,可以用作扫描计数器的输入
SM0.7	此位指示工作方式开关的位置,0为TERM位置,1为RUN位置。开关在RUN位置时,该位可以使自由端口通讯模式有效,转换至TERM位置时,CPU可以与编程设备正常通讯

2.SMB1:状态位

SMB1包含了各种潜在的错误提示,这些位因指令的执行被置位或复位(见表A.2)。

表A.2　特殊存储器字节SMB1

SM位	描　述
SM1.0	零标识,当执行某些指令的结果为0时,该位置1
SM1.1	错误标识,当执行某些指令的结果溢出或检测到非法数值时,该位置1
SM1.2	负数标识,数学运算的结果为负时,该位置1
SM1.3	试图除以0时,该位置1
SM1.4	执行ATT(Add to Table)指令时超出表的范围,该位置1
SM1.5	执行LIFO或FIFO指令时试图从空表读取数据,该位置1

续表

SM 位	描　述
SM1.6	试图将非 BCD 数值转换成二进制数值时,该位置 1
SM1.7	ASCII 数值无法被转换成有效的十六进制数值时,该位置 1

3.SMB2:自由端口接收字符缓冲区

SMB2 为自由端口接收字符缓冲区,在自由端口模式下从口 0 或口 1 接收的每个字符均被存于 SMB2,便于梯形图程序存取(表 A.3)。

表 A.3　特殊存储器字节 SMB2

SM 位	描　述
SM2	在自由端口通讯方式下,该字符存储从口 0 或口 1 接收到的每个字符

4.SMB3:自由端口奇偶校验错误

接收到的字符有奇偶校验错误时,SMB3.0 被置 1,根据该位来丢弃错误的信息。SMB3.1～SMB3.7 位保留(表 A.4)。

表 A.4　特殊存储器字节 SMB3

SM 位	描　述
SM3.0	口 0 或口 1 的奇偶校验错(0＝ 无错;1＝ 有错)
SM3.1～SM3.7	保留

5.SMB4:队列溢出

SMB4 包含中断队列溢出位、中断允许标识位和发送空闲位(表 A.5)。队列溢出表示中断发生的速率高于 CPU 处理的速率或中断已经被全局中断禁止指令关闭。只能在中断程序中使用状态位 SMB4.0、4.1 和 4.2。队列为空并且返回主程序时,这些状态位被复位。

表 A.5　特殊存储器字节 SMB4

SM 位	描　述
SM4.0	通讯中断队列溢出时,该位置 1
SM4.1	输入中断队列溢出时,该位置 1
SM4.2	定时中断队列溢出时,该位置 1
SM4.3	在运行时发现编程有问题,该位置 1

续表

SM 位	描　述
SM4.4	全局中断允许位,允许中断时该位置 1
SM4.5	端口 0 发送器空闲时,该位置 1
SM4.6	端口 1 发送器空闲时,该位置 1
SM4.7	发生强制时,该位置 1

6.SMB5:I/O 错误状态

SMB5 包含 I/O 系统里检测到的错误状态位(表 A.6)。

表 A.6　特殊存储器字节 SMB5

SM 位	描　述
SM5.0	有 I/O 错误时,该位置 1
SM5.1	I/O 总线上连接了过多的数字量 I/O 点时,该位置 1
SM5.2	I/O 总线上连接了过多的模拟量 I/O 点时,该位置 1
SM5.3	I/O 总线上连接了过多的智能 I/O 模块时,该位置 1
SM5.4	保留
SM5.5	保留
SM5.6	保留
SM5.7	DP 标准总线出现错误时,该位置 1

7.SMB6:CPU 标识(ID)寄存器

SMB6.4 ~ SMB6.7 用于识别 CPU 的类型(表 A.7)。

表 A.7　特殊存储器字节 SMB6

SM 位	描　述
格式	CPU 标识寄存器　MSB 7 … LSB 0 × × × × r r r r
SM6.4 ~ SM6.7	× × × × = 0000:CPU212/CPU222 = 0010:CPU214/CPU224 = 0110:CPU221 = 1000:CPU215 = 1001:CPU216
SM6.0 ~ SM6.3	保留

8.SMB7:保留

SMB7 为将来使用而保留。

9.SMB8～SMB21:I/O 模块识别和错误寄存器

SMB8～SMB21 是按字节对的形式(相邻两个字节)为扩展模块 0 到 6 而准备的。如表 A.8 所示,每对字节的偶数位字节为模块识别寄存器,奇数位字节为模块错误寄存器。前者用于标记模块类型、I/O 类型、输入和输出点数,后者为对相应模块所测得的 I/O 错误提示。

表 A.8　特殊存储器字节 SMB8～SMB21

SM 位	描　述
格式	偶数字节:模块标识寄存器 MSB　LSB 7　0 M t t A i i Q Q M:模块存在,0＝有模块,1＝无模块 tt:00＝非智能 I/O 模块,01＝智能模块,10＝保留,11＝保留 A:I/O 类型,0＝开关量,1＝模拟量 ii:00＝无输入,01＝2AI 或 8DI,10＝4AI 或 16DI,11＝8AI 或 32DI QQ:00＝无输出,01＝2AQ 或 8DQ,10＝4AQ 或 16DQ,11＝8AQ 或 32DQ 奇数字节:模块错误寄存器 MSB　LSB 7　0 C 0 0 b r p t f C:配置错误,0＝无错误,1＝有错误 b:总线错误或校验错误 r:超范围错误 p:无用户电源错误 t:端子块松动错误 f:熔断器错误
SMB8	模块 0 标识(ID)寄存器
SMB9	模块 0 错误寄存器
SMB10	模块 1 标识(ID)寄存器
SMB11	模块 1 错误寄存器
SMB12	模块 2 标识(ID)寄存器
SMB13	模块 2 错误寄存器
SMB14	模块 3 标识(ID)寄存器
SMB15	模块 3 错误寄存器

续表

SM 位	描　述
SMB16	模块 4 标识(ID)寄存器
SMB17	模块 4 错误寄存器
SMB18	模块 5 标识(ID)寄存器
SMB19	模块 5 错误寄存器
SMB20	模块 6 标识(ID)寄存器
SMB21	模块 6 错误寄存器

10.SMW22 ~ SMW26:扫描时间

SMW22 ~ SMW26 中是以毫秒为单位的最短扫描时间、最长扫描时间与上一次扫描时间(表 A.9)。

表 A.9　特殊存储器字 SMW22 ~ SMW26

SM 字	描　述
SMW22	上次扫描时间
SMW24	进入 RUN 方式后,所记录的最短扫描时间
SMW26	进入 RUN 方式后,所记录的最长扫描时间

11.SMB28 和 SMB29:模拟电位器

SMB28 和 SMB29 中的数字分别对应于模拟电位器 0 和模拟电位器 1 动触点的位置(只读),如表 A.10 所示。

表 A.10　特殊存储器字节 SMW28 ~ SMW29

SM 字节	描　述
SMB28	存储模拟调节器 0 的输入值 在 STOP/RUN 方式下,每次扫描时,更新该值
SMB29	存储模拟调节器 1 的输入值 在 STOP/RUN 方式下,每次扫描时,更新该值

12.SMB30 和 SMB130:自由端口控制寄存器

SMB30 和 SMB130 分别控制自由端口 0 和自由端口 1 的通讯方式,用于设置通讯的波特率和奇偶校验等(表 A.11),并提供选择自由端口方式或使用系统支持的 PPI 通讯协议,可以对它们读或写。

表A.11　特殊存储器字节SMB30和SMB130

端口0	端口1	描　述
SMB30的格式	SMB130的格式	自由端口模式的控制字节 MSB 7 … LSB 0 p | p | d | b | b | b | m | m
SM30.6和SM30.7	SM130.6和SM130.7	pp:奇偶校验 00＝不校验,01＝偶校验,10＝不校验,11＝奇校验
SM30.5	SM130.5	d:每个字符的数据位,0＝8位/字符,1＝7位/字符
SM30.2～SM30.4	SM130.2～SM130.4	bbb:自由端口的波特率(bit/s) 000＝38 400,001＝19 200,010＝9 600,011＝4 800 100＝2 400,101＝1 200,110＝600,111＝300
SM30.0和SM30.1	SM130.0和SM130.1	mm:协议选择 00＝PPI/从站模式,01＝自由端口协议, 10＝PPI/主站模式,11＝保留(默认设置为PPI/从站模式)

13.SMB31和SMW32:永久存储器(EEPROM)写控制

在用户程序的控制下,将V存储器中的数据写入EEPROM,可以永久保存。执行此功能时,先将要保存的数据的存入SMW32,然后将写入命令存入SMB31中(表A.12)。一旦发出存储命令,直到CPU完成存储操作后将SM31.7置位0之前,都不能改变V存储器的值。在每一扫描周期结束时,CPU检查是否有向EEPROM区保存数值的命令。如果有,则将该数据存入EEPROM。

表A.12　特殊存储器字节SMB31和特殊存储器字SMB32

SM字节	描　述
格式	SMB31:软件命令 MSB 7 … LSB 0 c | 0 | 0 | 0 | 0 | 0 | s | s SMW32:V存储器地址 MSB 15 … LSB 0 V存储器地址
SM31.0和SM31.1	ss:被存储数的数据类型 00＝字节,01＝字节,10＝字,11＝双字
SM31.7	c:存入永久存储器(EEPROM) 0＝无执行存储数据的请求; 1＝用户程序申请向EEPROM写入数据,每次操作完成后,由CPU将该位复位

续表

SM 字节	描　述
SMW32	SMW32 提供 V 存储器中被存储数据相对于 V0 的偏移地址。当执行存储命令时，把该数据存到永久存储器（EEPROM）中相应的位置

14.SMB34 和 SMB35：定时中断的时间间隔寄存器

如表 A.13 所示，SMB34 和 SMB35 分别定义了定时中断 0 和定时中断 1 的时间间隔，单位为毫秒，可以指定为 1～255 ms。若为定时中断事件分配了中断程序，CPU 将在设定的时间间隔执行中断程序。若要改变定时中断的时间间隔，必须将定时中断事件重新分配给同一个或另外的中断程序。可以通过撤销中断事件来终止定时中断事件。

表 A.13　特殊存储器字节 SMB34 和 SMB35

SM 字节	描　述
SMB34	定义定时中断 0 的时间间隔（从 5～255 ms，以 1 ms 为增量）
SMB35	定义定时中断 1 的时间间隔（从 5～255 ms，以 1 ms 为增量）

15.SMB36 和 SMB65：HSC0、HSC1 和 HSC2 寄存器

如表 A.14～A.16 所示，SMB36 到 SMB65 用于监视和控制高速计数器 HSC0、HSC1 和 HSC2 的操作。

表 A.14　特殊存储器字节 SMB36 到 SMB45

SM 字节	描　述
SM36.0～SM36.4	保留
SM36.5	HSC0 当前计数方向位：1＝增计数
SM36.6	HSC0 当前值等于预设值位：1＝等于
SM36.7	HSC0 当前值大于预设值位：1＝大于
SM37.0	HSC0 复位有效电平控制位：0＝高电平复位有效，1＝低电平复位有效
SM37.1	保留
SM37.2	正交计数器的计数速率选择：0＝4×速率，1＝1×速率
SM37.3	HSC0 方向控制位：1＝增计数
SM37.4	HSC0 更新方向：1＝更新方向
SM37.5	HSC0 更新预设值：1＝向 HSC0 写新的预设值
SM37.6	HSC0 更新当前值：1＝向 HSC0 写新的当前值
SM37.7	HSC0 有效位：1＝有效

续表

SM 字节	描　述
SMB38 SMB39 SMB40 SMB41	HSC0 新的当前值:SMB38 是最高有效字节,SMB41 是最低有效字节
SMB42 SMB43 SMB44 SMB45	HSC0 新的预设值:SMB42 是最高有效字节,SMB45 是最低有效字节

表 A.15　特殊存储器字节 SMB46 到 SMB55

SM 字节	描　述
SM46.0～SM46.4	保留
SM46.5	HSC1 当前计数方向:1＝增计数
SM46.6	HSC1 当前值等于预设值位:1＝等于
SM46.7	HSC1 当前值大于预设值位:1＝大于
SM47.0	HSC1 复位有效电平控制位:0＝高电平复位有效,1＝低电平复位有效
SM47.1	HSC1 启动有效电平控制位:0＝高电平,1＝低电平
SM47.2	HSC1 正交计数器的计数速率选择:0＝4×速率,1＝1×速率
SM47.3	HSC1 方向控制位:1＝增计数
SM47.4	HSC1 更新方向:1＝更新方向
SM47.5	HSC1 更新预设值:1＝向 HSC1 写新的预设值
SM47.6	HSC1 更新当前值:1＝向 HSC1 写新的当前值
SM47.7	HSC1 有效位:1＝有效
SMB48 SMB49 SMB50 SMB51	HSC1 新的当前值:SMB48 是最高有效字节,SMB51 是最低有效字节
SMB52 SMB53 SMB54 SMB55	HSC1 新的预设值:SMB52 是最高有效字节,SMB55 是最低有效字节

表 A.16　特殊存储器字节 SMB56 到 SMB65

SM 字节	描　述
SM56.0～SM56.4	保留
SM56.5	HSC2 当前计数方向:1＝增计数

续表

SM字节	描 述
SM56.6	HSC2当前值等于预设值位:1=等于
SM56.7	HSC2当前值大于预设值位:1=大于
SM57.0	HSC2复位有效电平控制位:0=高电平复位有效,1=低电平复位有效
SM57.1	HSC2启动有效电平控制位:0=高电平,1=低电平
SM57.2	HSC2正交计数器的计数速率选择:0=4×速率,1=1×速率
SM57.3	HSC2方向控制位:1=增计数
SM57.4	HSC2更新方向:1=更新方向
SM57.5	HSC2更新预设值:1=向HSC2写新的预设值
SM57.6	HSC2更新当前值:1=向HSC2写新的当前值
SM57.7	HSC2有效位:1=有效
SMB58 SMB59 SMB60 SMB61	HSC2新的当前值:SMB58是最高有效字节,SMB61是最低有效字节
SMB62 SMB63 SMB64 SMB65	HSC2新的预设值:SMB62是最高有效字节,SMB65是最低有效字节

16.SMB66和SMB85:PTO/PWM寄存器

SMB66到SMB85用于控制和监视脉冲输出(PTO)和脉宽调制(PWM)功能,如表6.18所示。

17.SMB86~SMB94,SMB186~SMB194:接收信息控制

SMB86到SMB94和SMB186到SMB194用于控制和读出接收信息指令的状态,见表8.10所示。

18.SMB98和SMB99:扩展总线错误计数器

如表A.17所示,SMB98和SMB99给出了相关扩展模块总线的错误号。

表A.17 特殊存储器字节SMB98和SMB99

SM字节	描 述
SMW98 SMW99	当扩展总线出现校验错误时,该处每次增加1。当系统得电时或用户程序写入零,可以进行清零。SMB98是最高有效字节

19.SMB130和SMB165:HSC3、HSC4和HSC5寄存器

如表A.18,A.19和A.20所示,SMB130到SMB165用于监视和控制高速计数器

HSC3、HSC4 和 HSC5 的操作。

表 A.18　特殊存储器字节 SMB131 到 SMB145

SM 字节	描　述
SMB131～SMB135	保留
SM136.0～SM136.4	保留
SM136.5	HSC3 当前计数方向状态位:1＝增计数
SM136.6	HSC3 当前值等于预设值状态位:1＝等于
SM136.7	HSC3 当前值大于预设值状态位:1＝大于
SM137.0 ～SM137.2	保留
SM137.3	HSC3 方向控制位:1＝增计数
SM137.4	HSC3 更新方向:1＝更新方向
SM137.5	HSC3 更新设定值:1＝向 HSC3 写新的预设值
SM137.6	HSC3 更新当前值:1＝向 HSC3 写新的当前值
SM137.7	HSC3 有效位:1＝有效
SMB138～SMB141	HSC3 新的当前值:SMB138 是最高有效字节,SMB141 是最低有效字节
SMB142～SMB145	HSC3 新的预设值:SMB142 是最高有效字节,SMB145 是最低有效字节

表 A.19　特殊存储器字节 SMB146 到 SMB155

SM 字节	描　述
SM146.0～SM146.4	保留
SM146.5	HSC4 当前计数方向状态位:1＝增计数
SM146.6	HSC4 当前值等于预设值状态位:1＝等于
SM146.7	HSC4 当前值大于预设值状态位:1＝大于
SM147.0	复位的有效控制位:0＝高电平有效,1＝低电平有效
SM147.1	保留
SM147.2	正交计数器的计数速率选择:0＝4×计数速率,1＝1×计数速率
SM147.3	HSC4 方向控制位:1＝增计数
SM147.4	HSC4 更新方向:1＝更新方向
SM147.5	HSC4 更新预设值:1＝向 HSC4 写新的预设值
SM147.6	HSC4 更新当前值:1＝向 HSC4 写新的当前值
SM147.7	HSC4 有效位:1＝有效
SMB148～SMB151	HSC4 新的当前值:SMB148 是最高有效字节,SMB151 是最低有效字节
SMB152～SMB155	HSC4 新的预设值:SMB152 是最高有效字节,SMB155 是最低有效字节

表 A.20 特殊存储器字节 SMB156 到 SMB165

SM 字节	描 述
SM156.0 ~ SM156.4	保留
SM156.5	HSC5 当前计数方向状态位:1 = 增计数
SM156.6	HSC5 当前值等于预设值状态位:1 = 等于
SM156.7	HSC5 当前值大于预设值状态位:1 = 大于
SM157.0 ~ SM157.2	保留
SM157.3	HSC5 方向控制位:1 = 增计数
SM157.4	HSC5 更新方向:1 = 更新方向
SM157.5	HSC5 更新预设值:1 = 向 HSC5 写新的预设值
SM157.6	HSC5 更新当前值:1 = 向 HSC5 写新的当前值
SM157.7	HSC5 有效位:1 = 有效
SMB158 ~ SMB161	HSC5 新的当前值:SMB158 是最高有效字节,SMB161 是最低有效字节
SMB162 ~ SMB165	HSC5 新的预设值:SMB162 是最高有效字节,SMB165 是最低有效字节

20.SMB166 和 SMB185:PTO0 和 PTO1 包络定义表

如表 A.21 所示,SMB166 到 SMB185 用于显示包络步的数量和包络表的地址和 V 存储区中表的地址。

表 A.21 特殊存储器字节 SMB166 到 SMB185

SM 字节	描 述
SMB166	PTO0 的包络步当前计数值
SMB167	保留
SMB168 SMB169	PTO0 的包络表 V 存储器地址(从 V0 开始的偏移量) SMB168 是地址偏移量的最高有效字节
SMB170	线性 PTO0 状态字节
SMB171	线性 PTO0 结果字节
SMB172	指定线性 PTO0 发生器工作在手动模式时产生的频率。频率是一个以赫兹为单位的双整型值。SMB172 是 MSB,而 SMB175 是 LSB
SMB176	PTO1 的包络步当前计数值
SMB177	保留
SMB178 SMB179	PTO1 的包络表 V 存储器地址(从 V0 开始的偏移量) SMB178 是地址偏移量的最高有效字节
SMB180	线性 PTO1 状态字节
SMB181	线性 PTO1 结果字节
SMB182	指定线性 PTO1 发生器工作在手动模式时产生的频率。频率是一个以赫兹为单位的双整型值。SMB182 是 MSB,而 SMB178 是 LSB

20. SMB200 和 SMB549：智能模块状态

SMB200～SMB549 预留给智能扩展模块(例如 EM277 PROFIBUS-DP 模块)的状态信息。SMB200～SMB249 预留给系统的第一个扩展模块(离 CPU 最近的模块)；SMB250～SMB299 预留给第二个扩展模块。如果使用版本 1.2 之前的 CPU，应将智能模块放在非智能模块左边紧靠 CPU 的位置，以确保兼容性。

附录B S7－200的SIMATIC指令集简表

布尔指令	
LD N	装载(电路开始的常开触点)
LDI N	立即装载
LDN N	取反后装载(电路开始的常闭触点)
LDIN N	取反后立即装载
A N	与(串联的常开触点)
AI N	立即"与"
AN N	取反后"与"(串联的常闭触点)
ANI N	取反后立即"与"
O N	"或"(并联的常开触点)
OI N	立即"或"
ON N	取反后"或"(并联的常闭触点)
ONI N	取反后立即"或"
LDBx N1,N2	装载字节的比较结果,N1(x:<,<=,=,>=,>,<>)N2
ABx N1,N2	与字节的比较结果,N1(x:<,<=,=,>=,>,<>)N2
OBx N1,N2	或字节的比较结果,N1(x:<,<=,=,>=,>,<>)N2
LDWx N1,N2	装载节的比较结果,N1(x:<,<=,=,>=,>,<>)N2
AWx N1,N2	与字的比较结果,N1(x:<,<=,=,>=,>,<>)N2
OWx N1,N2	或字的比较结果,N1(x:<,<=,=,>=,>,<>)N2
LDDx N1,N2	装载双字的比较结果,N1(x:<,<=,=,>=,>,<>)N2
ADx N1,N2	与双字的比较结果,N1(x:<,<=,=,>=,>,<>)N2
ODx N1,N2	或双字的比较结果,N1(x:<,<=,=,>=,>,<>)N2
LDRx N1,N2	装载实数的比较结果,N1(x:<,<=,=,>=,>,<>)N2
ARx N1,N2	与实数的比较结果,N1(x:<,<=,=,>=,>,<>)N2
ORx N1,N2	或实数的比较结果,N1(x:<,<=,=,>=,>,<>)N2
NOT	栈顶值取反
EU	上升沿检测
ED	下降沿检测
= Bit	赋值(线圈)
=I Bit	立即赋值

续表

S　Bit,N	置位一个区域
R　Bit,N	复位一个区域
SI　Bit,N	立即置位一个区域
RI　Bit,N	立即复位一个区域
LDSx　IN1,IN2	装载字符串比较结果,N1(x: =,< >)N2
ASx　IN1,IN2	与字符串比较结果,N1(x: =,< >)N2
OSx　IN1,IN2	或字符串比较结果,N1(x: =,< >)N2
ALD	与装载(电路块串联)
OLD	或装载(电路块并联)
LPS	逻辑入栈
LRD	逻辑读栈
LPP	逻辑出栈
LDS　N	装载堆栈
AENO	对 ENO 进行与操作
数学,加 1 减 1 指令	
+I　IN1,OUT	整数加法,IN1 + OUT = OUT
+D　IN1,OUT	双整数加法,IN1 + OUT = OUT
+R　IN1,OUT	实数加法,IN1 + OUT = OUT
-I　IN1,OUT	整数减法,IN1 - OUT = OUT
-D　IN1,OUT	双整数减法,IN1 - OUT = OUT
-R　IN1,OUT	实数减法,IN1 - OUT = OUT
MUL　IN1,OUT	整数乘整数得双整数
*I　IN1,OUT	整数乘法,IN1 * OUT = OUT
*D　IN1,OUT	双整数乘法,IN1 * OUT = OUT
*R　IN1,OUT	实数乘法,IN1 * OUT = OUT
DIV　IN1,OUT	整数除整数得双整数
/I　IN1,OUT	整数除法, OUT/ IN1 = OUT
/D　IN1,OUT	双整数除法,OUT/ IN1 = OUT
/R　IN1,OUT	实数除法,OUT/ IN1 = OUT
SQRT　IN,OUT	平方根
LN　IN,OUT	自然对数
EXP　IN,OUT	自然指数
SIN　IN,OUT	正弦
COS　IN,OUT	余弦
TAN　IN,OUT	正切
INCB　OUT	字节加 1
INCW　OUT	字加 1
INCD　OUT	双字加 1

续表

DECB OUT DECW OUT DECD OUT	字节减 1 字减 1 双字减 1
PID Table,Loop	PID 回路
定时器和计数器指令	
TON Txxx,PT TOF Txxx,PT TONR Txxx,PT BITIM OUT CITIM IN,OUT	接通延时定时器 断开延时定时器 保持型接通延时定时器 启动间隔定时器 计算间隔定时器
CTU Cxxx,PV CTD Cxxx,PV CTUD Cxxx,PV	加计数器 减计数器 加/减计数器
实时时钟指令	
TODR T TODW T TODRX T TODWX T	读实时时钟 写实时时钟 扩展读实时时钟 扩展写实时时钟
程序控制指令	
END	程序的条件结束
STOP	切换到 STOP 模式
WDR	看门狗复位(300 ms)
JMP N LBL N	跳转到指定的标号 定义一个跳转的标号
CALL N(N1,N2,N3,…) CRET	调用子程序,可以有 16 个可选参数 从子程序条件返回
FOR INDX,INIT,FINAL NEXT	For/Next 循环
LSCR N SCRT N CSCRE SCRE	顺控继电器段的启动 顺控继电器段的转换 顺控继电器段的条件结束 顺控继电器段的结束
DLED IN	诊断 LED
传送、移位、循环和填充指令	

续表

MOVB IN,OUT
MOVW IN,OUT
MOVD IN,OUT
MOVR IN,OUT
	字节传送
	字传送
	双字传送
	实数传送

BIR IN,OUT BIW IN,OUT	立即读取物理输入字节 立即写物理输出字节
BMB IN,OUT,N BMW IN,OUT,N BMD IN,OUT,N	字节块传送 字块传送 双字块传送
SWAP IN	交换字节
SHRB DATA,S_BIT,N	移位寄存器
SRB OUT,N SRW OUT,N SRD OUT,N	字节右移 N 位 字右移 N 位 双字右移 N 位
SLB OUT,N SLW OUT,N SLD OUT,N	字节左移 N 位 字左移 N 位 双字左移 N 位
RRB OUT,N RRW OUT,N RRD OUT,N	字节循环右移 N 位 字循环右移 N 位 双字循环右移 N 位
RLB OUT,N RLW OUT,N RLD OUT,N	字节循环左移 N 位 字循环左移 N 位 双字循环左移 N 位
FILL IN,OUT,N	用指定的元素填充存储器空间
逻辑操作	
ANDB IN1,OUT ANDW IN1,OUT ANDD IN1,OUT	字节逻辑“与” 字逻辑“与” 双字逻辑“与”
ORB IN1,OUT ORW IN1,OUT ORD IN1,OUT	字节逻辑“或” 字逻辑“或” 双字逻辑“或”
XORB IN1,OUT XORW IN1,OUT XORD IN1,OUT	字节逻辑“异或” 字逻辑“异或” 双字逻辑“异或”
INVB OUT INVW OUT INVD OUT	字节取反(1 的补码) 字取反 双字取反
字符串指令	

续表

SLEN IN,OUT	求字符串长度
SCAT IN,OUT	连接字符串
SCPY IN,OUT	复制字符串
SSCPY IN,INDX,N,OUT	复制子字符串
CFND IN1,IN2,OUT	在字符串中查找一个字符
SFND IN1,IN2,OUT	在字符串中查找一个子字符串
表、查找和转换指令	
ATT TABLE,DATA	把数据加到表中
LIFO TABLE,DATA	从表中取数据,后入先出
FIFO TABLE,DATA	从表中取数据,先入先出
FND = TBL,PATRN,INDX	在表 TBL 中查找等于比较条件 PATRN 的数据
FND < > TBL,PATRN,INDX	在表 TBL 中查找不等于比较条件 PATRN 的数据
FND < TBL,PATRN,INDX	在表 TBL 中查找小于比较条件 PATRN 的数据
FND > TBL,PATRN,INDX	在表 TBL 中查找大于比较条件 PATRN 的数据
BCDI OUT	BCD 码转换成整数
IBCD OUT	整数转换成 BCD 码
BTI IN,OUT	字节转换成整数
ITB IN,OUT	整数转换成字节
ITD IN,OUT	整数转换成双整数
DTI IN,OUT	双整数转换成整数
DTR IN,OUT	双整数转换成实数
ROUND IN,OUT	实数四舍五入为双整数
TRUNC IN,OUT	实数截位取整为双整数
ATH IN,OUT,LEN	ASCII 码→十六进制数
HTA IN,OUT,LEN	十六进制数→ASCII 码
ITA IN,OUT,FMT	整数→ASCII 码
DTA IN,OUT,FMT	双整数→ASCII 码
RTA IN,OUT,FMT	实数→ASCII 码
DECO IN,OUT	译码
ENCO IN,OUT	编码
SEG IN,OUT	7 段译码
ITS IN,FMT,OUT	整数转换为字符串
DTS IN,FMT,OUT	双整数转换为字符串
RTS IN,FMT,OUT	实数转换为字符串
STI STR,INDX,OUT	子字符串转换为整数
STD STR,INDX,OUT	子字符串转换为双整数
STR STR,INDX,OUT	子字符串转换为实数
中断指令	
CRETI	从中断程序有条件返回

续表

ENI	允许中断
DISI	禁止中断
ATCH　INT, EVENT	给中断事件分配中断程序
DTCH　EVENT	解除中断事件
	通讯指令
XMT　TABLE, PORT	自由端口发送
RCV　TABLE, PORT	自由端口接收
NETR　TABLE, PORT	网络读
NETW　TABLE, PORT	网络写
GPA　ADDR, PORT	获取端口地址
SPA　ADDR, PORT	设置端口地址
	高速计数器指令
HDEF　HSC, MODE	定义高速计数器模式
HSC　N	激活高速计数器
PLS　X	脉冲输出

参考文献

[1] 廖常初.PLC编程及应用[M].北京:机械工业出版社,2005.

[2] 蔡行健,黄文钰.深入浅出西门子S7-200 PLC[M].北京:北京航空航天大学出版社,2003.

[3] 徐国林.PLC应用技术[M].北京:机械工业出版社,2007.

[4] 孙海维.SIMATIC可编程序控制器及应用[M].北京:机械工业出版社,2005.

[5] 田淑珍.可编程控制器原理及应用[M].北京:机械工业出版社,2005.

[6] 张运刚,宋小春主编.从入门到精通——西门子工业网络通讯实战[M].北京:人民邮电出版社,2007.

[7] 弭洪涛.可编程控制器(PLC)原理及应用[M].北京:中国水利水电出版社,1999.

[8] 张万忠.可编程控制器入门与应用实例:西门子S7-200系列[M].北京:中国电力出版社,2005.